“十四五”职业教育国家规划教材

供职业教育药剂、制药技术应用、医学检验技术、医学生物技术及相关专业使用

# 有机化学基础

（第四版）


**主　编**　李湘苏

**副主编**　彭文毫　冯　姣　樊志强　丁　博

**编　者**　（按姓氏汉语拼音排序）

陈　倩　桂东卫生学校
丁　博　安徽省淮北卫生学校
董倩洋　晋中市卫生学校
樊志强　本溪市化学工业学校
方　芳　成都铁路卫生学校
冯　姣　山西省长治卫生学校
黄佳琳　桂林市卫生学校
黄映飞　百色市民族卫生学校
赖楚卉　广西医科大学附设玉林卫生学校
李湘苏　核工业卫生学校
刘　敏　哈尔滨市卫生学校
马万军　石河子卫生学校
马雅静　包头医学院卫生健康学院（包头市卫生学校）
彭文毫　广东省湛江卫生学校
师葛莹　巴州卫生学校
孙雪林　广西中医药大学附设中医学校
王世芳　山东省青岛第二卫生学校
吴雨佳　广东省连州卫生学校

科学出版社

北　京

## 内 容 简 介

本教材为“十四五”职业教育国家规划教材。依据有机化合物经典分类，教材内容按照烃类、卤代烃、烃的含氧衍生物、有机化学的立体异构、烃的含氮衍生物、杂环与生物碱类有机化合物、营养和生命类有机化合物、合成高分子化合物等进行分类和编排。在实践技能上，按照有机化学实践的基本素养模块和基本技能训练模块编排，体现了有机化学技能操作特点，理论与实践相结合的教学要求；同时，依据中职学生学习心理，开展了化学微观结构的观察与思考，设置回顾与总结、复习与提高、探索与进步等阶梯性练习，意在推动学生主动学习、探索性学习、合作学习的能力，促进学生核心素养发展，积极思考、认识和适应现代生活的能力。全书插入了很多案例，并在现代与历史、生活与专业等方面融入了课程思政、链接。

本教材可供职业教育药剂、制药技术应用、医学检验技术、医学生物技术及相关专业使用。

**图书在版编目（CIP）数据**

有机化学基础 / 李湘苏主编. -- 4版. -- 北京 : 科学出版社, 2025. 3. -- （“十四五”职业教育国家规划教材）. -- ISBN 978-7-03-081155-4

I. O62

中国国家版本馆 CIP 数据核字第 2025XF2319 号

责任编辑：段婷婷 / 责任校对：周思梦
责任印制：师艳茹 / 封面设计：涿州锦晖



科学出版社 出版
北京东黄城根北街16号
邮政编码：100717
http://www.sciencep.com
北京天宇星印刷厂印刷
科学出版社发行　各地新华书店经销
*
2010年6月第　一　版　开本：850×1168　1/16
2025年3月第　四　版　印张：11 1/4
2025年3月第二十二次印刷　字数：239 000

**定价：59.80元**

（如有印装质量问题，我社负责调换）

# 前　言

党的二十大报告指出："人民健康是民族昌盛和国家强盛的重要标志。把保障人民健康放在优先发展的战略位置，完善人民健康促进政策。"贯彻落实党的二十大决策部署，积极推动健康事业发展，离不开人才队伍建设。"培养造就大批德才兼备的高素质人才，是国家和民族长远发展大计。"教材是教学内容的重要载体，是教学的重要依据、培养人才的重要保障。本次教材修订旨在贯彻党的二十大报告精神，坚持为党育人、为国育才。

第四版《有机化学基础》教材，是在第三版国家"十四五"职业教育国家规划教材的基础上所做的进一步优化和改善。本教材坚持党的教育方针，落实立德树人的根本任务，在内容选择、编排和呈现方式、辅助资源等方面精心设计，突出教材的职业教育特色。

第一，教材有机融合了化学课程的核心素养的教育要求。将化学课程的核心素养，如有机物的结构认知与物质辨识等有机融入教材正文内容、实训和作业中，做到润物细无声。

第二，将有机化学这一基础学科与医药行业相结合，将专业知识与课程思政相结合。如通过"案例""知识链接"等，拓展有机化学在医药行业中的应用；通过挖掘中华民族在医药科技方面的进步与成就，开展课程思政建设。

第三，根据学生的学习心理与教学要求，设计了"教、学、做"三合一的阶梯式练习模式："回顾与总结""复习与提高""探索与进步"，阶梯式地启发学生积极思考、主动学习。同时，以图片形式呈现一些难以用语言描述的原理、操作和实验现象，使教材内容更简单易懂，更易掌握。

第四，建设了有机化学基础课程的网络资源。该课程网络资源可以登录科学出版社的中科云教育平台，平台免费为学生提供课程教育资源，服务全体师生。

本教材按 72 学时编写。教材设计了多个实践技能操作模块。各学校可根据自身培养目标，适当增减。

本教材在编写过程中得到了科学出版社以及全体编委的大力支持，南华大学附属南华医院医学专家王力群、尹湘红、应建华对教材进行了医药行业的职业指导，在此表示感谢。编写过程中同时参考了有关教材、书籍，得到科研小组成员的大力支持，在此谨向所有相关人员表示谢意！

编　者

2025 年 1 月

## 配 套 资 源

欢迎登录“中科云教育”平台，免费 数字化课程等你来！

本教材配有图片、视频、音频、动画、题库、PPT 课件等数字化资源，持续更新，欢迎选用！

### “中科云教育”平台数字化课程登录路径

**电脑端**

- 第一步：打开网址 http://www.coursegate.cn/short/9MQJ0.action
- 第二步：注册、登录
- 第三步：点击上方导航栏“课程”，在右侧搜索栏搜索对应课程，开始学习

**手机端**

- 第一步：打开微信“扫一扫”，扫描下方二维码

- 第二步：注册、登录
- 第三步：用微信扫描上方二维码，进入课程，开始学习

**PPT 课件：请在数字化课程各章节里下载！**

# 目录

# 第1章 有机化合物概述

学习目标

知识目标：掌握有机化合物的定义、结构特点，理解有机化合物的分类。

能力目标：能够辨识无机与有机化合物，说出有机化合物的结构特征。

素质目标：理解世界是物质的，树立有机化合物是物质世界的一部分的科学思想；了解我国有机化学的发展状况。

有机化学是化学中极其重要的一个分支，是研究有机化合物的组成、结构、性质、变化、合成及其应用的一门学科。随着有机化学学科的飞速发展，人们逐渐认识到有机化学将成为影响人类继续生存的关键学科，有机化学对于人类的食物、能源、材料、资源、环境及健康的作用至关重要，它逐渐成为满足社会需求的中心学科之一。有机化学基础是研究有机物质的组成、结构及其性质的科学。

## 第1节　有机化合物的概念

要认识有机化学，首先要知道什么是有机化合物。在化学视角中，物质世界分为无机化合物与有机化合物。

观察身边的物质，如木材、布料、纸张、塑料、油漆、糖类、油脂、蛋白质等。在不完全燃烧的情况下，这些物质均会生成“碳”黑，可见，世界上有一类物质均含有“碳”元素。

从元素组成角度看，有机化合物在元素组成上基本相似，主要是由碳元素组成，可能还含有氢、氧、氮、硫、磷等一些元素。含“碳”是有机化合物的组成特点，仅含有碳、氢元素的有机化合物，称为碳氢化合物。其他有机化合物可以看作是碳氢化合物中的氢原子被其他原子或原子团所替代后衍变过来的。所以，碳氢化合物及其衍生物被称为有机化合物，简称有机物。与有机化合物相对应，不含碳的化合物被称为无机化合物，但是，常见的碳酸、碳酸钠、碳酸氢钠、二氧化碳等物质，人们仍将其归属于无机化合物。

## 第2节　有机化合物的特性

有机化合物都含有碳元素，其结构特点与无机化合物存在较大差异，所以，大多数有机化合物具有不同于无机化合物的特性。

1. 可燃性　绝大多数有机化合物可以燃烧，如天然气、乙醇、汽油、木材、棉花、油脂等，而大部分无机化合物如酸、碱、盐、氧化物等，则不能燃烧或难以燃烧。

2. 熔点低　有机化合物的熔点通常比无机化合物要低，常温下，很多有机化合物以气体、易挥发的液体或低熔点的固体形式存在，如乙醇、汽油、石蜡等。

3. 难溶于水　绝大多数有机化合物难溶或不溶于水，而易溶于有机溶剂。因此，有机化学反应常在有机溶剂中进行。例如，常用乙醇、氯仿、乙醚等有机溶剂提取中草药有效成分，而无机化合物则相反，大多易溶于水，难溶于有机溶剂。

4. 稳定性差　多数有机化合物不如无机化合物稳定，常因温度、细菌、空气或光照的影响而分解变质。例如，维生素 C 片剂是白色的，若长时间放置于空气中会被氧化而变质，呈黄色，且失去药效。此外，许多抗生素片剂或针剂经过一定时间后也会发生变质而失效，所以常需要注明药物有效期。

5. 反应速率比较慢　有机化合物之间的反应速率较慢，一般要几小时、几天，甚至更长的时间才能完成。例如，食物变质、酿酒、制醋等反应都需要较长时间，而多数无机化合物之间的反应瞬间就能完成。

6. 反应产物复杂　多数有机化合物之间的反应，在进行主反应的同时常伴随着副反应，产物中既有主产物又有副产物，是复杂的混合物。因此在书写有机化学反应式时，往往只要求写出主产物，用“$\longrightarrow$”代替“$=$”，也不严格要求配平，而无机化合物之间的反应很少有副反应。

7. 同分异构现象普遍　在有机化合物中，分子式相同的物质，可能分子结构不同，也就是说，不同的物质，可能分子式相同。这种同分异构现象在有机化合物中非常普遍，而无机化合物中则很少有同分异构现象。

# 第 3 节　有机化合物的结构特征

## 一、有机化合物分子中的化学键

### （一）共价键及价数

有机化合物中都含有碳元素，其结构特点主要取决于碳原子的结构。碳原子最外层有 4 个电子，在形成分子时，既不容易失去电子，也不容易得到电子，而易与其他原子形成 4 个共价键。

```
     H              Cl
     |              |
  H—C—H        H—C—Cl
     |              |
     H              Cl
   甲烷            氯仿
```

在有机化合物分子中，绝大多数原子之间是通过共价键结合的，每种元素表现其特有的化合价。例如，有机化合物中碳元素总是四价，氧元素为二价，氢元素为一价。有机化合物结构式中的每一根线表示共用一对电子，即表示一个共价键。例如，$\mathrm{H{-}C(H){=}C(H){-}C(H)_2{-}OH}$ 式中每个碳原子有四个“—”，表示每个碳原子为四价，相似地，氧原子为二价，氢原子为一价。值得注意的是，这里的化合价，仅表示该原子能够形成的化合价数目，并不体现成键原子所带电荷的性质或电荷的偏离。

### （二）碳的成键情况

1. 单键、双键和三键　在有机化合物中，以碳原子为中心，成键情况复杂多样。

用球棍模型搭建甲烷、乙烷、乙烯、乙炔等分子的空间构型，重点观察碳原子之间的化学键数量和构型（表 1-1）。

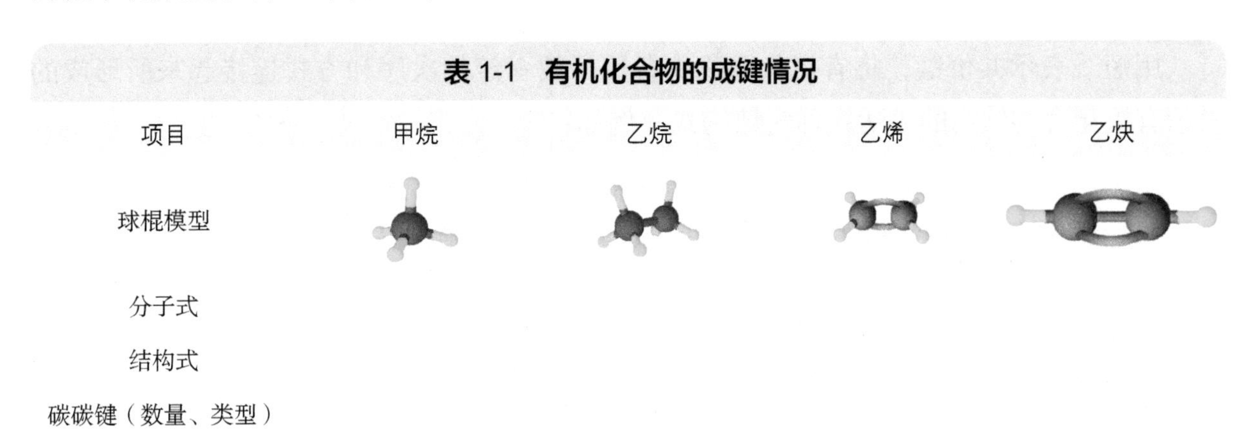

**表 1-1　有机化合物的成键情况**

| 项目 | 甲烷 | 乙烷 | 乙烯 | 乙炔 |
| --- | --- | --- | --- | --- |
| 球棍模型 | | | | |
| 分子式 | | | | |
| 结构式 | | | | |
| 碳碳键（数量、类型） | | | | |

在有机化合物中，碳原子与碳原子之间，碳原子与其他原子之间也可以形成单键、双键和三键。例如：

| $\mathrm{{-}C{-}C{-}}$ | $\mathrm{C{=}C}$ | $\mathrm{{-}C{\equiv}C{-}}$ | $\mathrm{{-}C{-}O{-}}$ | $\mathrm{{-}C({=}O){-}}$ | $\mathrm{{-}C{\equiv}N}$ |
| --- | --- | --- | --- | --- | --- |
| 碳碳单键 | 碳碳双键 | 碳碳三键 | 碳氧单键 | 碳氧双键 | 碳氮三键 |

2. 基本骨架　碳原子之间还能够相互连接形成长短不一的链状和各种不同的环状，构成有机化合物的基本骨架。例如：

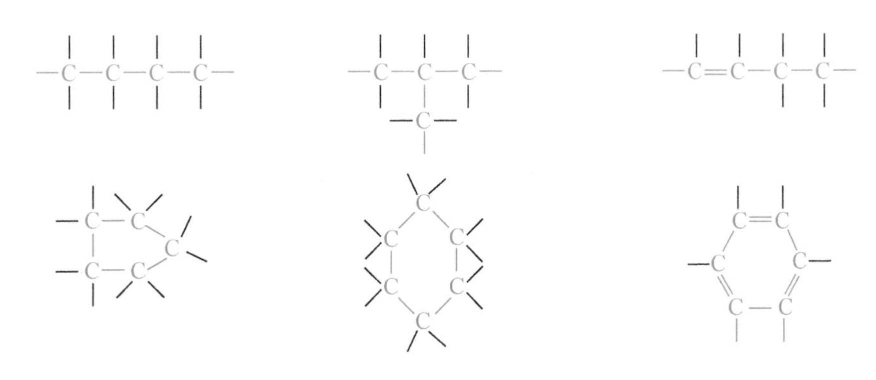

3. σ 键和 π 键　有机化合物相邻原子之间以共价键相互连接，且分子中的共价键主要有 σ 键和 π 键。σ 键是有机化合物中最基本的共价键，它是两个原子之间共用电子对而形成的共价键，其特点是：化学键的键能较高，不易断裂；两个成键的原子可以自由旋转而不影响化学键。例如，C—C、C—H、C—O 之间都是 σ 键。

π 键虽然也是两个原子之间共用电子对而形成的共价键，但是它具有一定的特殊性。首先，π 键必须与 σ 键共存于两个成键的原子之间，没有独立存在的 π 键；其次，π 键键能较低，易断裂，且两成键原子之间不能自由旋转。例如，碳碳双键（>C=C<）中有一个是 σ 键，一个是 π 键；碳碳三键（—C≡C—）中有一个 σ 键，两个 π 键。通常在有机化合物分子中，双键和三键中只有一个是 σ 键，其余均为 π 键。

## 二、有机化合物结构的表示方法

### （一）结构式和结构简式

用短线表示共价键，将有机化合物中各原子按一定的次序和方式连接起来所形成的表示有机化合物结构的表达式称为**结构式**。例如：

```
   H  H           H  H             H  H
   |  |           |  |             |  |
H—C—C—H        H—C—C—OH         H—C—C—Cl
   |  |           |  |             |  |
   H  H           H  H             H  H
```

为简单表达物质的结构，将上述结构式中碳氢键的短线省去，得到一种较简单的表示有机化合物结构的表达式，称为**结构简式**。上述开链结构的物质用结构简式可表示为：

$CH_3CH_3$　　$CH_3CH_2OH$　　$CH_3CH_2Cl$

在表示环状有机化合物的结构时，常将分子中环上的碳原子及与碳原子相连的氢原子均省略，也常常采用这种方式表达开链式结构，这种结构式表达方式被称为**键线式**。如下面第二行表示方式。

$CH_3CH_2CH_2CH_2CH_3$

在以后各章节的学习中，有机化合物的结构通常用结构简式来表示。

### （二）同分异构体和同分异构现象

分子组成为 $C_2H_6O$ 的物质就有两种不同的结构式，分别代表乙醇和甲醚两种性质不同的化合物，其结构简式分别为

$CH_3—CH_2—OH$　乙醇　　　$CH_3—O—CH_3$　甲醚

像乙醇和甲醚这样，分子组成相同，但结构不同的化合物，互称为**同分异构体**，这种现象称为**同分异构现象**。同分异构现象在有机化合物中普遍存在，且理化性质不同，是不同的物质。所以，在表示某种有机化合物时，通常不能像表示无机化合物一样，只写出其分子式，而应写出其结构简式。

## 第4节　有机化合物的分类

有机化合物种类繁多，结构复杂，常把这些有机化合物按照元素组成、碳原子骨架和官能团进行分类。

### 一、按元素组成分类

根据元素组成，可将有机化合物分为烃和烃的衍生物两大类。

1. 烃　仅由碳和氢两种元素组成的有机化合物总称为碳氢化合物，简称烃，如甲烷、乙烯、乙炔、苯等。

2. 烃的衍生物　烃分子中的氢原子被其他原子或原子团所取代而生成的一系列有机化合物称为烃的衍生物，如卤代烃、乙醇、氨基酸等。

### 二、按碳的骨架分类

有机化合物
- 开链化合物（脂肪族化合物）
- 闭链化合物
  - 碳环化合物
    - 脂环族化合物
    - 芳香族化合物
  - 杂环化合物

1. 开链化合物　是指碳原子与碳原子之间，或碳原子与其他原子之间相互连接成开放的链状有机化合物。由于这类化合物最初是从脂肪中得到的，所以又称为**脂肪族化合物**。例如：

$CH_3—CH_2—CH_3$　　$CH_2═CH—OH$　　$CH_3—C(CH_3)_2—CH_3$

2. 闭链（环状）化合物　是指碳原子与碳原子，或碳原子与其他原子之间连接成闭合的环状有机化合物。例如：

闭链化合物又可分为碳环化合物和杂环化合物。碳环化合物是指有机化合物分子中

的环全部由碳原子构成的化合物，如化合物 A、B 和 D。杂环化合物是指构成环的原子除了碳原子之外，还含有 O、N、S 等其他元素的原子，如化合物 C。

碳环化合物又可分为脂环族化合物和芳香族化合物。脂环族化合物是指与脂肪族化合物性质相似的碳环化合物，如化合物 A。芳香族化合物是指分子中含有苯环的化合物，如化合物 B 和 D，其中 B 为最简单的芳香族化合物。

## 三、按官能团分类

有机化合物中有一些特殊的原子或原子团，如碳碳双键（$>C=C<$）、羟基（—OH）、羧基（—COOH）、卤素原子（—X）等，它们决定了一类有机化合物的化学性质。像这种能决定一类有机化合物化学性质的原子或原子团称为**官能团**。含有相同官能团的化合物，它们的主要化学性质基本相同。按照分子中所含官能团的不同，可将有机化合物分为若干类，见表 1-2。

**表 1-2　部分有机化合物官能团**

| 化合物类别 | 官能团 | 官能团名称 | 化合物实例 | 化合物名称 |
|---|---|---|---|---|
| 烯烃 | $>C=C<$ | 碳碳双键 | $H_2C=CH_2$ | 乙烯 |
| 炔烃 | $-C\equiv C-$ | 碳碳三键 | $HC\equiv CH$ | 乙炔 |
| 卤代烃 | —X（F、Cl、Br、I） | 卤原子 | $CH_3-CH_2-Cl$ | 氯乙烷 |
| 醇 | —OH | 羟基 | $CH_3-CH_2-OH$ | 乙醇 |
| 酚 | —OH | 羟基 | $C_6H_5-OH$ | 苯酚 |
| 醚 | $-\overset{\vert}{\underset{\vert}{C}}-O-\overset{\vert}{\underset{\vert}{C}}-$ | 醚键 | $CH_3-O-CH_3$ | 甲醚 |
| 醛和酮 | $-\overset{O}{\overset{\Vert}{C}}-$ | 羰基 | $H_3C-\overset{O}{\overset{\Vert}{C}}-CH_3$ | 丙酮 |
| 羧酸 | —COOH | 羧基 | $H_3C-\overset{O}{\overset{\Vert}{C}}-OH$ | 乙酸 |
| 胺 | $-NH_2$ | 氨基 | $H_3C-CH_2-NH_2$ | 乙胺 |

# 第 5 节　我国有机化学发展概况

有机化学的发展史，是人类认识自然、改造自然、造福自身的历史，是科学工作者不畏艰难，勇于探究自然现象，并创造更多、更实用的有机化合物，为人类医疗、生活提供物质保证的历史。

有机化学的发展离不开古代劳动人民的辛勤劳作，在开发和利用天然有机化合物的长期实践中，我国劳动人民积累了大量与有机化学相关的经验和知识。例如，几千年前，我国劳动人民在储存粮食时，受到自然发酵的启发，经过大量实践，学会了利用生物催化剂——酵母进行酿酒。而且人们也学会用桑叶养蚕，利用蚕吐出的成分极为复杂的蚕丝生产绸缎。随后，人们又学会用靛蓝、茜草等染色，用植物纤维造纸，以及制糖技术。

古代医药学方面也有有机化合物的身影。我国唐朝时编纂的《新修本草》，共记载了药物844种，其中就有很多植物药和动物药的炮制工艺，为当时的社会提供了用药指南。明代著名中医药学家李时珍编纂了举世闻名的巨著《本草纲目》，记载药物1892种，详细记载了许多物质的性质和制备方法，对我国古代本草学做了一次历史性总结，对世界各国药学的发展也有很大的影响。

## 一、有机氟化学研究实力雄厚

有机反应领域是有机化学中最为活跃的研究领域。中华人民共和国成立后，一批又一批优秀的科学家，为了国防需要，投身于有机反应领域，从零开始，对有机反应物质、机理、结构和环境等多方面深入研究，发现了很多新的反应，探索出了多类有机物质合成的新方法和新途径。在有机反应的众多成就中，最为突出的是有机氟化学。

我国的有机氟化学研究始于20世纪50年代后期，经过几代人几十年的努力，我国在满足原子能工业、火箭和宇航技术方面对特种材料的需求以外，已经能够生产出含氟表面活性剂、含氟医药和农药、氟碳代血液等多类含氟产品，并造就了一支实力雄厚的有机氟化学研究队伍。卿凤翎教授领导的团队，研究的“氧化三氟甲基化反应和氧化三氟甲硫基化反应”，在国际氟化学界引起了很大的反响，被称为“卿氟化反应”。

## 二、有机合成化学世界瞩目

有机合成化学是有机化学的中心研究领域，有机合成化学的发展状况，代表着一个国家的有机化学研究水平。有机合成化学主要研究从较简单的化合物或元素经化学反应合成有机化合物。在有机合成化学方面，虽然中华人民共和国成立之初，设备简陋、技术落后，但经过几十年的发展，我国已成为有机合成化学某些领域的领头羊，并取得了世界瞩目的成就，这离不开广大科研人员的辛勤付出。

1981年中国科学家们又攀登上了另一个科学高峰——实现了酵母丙氨酸转移核糖核酸的人工全合成，这是世界上首次人工合成核糖核酸。这项研究还带动了核酸类试剂和工具酶的研究，带动了多种核酸类药物，包括抗肿瘤药物、抗病毒药物的研制和应用。

## 课程思政：首次人工全合成牛胰岛素

1965 年 9 月，中国人工全合成牛胰岛素，这是世界上第一次人工合成与天然胰岛素分子相同化学结构并具有完整生物活性的蛋白质，中国成为世界上第一个人工合成蛋白质的国家，标志着在党的领导下，新中国的科技工作者在探索生命奥秘的征途中迈出了重要一步。

## 三、天然产物化学造福人类

天然产物化学是以天然资源为研究对象，探讨其化学组成、合成和作用的基础研究和应用基础研究的一门学科，是研究天然产物（矿物，植物、动物的次生代谢产物）的化学。

天然产物化学是有机化学的传统研究领域，科研人员们依托我国天然产物种类繁多、中医药历史悠久等优势，也取得了很大的成绩。

随着我国从事有机化学研究的人员不断增多、现代测试技术的不断进步和众多化学家的努力付出，有机化学学科得到了不断的发展和完善，形成了更为完整的有机化学理论体系。

## 自测题

### 一、回顾与总结

| 项目 | 内容 |
|---|---|
| 重要的名词 | 有机化合物：<br>同分异构现象：<br>官能团： |
| 有机化合物的特性 | 有机化合物具有 ________、________、__________、__________、__________、___________、__________ 等特性。<br>有机化合物中一般都是共价键，碳原子是 _______ 价，碳碳之间可形成碳碳 _______ 键、_______ 键、_______ 键和 ________ 键，有机化合物中最基本的共价键是 ______ 键。在碳碳双键和三键中均有一个 ________ 键，分别有一个和两个 ______ 键。 |
| 有机化合物的特性 | σ 键是有机化合物中 ______ 的共价键，其特点是化学键的键能较 ______、______ 断裂；两个成键的原子可以 ______ 而不影响化学键。<br>π 键具有一定的特殊性，首先它必须与 σ 键共存 ______ 原子之间 π 键键能较 ______、______，且两个成键原子之间 ______ 自由旋转。 |
| 有机化合物的结构 | 有机化合物中，碳原子与碳原子之间可以相互连接形成开放的 ______ 或闭合的 ______，构成了有机化合物的基本骨架。 |
| 有机化合物的分类 | 按碳的骨架可将有机化合物分为 ______ 和 ______；按 ______ 又可分为烷、烯、炔、醇、酚、醛、酮、羧酸等。 |

## 二、复习与提高

1. 按官能团确定下列有机化合物分别属于哪一类?

（1）$CH_2{=}CH{-}CH_3$

（2）$CH{\equiv}C{-}CH_3$

（3）$CH_3{-}CH_2{-}OH$

（4）$CH_3{-}CH_2{-}COOH$

（5）$CH_3{-}NH_2$

（6）$H{-}C{\equiv}C{-}H$

（7）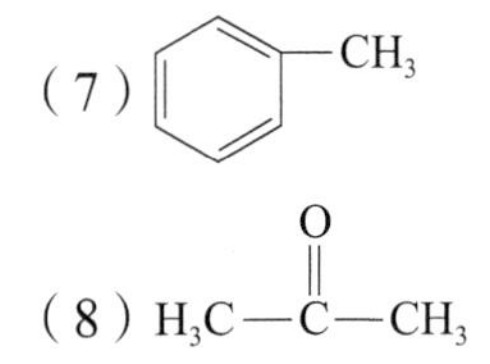


（8）$H_3C{-}\overset{\overset{O}{\|}}{C}{-}CH_3$

2. 选择题

（1）下列物质不属于有机化合物的是（　　）

A. $CH_3CH_2OH$　　B. $CCl_4$

C. $CH_4$　　D. $CO_2$

（2）下列关于有机化合物特性的叙述不正确的是（　　）

A. 可燃烧　　B. 一般易溶于水

C. 稳定性差　　D. 反应速度缓慢

（3）在有机化合物中，碳原子总是（　　）

A. +4 价　　B. +2 价

C. +3 价　　D. +1 价

（4）有机化学反应式一般用箭头而不用等号来连接的原因是（　　）

A. 有机化合物不溶或难溶于水

B. 有机化合物大多容易燃烧

C. 有机化学反应时，常伴有副反应，产物是混合物

D. 大多数有机化学反应速率比较慢

（5）芳香族化合物属于（　　）

A. 开链化合物　　B. 杂环化合物

C. 碳环化合物　　D. 脂环族化合物

（6）下列有机化合物中，含有 π 键的是（　　）

A. $CH_2{=}CH{-}CH_3$

B. $CH_3{-}CH_2{-}OH$

C. $CH_3{-}NH_2$

D. $CH_4$

（7）分子 $CH{\equiv}C{-}CH_3$ 中，描述不正确的是（　　）

A. 含有两个 C—C σ 键

B. 含有两个 π 键

C. 含有三个 C—H σ 键

D. 含有四个 C—H σ 键

3. 判断下列化合物，哪些是有机化合物？哪些是无机化合物？

（1）二氧化碳　　（2）蔗糖

（3）食盐　　（4）乙酸

（5）乙醇　　（6）碳酸

（7）氨基酸　　（8）甲烷

（9）汽油

4. 什么是有机化合物？有机化合物通常由哪些元素组成？

## 三、探索与进步

以小组为单位，探讨汽油、煤油、柴油、甲醇、乙醇等燃料的化学成分，它们燃烧后的产物是什么？它们对大气污染的哪些成分有影响？我们应该怎样减少大气污染？

（樊志强）

# 第2章 烃类——基础有机化合物

**学习目标**

知识目标：掌握烷烃、烯烃、炔烃、芳香烃的定义、结构特征、理化性质及同分异构现象，以及加成反应、取代反应。

能力目标：能够对烃的各类物质命名；能够使用化学基本仪器验证烃的化学性质，并辨识烷烃、烯烃、炔烃、苯及其同系物。

素质目标：培养学生从物质官能团特点，分析物质性质的基本化学素养。

**碳氢化合物**是只含有碳、氢两种元素的有机化合物，简称**烃**。根据结构不同，可将烃分为烷烃、烯烃、炔烃、脂环烃和芳香烃等。本章主要介绍它们的结构、性质、命名及其应用。

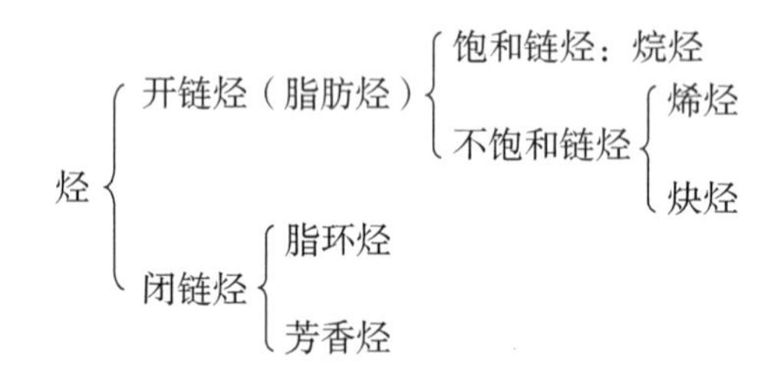


碳氢化合物的衍生物是由碳氢化合物衍变生成的，所以碳氢化合物是有机化合物中最基本的物质，是其他有机化合物的母体。

## 第1节 烷　烃

**案例2-1**

沼气是有机物质经过微生物的发酵作用而生成的一种混合气体，一般含有甲烷50%～70%，其余为二氧化碳，以及少量的氮气、氢气和硫化氢等。沼气能燃烧并应用于炊事、供暖、照明、气焊，驱动内燃机等，沼气还是生产甲醇、甲醛、四氯化碳等的化工原料。

汽油是通过石油生产出来的混合液体，主要成分为5～12个碳原子的脂肪烃和环烷烃，以及一定量的芳香烃。汽油具有较高的辛烷值（反映抗爆性能的指标），并按辛烷值的高低分为92号、95号、98号等。汽油主要用作汽车点燃式内燃机的燃料。

沥青可以分为煤焦沥青、石油沥青和天然沥青三种，是由含碳氢化合物和这些碳氢化合物的非金属衍生物所组成的混合物。沥青主要用于铺路，还可以做防水层，用于木材、管道的防腐、防锈等。

问题：1. 想想生活中还有哪些物质是烃类？

2. 以上物质具有哪些共同特性？

## 一、甲烷分子的结构特征

在微观上认识甲烷。课前以小组为单位，完成如下学习任务，并填写表 2-1。

1. 用球棍模型，搭建甲烷的分子模型，判断甲烷的空间构型。

2. 查找资料，认识甲烷的来源、物理性质（熔点和沸点）、化学性质。

**表 2-1　甲烷的结构探索**

| 物质 | 分子式 | 电子式 | 结构式 | 结构简式 | 空间构型 |
| --- | --- | --- | --- | --- | --- |
| 甲烷 | | | | | |

碳原子最外层有 4 个电子，不易失去或得到电子而形成阳离子或阴离子，碳原子可以通过共价键与氢、氧、氯、氮、硫等多种非金属原子形成共价化合物。由科学实验和甲烷的球棍模型（图 2-1）可知，甲烷分子中 1 个碳原子与 4 个氢原子形成 4 个共价键，构成以碳原子为中心、4 个氢原子位于四个顶点的正四面体立体结构。由甲烷分子的球棍模型，可得出结构式和结构简式（图 2-1）。甲烷分子的结构特征为 4 个碳氢键都是相同的 σ 键，键长都是 $1.09\times10^{-10}$m（即 0.109nm），碳氢键的夹角（键角）都为 109°28′，所以甲烷分子的构型是正四面体。此外，测得碳氢键的键能都是 413kJ/mol。

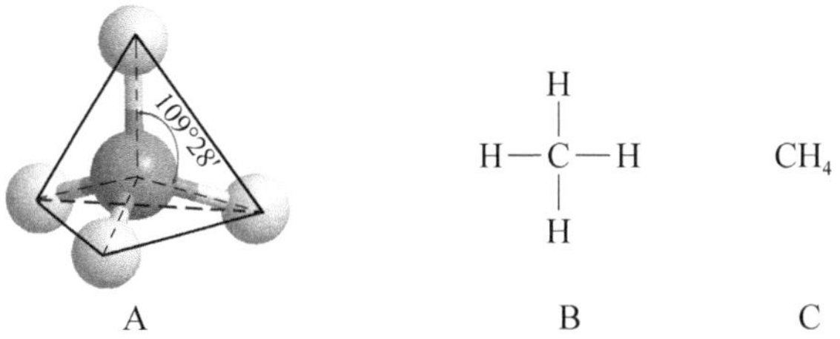

图 2-1　甲烷分子的球棍模型（A）、结构式（B）和结构简式（C）

甲烷中的键全为 **σ 键**。σ 键是烃类中最基本的共价键，键能大，不易断裂，稳定，而且 2 个成键原子可以自由旋转。有机化学中常见的 σ 键有碳碳单键、碳氢键等。

## 二、烷烃的结构和命名

分子中碳原子相连成开链状而无环状结构的碳氢化合物，称为**开链烃**，简称链烃，又称为**脂肪烃**。在链烃里有一系列结构与甲烷相似的烃，它们分子中的原子全部以单键结合。像这些分子中的化学键全部都是单键的链烃，称为**饱和链烃**，也称**烷烃**。烷烃分子中主要价键是碳碳单键（C—C），另外还有碳氢键（C—H），它们都是 σ 键。

### （一）烷烃的同系物及通式

观察图 2-2 乙烷、丙烷、丁烷分子的球棍模型，然后根据球棍模型完成表 2-2。

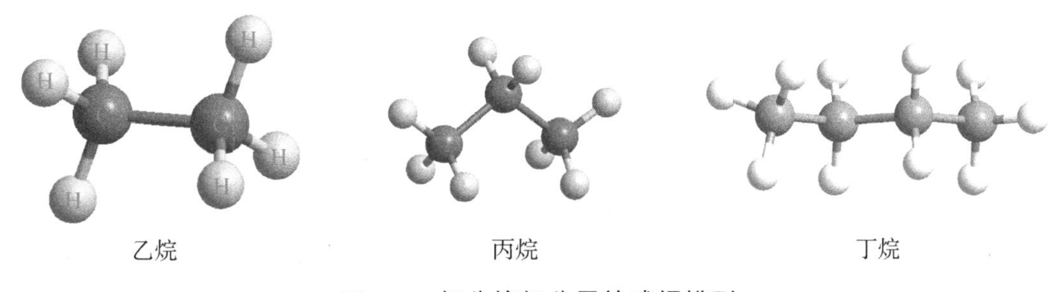


图 2-2　部分烷烃分子的球棍模型

**表 2-2 几种烷烃的结构对比**

| 名称 | 分子式 | 结构式 | 结构简式 | 相邻组成差别 |
| --- | --- | --- | --- | --- |
| 甲烷 | $CH_4$ | $H-\underset{\underset{H}{\vert}}{\overset{\overset{H}{\vert}}{C}}-H$ | $CH_4$ | |
| 乙烷 | | | | |
| 丙烷 | | | | |
| 丁烷 | | | | |
| $n$ 烷烃 | | | | |

比较上述烷烃可知，它们的结构相似，分子组成上相差 1 个或几个 $CH_2$ 原子团。有机化合物中结构相似，在分子组成上相差 1 个或几个 $CH_2$ 原子团的一系列化合物称为**同系列**。同系列中的化合物之间互称为**同系物**。

从甲烷、乙烷、丙烷等分子的结构式可以看出，它们中间部分是 $(CH_2)_n$，$(CH_2)_n$ 两边还连接了 2 个氢原子，即若碳原子数为 $n$，则氢原子的数目为 $2n+2$，所以烷烃的通式为 $C_nH_{2n+2}$。例如，十一烷烃的分子式为 $C_{11}H_{24}$。

### （二）烷烃的同分异构

用球棍模型，分别将 4 个碳原子和 5 个碳原子以单键形式进行排列组合，写出可能的组合形式，然后按照碳原子总是四价的特性补充氢原子，完成表 2-3。

**表 2-3 两种烷烃可能的结构**

| 物质 | 可能的结构 |
| --- | --- |
| 4 个碳原子的烷烃 | |
| 5 个碳原子的烷烃 | |

烷烃中有些分子式相同，但结构却不同。例如，含有 4 个碳原子的烷烃（丁烷），分子式都是 $C_4H_{10}$，但有以下两种结构形式：

$$CH_3-CH_2-CH_2-CH_3$$

正丁烷

$$CH_3-\underset{\underset{CH_3}{\vert}}{CH}-CH_3$$

异丁烷

再例如，含有 5 个碳原子的烷烃（戊烷），它们的分子式都是 $C_5H_{12}$，但有以下三种结构形式：

$$CH_3-CH_2-CH_2-CH_2-CH_3$$

正戊烷

$$CH_3-\overset{\overset{CH_3}{\vert}}{CH}-CH_2-CH_3$$

异戊烷

$$CH_3-\underset{\underset{CH_3}{\vert}}{\overset{\overset{CH_3}{\vert}}{C}}-CH_3$$

新戊烷

烷烃中像正戊烷、异戊烷、新戊烷这样，由于碳链骨架结构不同而产生的同分异构称为**碳链异构**。碳链异构是有机化合物中最常见的同分异构。

### （三）烷烃的命名

有机化合物种类繁多，而且同分异构现象广泛存在，所以须按照一定的规则对每一个有机化合物进行命名。烷烃的命名有两种方法，即普通命名法和系统命名法。

1. 普通命名法　适用于结构简单的烷烃，命名时根据烷烃分子中碳原子的总数称为“某烷”。“某”依次用甲、乙、丙、丁、戊、己等表示；有同分异构体时在“某烷”前面加“正”“异”“新”等表示。“正”某烷是没有支链的链烃，“异”某烷是只有一个甲基支链连在第二个碳原子上的链烃，“新”某烷是只有两个甲基支链连在第二个碳原子上的链烃。例如，上述的正戊烷、异戊烷和新戊烷。

2. 系统命名法　适用于普通命名法难以命名、结构比较复杂的有机化合物。这些有机化合物中一定数目的基团代替了其分子中的氢原子作支链，所以这些基团称为取代基。取代基是某种物质分子去掉一个氢原子形成的，烃分子中去掉一个氢原子后所剩下的基团称为**烃基**，烷烃分子去掉一个氢原子后所剩下的基团称为**烷基**。最常见、最重要的烃基是烷基，通式为 $C_nH_{2n+1}$，用 R- 表示，通常又称为**脂肪烃基**。常见烷基的结构简式和名称如下：

$-CH_3$　甲基

$-CH_2-CH_3$　乙基

$-CH_2-CH_2-CH_3$　丙基

$-CH(CH_3)-CH_3$（CH 上连 $CH_3$）　异丙基

$-CH_2-CH_2-CH_2-CH_3$　正丁基

$-CH_2-CH(CH_3)-CH_3$（CH 上连 $CH_3$）　异丁基

$-C(CH_3)_2-CH_3$（C 上、下各连 $CH_3$）　叔丁基

烷烃的系统命名法步骤如下。

（1）选择主链　在烷烃分子的链中选择含碳原子数最多的碳链作主链，其他部分作为支链。

（2）编号　用阿拉伯数字从靠近支链的一端给主链碳原子编号，以确定支链的位置，并尽可能使支链所连的碳原子编号最小。

（3）确定名称　确定名称按先支链后主链、先简单后复杂的顺序进行，如果有相同的支链则将其合并在一起。确定支链时依次写出其位置、数目（汉字）和名称；确定主链是根据主链碳原子的个数称为“某烷”。主链碳原子 10 个以内的，依次用天干（甲、乙、丙、丁、戊、己、庚、辛、壬、癸）表示；碳原子 10 个以上的，用“十一”“十二”等汉字数字表示。名称中阿拉伯数字之间用英文逗号“,”隔开，阿拉伯数字和汉字间用“-”隔开。例如：

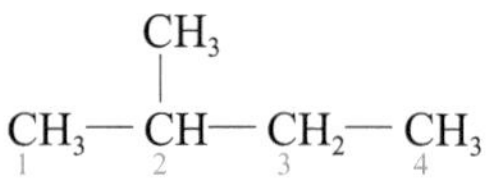

2-甲基丁烷 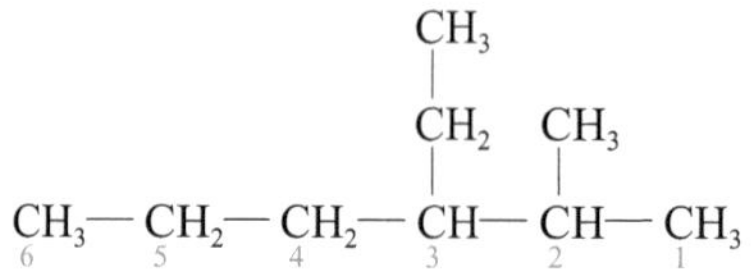　　2-甲基-3-乙基己烷 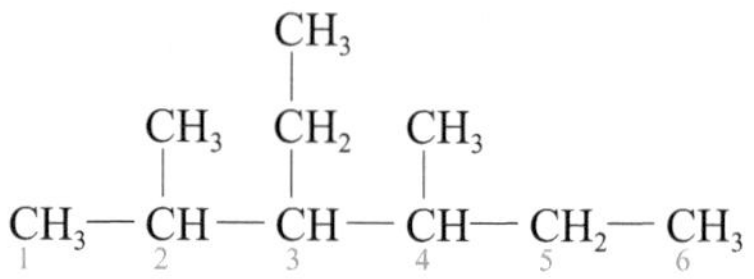　　2, 4-二甲基-3-乙基己烷

烷烃命名时有时会遇到一些特殊情况。例如，最长碳链含碳原子数相等，则选择连支链最多的链为主链。再例如，从主链两端开始编号一样靠近支链，则从靠近简单支链一端开始编号。例如：

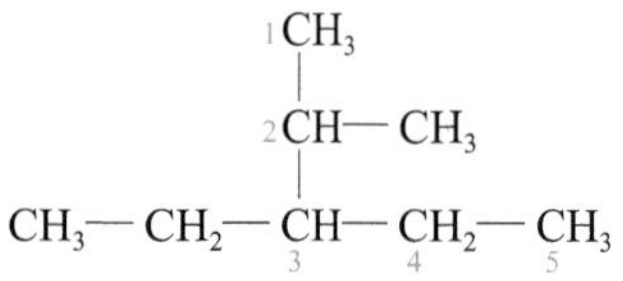

2-甲基-3-乙基戊烷 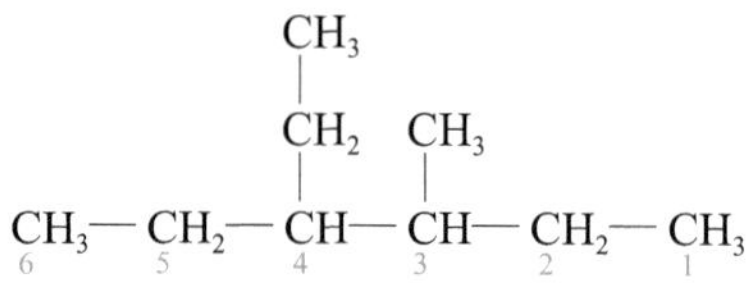　　3-甲基-4-乙基己烷

**闭链烃**，简称环烃。环烃分为脂环烃和芳香烃。脂环烃又分为环烷烃、环烯烃、环炔烃等。在环烃分子中，碳原子之间全用单键结合的烃称为**环烷烃**。环烷烃的命名与烷烃相似，只需在相应的烷烃名称前加上“环”字。环上如有取代基，沿环编号使取代基位置最小。常见环烷烃的结构简式、键线式、名称如下：

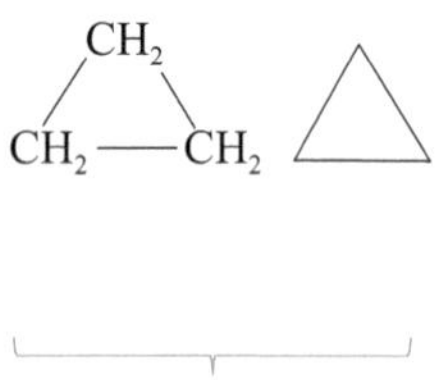

环丙烷 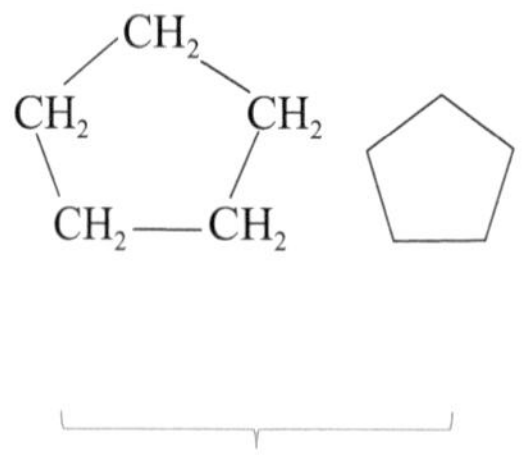　　环戊烷 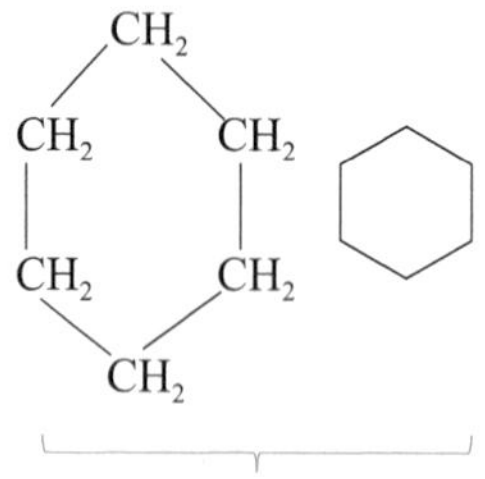　　环己烷 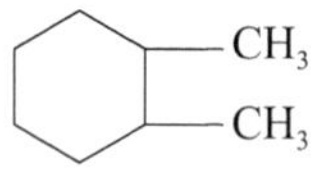　　1, 2-二甲基环己烷

## 三、烷烃的性质

### （一）物理性质

烷烃大多是密度小于水、难溶于水、易溶于有机溶剂的物质。在烷烃的同系物中，随着碳原子数的增加，熔点、沸点逐渐升高，密度逐渐变大，这些量变最终引发质变，使得烷烃呈现三种状态：直链烷烃中，常温、常压下 $C_1$～$C_4$ 的烷烃是气体，$C_5$～$C_{17}$ 的烷烃为液体，$C_{18}$ 以上的烷烃为固体。

### （二）化学性质

1. 稳定性　烷烃分子中的键都是 σ 键，σ 键键能较高，稳定，不易断裂，所以烷烃化学性质较稳定，在常温下不与强酸、强碱反应，不与强氧化剂酸性高锰酸钾溶液反应，也不与溴水反应。由于烷烃化学性质稳定，所以医学上利用这一性质来配制药品。例如，凡士林、液体石蜡常用作软膏的基质，沥青用来铺路或铺设于房顶等。

2. 氧化反应　烷烃能在空气或氧气中被点燃，因氧化而完全燃烧生成二氧化碳和水，同时放出大量的热。甲烷被认为是一种很好的燃料，就是因为氧化燃烧彻底，发生如下反应：

$$CH_4 + 2O_2 \xrightarrow{点燃} CO_2 + 2H_2O$$

除甲烷外，丁烷、汽油、煤油、柴油等烷烃及许多烷烃类物质也可发生氧化燃烧反应，而且因为它们含氢较多，燃烧过程中烟尘较少，是较优质的燃料，所以常利用它们反应产生的热量，驱动发动机运转。

烷烃及许多烷烃类物质都属于易燃易爆品，在生活和生产中使用时，一定要注意安全。

3. 取代反应　将甲烷和氯气混合，室温下在暗处长时间保存也不发生任何反应。但是放在光亮的地方，黄绿色的氯气会逐渐变淡，生成油状的氯代甲烷化合物。该化学反应方程式如下：

$$CH_3—H + Cl—Cl \xrightarrow{光} CH_3—Cl + H—Cl$$

一氯甲烷

在较强阳光照射下，约半小时后可以看到氯气的黄绿色逐渐变淡，容器壁上出现油状物。这是因为发生上述反应后，生成的一氯甲烷继续发生类似反应，生成二氯甲烷、三氯甲烷（氯仿）、四氯化碳等物质，它们附着在容器壁上。氯仿曾被用作麻醉剂，四氯化碳是一种高效灭火剂，二氯甲烷、氯仿、四氯化碳都是很好的溶剂。

以上反应还可以在紫外线、高温或催化剂作用下进行。这种有机化合物分子中的某些原子或原子团被其他原子或原子团所替代的反应称为**取代反应**。在一定条件下，有机化合物中氢原子被卤素原子取代的反应，称为**卤代反应**。烃发生卤代反应生成的物质称为卤代烃，如一氯甲烷（$CH_3Cl$）、二氟二氯甲烷（$CCl_2F_2$）等。

烷烃除了可以与氯气发生取代反应以外，还可以与 $F_2$、$Br_2$ 等卤素单质发生取代反应生成相应的卤代烃。

五个碳原子以上的环烷烃化学性质与烷烃相似，性质较稳定，与强酸（如硫酸）、强碱（如氢氧化钠）、强氧化剂（如酸性高锰酸钾溶液）等试剂都不发生反应，能氧化燃烧，也能在高温或光照下发生取代反应。例如：

$$\text{环戊烷}(CH_2)_4CH—H + Cl—Cl \longrightarrow (CH_2)_4CH—Cl + H—Cl$$

**链　接**　限制使用氟利昂，保护生态环境，实现可持续发展

氟利昂是几种氟氯代甲烷和氟氯代乙烷的总称。常见的氟利昂成分包括：R12（二氯二氟甲烷）、R22（二氟一氯甲烷）、R134a（1, 1, 1, 2- 四氟乙烷）等。氟利昂曾经被广泛用于制冷、发泡、气雾剂等领域。然而，由于其对臭氧层有破坏作用，并能加剧温室效应，目前已被限制使用，并在逐步被环保型的替代品所取代。从可持续发展的角度看，限制氟利昂的使用有助于推动我国制冷、空调等相关行业的技术创新和产业升级，促进开发和应用更加环保、高效的替代品和技术，提高能源利用效率，减少对环境的不良影响。

## 四、常见的烷烃及其来源

烷烃主要来源于天然气和石油。天然气的主要成分是含甲烷、乙烷、丙烷和丁烷的混合物。石油的分馏产物如石油醚、汽油、煤油、柴油、润滑油、凡士林、液体石蜡、固体石蜡等的主要成分就是烷烃。石油产品种类繁多，是工业和交通运输业所需能源物质的重要组成部分，在深加工后还能得到各种有机化学工业原料，用于制造合成纤维、合成橡胶、塑料、农药、化肥、炸药、染料与合成洗涤剂等。它们在工业、农业、医药、生活等方面有着广泛的用途（表 2-4）。

**表 2-4 常见烷烃及其用途**

| 物质 | 成分 | 主要用途 |
| --- | --- | --- |
| 天然气 | $C_1$～$C_4$ | 燃料 |
| 溶剂油 | $C_5$～$C_8$ | 溶剂 |
| 汽油 | $C_5$～$C_{15}$ | 燃料 |
| 煤油 | $C_{11}$～$C_{16}$ | 燃料、工业洗涤剂 |
| 柴油 | $C_{15}$～$C_{18}$ | 柴油机燃料 |
| 润滑油 | $C_{16}$～$C_{20}$ | 润滑剂、防锈剂 |
| 凡士林 | 液态烃、固态烃混合物 | 润滑剂、防锈剂、软膏药物基质 |
| 液体石蜡 | $C_{20}$～$C_{24}$ | 软膏滴鼻剂、喷雾剂基质 |
| 固体石蜡 | $C_{25}$～$C_{34}$ | 蜡烛、蜡疗、软膏硬度调节剂 |
| 沥青 | $C_{30}$～$C_{40}$ | 铺路、防腐、防水等材料 |

液体石蜡是无色、透明的液体，不溶于水。在医学上，液体石蜡用于婴儿油、乳液或乳霜等护肤品中，作为保湿剂和卸妆油的原料。在医药上，液体石蜡用作配制滴鼻剂或喷雾剂的基质，也可用作泻药。长期摄入液体石蜡可导致消化功能障碍，影响脂溶性维生素 A、维生素 D、维生素 K 和钙、磷等的吸收。液体石蜡在制造合成洗涤剂时用作分散剂。

凡士林是液态烃、固态烃混合物，呈软膏状的半固体，不溶于水，溶于乙醚和石油醚。由于它不被皮肤吸收，并且化学性质稳定，不与软膏状的药物反应，因此常用作化妆品和药物软膏的基质。凡士林一般呈黄色，经漂白或脱色，可变成白色凡士林。

**链 接** 烷烃在制药领域的作用

烷烃在制药领域发挥着多种重要作用，有助于药物的研发、生产和制剂优化。①溶剂作用：许多烷烃可以作为良好的溶剂，用于溶解药物活性成分，促进药物的合成、提取和制剂制备过程。②药物载体：某些长链烷烃可以被制备成脂质体或纳米粒等药物载体，帮助提高药物的稳定性、生物利用度和靶向性。③赋形剂：在药物制剂中，烷烃可以作为赋形剂，帮助调整药物的物理性质，如硬度、崩解性等。④合成原料：一些特定的烷烃可以作为合成药物中间体的原料，参与药物的化学合成过程。⑤润滑剂：在制药设备中，烷烃可以用作润滑剂，确保设备的正常运转，从而保障药品的生产质量和效率。

## 第 2 节　不饱和链烃

分子中含有碳碳双键或碳碳三键的链烃称为**不饱和链烃**。不饱和链烃又分为**烯烃**和**炔烃**。烯烃的官能团是**碳碳双键**（$>C=C<$），炔烃的官能团是**碳碳三键**（$-C\equiv C-$）。

### 一、乙烯和乙炔分子的结构特征

**案例 2-2**

乙烯是一种稍有甜味的无色气体，存在于植物体内，是一种比较理想的植物果实催熟剂；在医药上与氧气混合可作麻醉剂。乙烯是有机合成工业和石油化学工业的重要原料，可用于制造塑料、合成纤维、橡胶等。乙烯工业的迅速发展带动了石油化学工业的发展，因此，一个国家乙烯工业的发展水平已成为衡量这个国家石油化学工业发展水平的主要标准之一。

乙炔是一种无色无臭的气体，在氧气中燃烧能产生大量的热，可用来切割和焊接金属。乙炔也是塑料、橡胶、纤维三大合成材料及精细有机产品如乙醛、乙酸等合成的重要原料。

问题：1. 什么是烯烃？什么是炔烃？

2. 写出乙烯和乙炔分子的结构简式。

#### （一）乙烯分子的结构特征

在微观上认识乙烯、乙炔分子。课前以小组为单位，完成如下学习任务：用球棍模型，搭建乙烯、乙炔的分子模型，判断乙烯的空间构型，填写表 2-5、表 2-6。

表 2-5　乙烯的结构探索

| 物质 | 分子式 | 电子式 | 结构式 | 结构简式 | 空间构型 |
|---|---|---|---|---|---|
| 乙烯 | | | | | |

表 2-6　乙炔的结构探索

| 物质 | 分子式 | 电子式 | 结构式 | 结构简式 | 空间构型 |
|---|---|---|---|---|---|
| 乙炔 | | | | | |

由科学实验和乙烯分子的球棍模型（图 2-3）可知，乙烯分子里 2 个碳原子间形成碳碳双键，2 个碳原子与 4 个氢原子形成 4 个碳氢单键，2 个碳原子和 4 个氢原子都在同一平面上，碳碳双键与碳氢键、碳氢键与碳氢键的夹角（键角）均为 120°。由乙烯分子

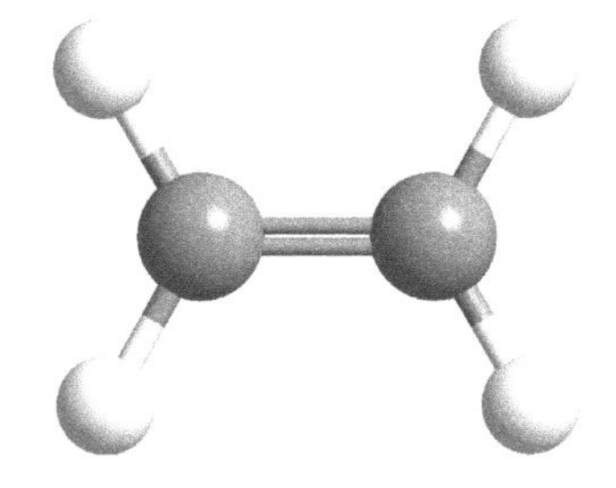

图 2-3　乙烯分子的球棍模型

的球棍模型可得出它的结构式和结构简式。

乙烯分子的官能团是**碳碳双键**（$>C=C<$），碳碳双键并不是两个碳碳单键 σ 键构成，而是由一个比较牢固的 σ 键和另一个不稳定、易断裂的 π 键构成。

### （二）乙炔分子的结构特征

由科学实验和乙炔分子的球棍模型（图 2-4）可知，乙炔分子里 2 个碳原子间形成碳碳三键，2 个碳原子分别与 2 个氢原子形成 2 个碳氢单键，2 个碳原子和 2 个氢原子都在一条直线上，碳碳三键与碳氢键的夹角（键角）均为 180°。由乙炔分子的球棍模型可得其结构式和结构简式。

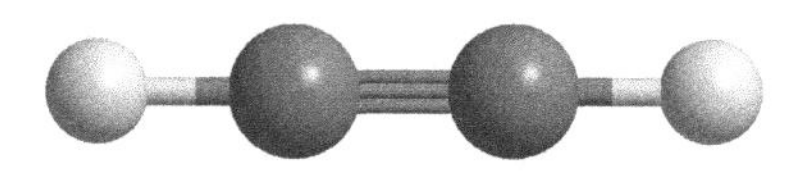

图 2-4　乙炔分子的球棍模型

乙炔分子的主要部分也是其官能团碳碳三键（$-C\equiv C-$），碳碳三键并不是由 3 个碳碳 σ 键或 1 个碳碳双键和 1 个碳碳 σ 键构成，而是由 1 个比较牢固的 σ 键和 2 个不稳定、易断裂的 π 键构成。

## 二、不饱和链烃的同系物

### （一）烯烃的同系物及通式

观察表 2-7 中各烯烃分子的结构简式，然后完成表 2-8。

分子中含有一个碳碳双键的链烃称为单烯烃，习惯上又称为烯烃。烯烃中除了最简单的乙烯外，还有丙烯、丁烯等一系列化合物，这些烯烃在结构上都含有碳碳双键，分子组成上相差一个或几个 $CH_2$ 原子团，所以它们都是烯烃的同系物（表 2-7）。

**表 2-7　几种烯烃的同系物**

| 物质 | 分子式 | 结构简式 | 物质 | 分子式 | 结构简式 |
|---|---|---|---|---|---|
| 乙烯 | $C_2H_4$ | $CH_2=CH_2$ | 1- 己烯 | $C_6H_{12}$ | $CH_2=CH-(CH_2)_3-CH_3$ |
| 丙烯 | $C_3H_6$ | $CH_2=CH-CH_3$ | 1- 十一烯 | $C_{11}H_{22}$ | $CH_2=CH-(CH_2)_8-CH_3$ |
| 1- 戊烯 | $C_5H_{10}$ | $CH_2=CH-(CH_2)_2-CH_3$ | 1- 十二烯 | $C_{12}H_{24}$ | $CH_2=CH-(CH_2)_9-CH_3$ |

**表 2-8　几种烯烃结构的对比**

| 比较项目 | 相同点 | 差异点 |
|---|---|---|
| 结构简式 | | |
| 分子式 | | |

由于烯烃分子中含有一个碳碳双键，所以烯烃分子中氢原子的个数比相同碳原子数的烷烃少两个，烯烃的分子组成通式为 $C_nH_{2n}$（$n \geqslant 2$ 整数）。碳碳双键（$>C=C<$）是烯烃的官能团。

### （二）炔烃的同系物及通式

分子中含有碳碳三键的链烃称为炔烃。炔烃中除了最简单的乙炔外，还有丙炔、1-戊炔等表 2-9 中的一系列化合物，这些炔烃在结构上都含有碳碳三键，在分子组成上相差一个或几个 $CH_2$ 原子团，所以它们都是炔烃的同系物。

**表 2-9　几种炔烃的同系物及其结构简式**

| 名称 | 分子式 | 结构简式 | 名称 | 分子式 | 结构简式 |
|---|---|---|---|---|---|
| 乙炔 | $C_2H_2$ | $HC\equiv CH$ | 1-己炔 | $C_6H_{10}$ | $HC\equiv C—(CH_2)_3—CH_3$ |
| 丙炔 | $C_3H_4$ | $HC\equiv C—CH_3$ | 1-十一炔 | $C_{11}H_{20}$ | $HC\equiv C—(CH_2)_8—CH_3$ |
| 1-戊炔 | $C_5H_8$ | $HC\equiv C—(CH_2)_2—CH_3$ | 1-十二炔 | $C_{12}H_{22}$ | $HC\equiv C—(CH_2)_9—CH_3$ |

由于炔烃分子中含有一个碳碳三键，所以炔烃分子中氢原子的个数比相同碳原子数的烯烃少两个，炔烃的组成通式为 $C_nH_{2n-2}$（$n \geqslant 2$）。**碳碳三键**（$—C\equiv C—$）是炔烃的官能团。

## 三、不饱和链烃的同分异构

观察表 2-10 中两个烯烃分子的结构简式，然后完成表 2-10。

**表 2-10　两种烯烃结构的对比**

| 烯烃结构简式 | 相同点 | 不同点 |
|---|---|---|
| $CH_2=CH—CH_2—CH_3$ | | |
| $CH_3—CH=CH—CH_3$ | | |

由于不饱和链烃含有碳碳双键或碳碳三键，其同分异构现象除了有烷烃的碳链异构外，还有位置异构和顺反异构。由于双键或三键在碳链中的位置不同而产生的同分异构称为位置异构。烯烃分子中双键碳原子上连接的原子或原子团在空间排列不同还能产生顺反异构，但本节主要介绍碳链异构和位置异构。

例如，分子式为 $C_4H_8$ 的烯烃不仅有碳链异构（1）和（3），还有因为分子中双键位置不同而产生的位置异构（1）和（2）。

（1）$CH_2=CH—CH_2—CH_3$　1-丁烯

（2）$CH_3—CH=CH—CH_3$　2-丁烯

（3）$H_2C=C(CH_3)—CH_3$　2-甲基丙烯

炔烃的同分异构与烯烃相似，同样有碳链异构和位置异构。例如，分子式为 $C_5H_8$ 的炔烃不仅有碳链异构（1）和（3），还有因为分子中三键位置不同而产生的位置异构（1）和（2）。

（1）$CH\equiv C-CH_2-CH_2-CH_3$
1-戊炔

（2）$CH_3-C\equiv C-CH_2-CH_3$
2-戊炔

（3）$CH\equiv C-\overset{\overset{\large CH_3}{|}}{C}H-CH_3$
3-甲基-1-丁炔

## 四、不饱和链烃的命名

烯烃和炔烃的命名与烷烃类似，只是烯烃和炔烃有官能团。它们的命名法原则和步骤如下。

1. 选择主链　选择含有官能团（碳碳双键或碳碳三键）在内的最长碳链作主链。

2. 编号　从靠近官能团的一端开始，用阿拉伯数字沿主链给碳原子依次编号，以确定碳碳双键和取代基的位置。

3. 确定名称　先用烷烃命名方法确定取代基的位置、数目和名称，然后以双键或三键编号较小的数字表示官能团的位置，再根据主链碳原子的个数称为“某烯”或“某炔”。“某”字用法和其他要求与烷烃命名相同。例如：

$\overset{1}{C}H_2=\overset{2}{C}H-\overset{3}{\underset{}{C}}H(CH_3)-\overset{4}{C}H_3$
3-甲基-1-丁烯

$\overset{1}{C}H_3-\overset{2}{C}H=\overset{3}{C}(CH_3)-\overset{4}{C}H(CH_3)-\overset{5}{C}H_3$
3, 4-二甲基-2-戊烯

$\overset{4}{C}H_3-\overset{3}{C}H_2-\overset{2}{C}(CH_3)=\overset{1}{C}H_2$
2-甲基-1-丁烯

$\overset{6}{C}H_3-\overset{5}{C}H(CH_3)-\overset{4}{C}H(CH_2-CH_3)-\overset{3}{C}H=\overset{2}{C}(CH_3)-\overset{1}{C}H_3$
2, 5-二甲基-4-乙基-2-己烯

$\overset{1}{C}H\equiv\overset{2}{C}-\overset{3}{C}H(CH_3)-\overset{4}{C}H_3$
3-甲基-1-丁炔

$\overset{1}{C}H_3-\overset{2}{C}\equiv\overset{3}{C}-\overset{4}{C}H(CH_3)-\overset{5}{C}H_3$
4-甲基-2-戊炔

$\overset{1}{C}H\equiv\overset{2}{C}-\overset{3}{C}H(C_2H_5)-\overset{4}{C}H(CH_3)-\overset{5}{C}H_3$
4-甲基-3-乙基-1-戊炔

$\overset{1}{C}H\equiv\overset{2}{C}-\overset{3}{C}H(C_2H_5)-\overset{4}{C}(CH_3)-\overset{5}{C}H_3$
4-甲基-3-乙基-4-苯基-1-戊炔

## 五、不饱和链烃的性质

### （一）物理性质

烯烃均无色，难溶于水，易溶于有机溶剂。在烯烃的同系物中，随着碳原子数的增加，熔点、沸点、密度逐渐升高，同样随着量变引起了质变，使得烯烃呈现三种状态。直链烯烃中，常温、常压下 $C_2$～$C_4$ 的烯烃是气体；$C_5$～$C_{18}$ 的烯烃为液体；$C_{19}$ 以上的高级烯烃是固体。

炔烃的物理性质与烯烃相似，也难溶于水，易溶于有机溶剂。炔烃的同系物中，同样随着碳原子数的增加，熔点、沸点、密度逐渐升高，随着量变引起了质变，使炔烃呈现三种状态。直链炔烃中，常温、常压下 $C_2$～$C_4$ 的炔烃是气体；$C_5$～$C_{15}$ 的炔烃为液体；$C_{15}$ 以上的炔烃是固体。

### （二）化学性质

烯烃和炔烃分子中都含有不饱和键（双键和三键），双键和三键中都有 $\pi$ 键，且易断裂，所以烯烃和炔烃的化学性质活泼，而且相似，容易发生氧化反应、加成反应、聚合反应。

但三键中有两个π键，比双键中的一个π键稳定，所以炔烃的化学性质不如烯烃活泼。此外，对于碳碳三键上连有氢原子的炔烃，还能发生一些特殊的反应。

1. 氧化反应 烯烃和炔烃与烷烃一样，也能在空气中完全氧化燃烧生成二氧化碳和水，同时放出大量的热。乙烯和乙炔在空气中燃烧的反应式如下：

$$CH_2{=}CH_2 + 3O_2 \xrightarrow{\text{点燃}} 2CO_2 + 2H_2O + \text{热量}$$

$$2CH{\equiv}CH + 5O_2 \xrightarrow{\text{点燃}} 4CO_2 + 2H_2O + \text{热量}$$

由于烯烃和炔烃中含碳比例比烷烃高，燃烧时发出明亮的火焰，而且会产生大量的热量和浓烟，所以使用这些物质的时候要注意安全。乙炔在氧气中燃烧所形成的火焰称为氧炔焰，温度高达 3000℃以上，可利用该性质来焊接和切割金属。

液体石蜡不能使酸性高锰酸钾溶液褪色，而松节油能使酸性高锰酸钾溶液褪色。这是因为饱和链烃（烷烃）中只含σ键，σ键稳定，所以化学性质稳定，因此，液体石蜡不能使酸性高锰酸钾溶液褪色。烯烃类物质松节油含有碳碳双键，碳碳双键中的π键容易断裂，所以其化学性质活泼，常温下即可被酸性高锰酸钾氧化而使溶液褪色。实验证明，饱和链烃（烷烃）不能使某些有色氧化性物质（如酸性高锰酸钾）的溶液褪色，而不饱和链烃（烯烃和炔烃）能使这些有色氧化性物质的溶液褪色，两者的现象明显不同。因此，常用这种方法来区别饱和链烃（烷烃）与不饱和链烃。

2. 加成反应

不饱和有机化合物分子中，双键或者三键中的π键断裂，加入其他原子或原子团的反应，称为加成反应。烯烃和炔烃可以与卤素、水和氢气等发生加成反应。

（1）与卤素加成 液体石蜡不能使溴水褪色，而松节油可使溴水褪色。松节油使溴水褪色是因为烯烃类物质松节油与溴水中的溴单质发生了加成反应，消耗掉了溴单质。乙烯、乙炔也能与溴水中的溴单质发生以下加成反应，生成 1, 2- 二溴乙烷和 1, 1, 2, 2- 四溴乙烷。

$$CH_2{=}CH_2 + Br{-}Br \longrightarrow \underset{Br}{CH_2}{-}\underset{Br}{CH_2}$$

乙烯 溴水（红棕色） 1, 2-二溴乙烷（无色）

$$CH{\equiv}CH + 2Br{-}Br \longrightarrow CHBr_2{-}CHBr_2$$

乙炔 溴水（红棕色） 1, 1, 2, 2-四溴乙烷（无色）

（2）与氢气加成 在金属催化剂（铂、钯、镍等）作用下，烯烃和炔烃分子中的π键断裂，可以与氢气发生加成反应生成烷烃。例如：

$$CH_2{=}CH_2 + H{-}H \xrightarrow{Pt/Ni} CH_3{-}CH_3$$

乙烯 乙烷

$$CH \equiv CH + 2H-H \longrightarrow CH_3-CH_3$$

乙炔　　　　　　乙烷

（3）与卤化氢加成　烯烃和炔烃也能与卤化氢发生加成反应，生成相应的卤代烃。例如：

$$CH_2=CH_2 + H-Br \longrightarrow CH_3-CH_2Br$$

1-溴乙烷

$$CH \equiv CH + H-Br \longrightarrow CH_2=CHBr$$

1-溴乙烯

当不对称烯烃与卤化氢（HX）发生加成时，卤化氢分子中的氢原子总是加在双键中含氢较多的碳原子上，带负电荷的 $X^-$ 加到双键中含氢较少的碳原子上。此规则被称为**马尔科夫尼科夫规则**，简称**马氏规则**。如：

$$CH_3-CH=CH_2 + H-Br \longrightarrow CH_3-CHBr-CH_3$$

2-溴丙烷

$$CH \equiv CH + 2H-Br \longrightarrow CH_3-CHBr_2$$

1, 1-二溴乙烷

3. 聚合反应　在一定条件下，烯烃分子可以自身相互加成，生成大分子化合物。这种由小分子化合物结合成大分子化合物的反应称为**聚合反应**。例如，乙烯在高温、高压和催化剂的作用下，发生以下聚合反应生成高分子化合物聚乙烯。

$$nCH_2=CH_2 \xrightarrow[\text{高温高压}]{\text{催化剂}} \left[ CH_2-CH_2 \right]_n$$

乙烯　　　　　　聚乙烯

聚乙烯（图 2-5）是一种透明、无色、无味、柔韧的塑料，可用来制作输液器、各种医用导管、整形材料等。

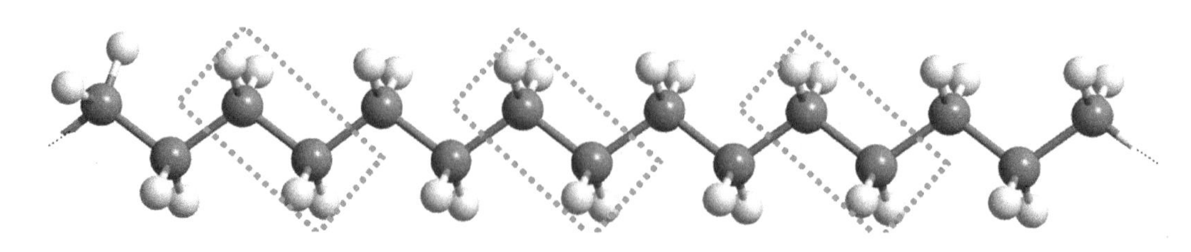

图 2-5　聚乙烯分子示意图

在一定条件下，乙炔也能自身相互加成生成链状或环状聚合物。例如，在高温、催化剂作用下，三个乙炔分子可聚合成一个苯分子。

$$3CH\equiv CH \xrightarrow[120\sim160℃]{\text{催化剂}} C_6H_6$$

苯

4. 生成金属炔化物　端基炔（含—C≡C—H 结构的炔烃）中碳碳三键对氢原子产生影响，使连接在三键碳上的氢原子非常活泼，容易被金属取代，生成金属炔化物。例如，将乙炔通入硝酸银的氨溶液或氯化亚铜的氨溶液中则分别生成白色的乙炔银和砖红色的乙炔亚铜沉淀。

$$HC\equiv CH + 2[Ag(NH_3)_2]NO_3 \longrightarrow AgC\equiv CAg\downarrow + 2NH_4NO_3 + 2NH_3\uparrow$$

硝酸银氨溶液　　乙炔银（白色）

$$HC\equiv CH + 2[Cu(NH_3)_2]Cl \longrightarrow CuC\equiv CCu\downarrow + 2NH_4Cl + 2NH_3\uparrow$$

氯化亚铜氨溶液　　乙炔亚铜（棕红色）

端基炔发生的上述反应灵敏且现象明显，此反应可作为鉴别碳碳三键是否在链端的方法。

**案例 2-3**

炔诺酮有较强的孕激素作用和一定的抗雌激素作用，具有较弱的雄激素活性和蛋白同化作用。炔诺酮主要用于异常子宫出血、痛经、月经不调、子宫内膜异位症及不育症等；炔诺酮片能单独作为紧急避孕药使用，也可与雌激素联合使用作为短效口服避孕药。

炔诺酮

问题：1. 仔细观察炔诺酮结构，分子中含有哪几种官能团？

2. 炔诺酮能否生成金属炔化物？

## 六、常见的烯烃类物质

1. 丙烯　丙烯为无色气体，工业上可用于制备异丙醇、丙醇、丙烯醛。丙烯通过聚合反应可以生成聚丙烯，聚丙烯具有相对密度小、耐热性好、机械强度比聚乙烯强等优点，可用作薄膜、纤维、管道、医疗器械、电缆和电线的外皮等。

2. 松节油　松节油是采用水蒸气蒸馏法从松针植物的叶中提取出来的透明、微黄、具有芳香气味的液体。松节油可用于减轻肌肉痛、关节痛、神经痛及扭伤疼痛。松节油内含有碳碳双键，可归属于烯烃类物质，须遮光，密封，置阴凉处。

3. 植物油　植物油是从一些植物的果实内，运用一些物理或化学方法提取出来的液体，如花生油、菜籽油、芝麻油、豆油等。植物油内含有碳碳双键和酯基，是复合官能团化合物。植物油具有提供能量、补充营养、帮助增强记忆力、治疗便秘等作用。工业上用作肥皂、油漆、油墨、橡胶、皮革、纺织、蜡烛、润滑油、合成树脂、化妆品等工业品的主要原料。

## 第3节 芳 香 烃

芳香烃是芳香族碳氢化合物的简称，最简单的芳香烃是苯。在早期研究中人们发现许多苯的衍生物都具有芳香气味，因此将此类化合物称为“芳香化合物”。随着研究的深入，人们发现含苯环的化合物并不都有芳香气味，有些甚至还有难闻的气味，“芳香”一词已失去原有的含义，“**芳香性**”现被用于描述化合物所具有的易取代、难加成、难氧化等特殊理化性质。具有芳香性的化合物统称为芳香化合物。

**案例 2-4**

2007 年 5 月，某防腐公司劳务队 3 名油漆工在货船舱底进行喷漆作业时，出现了头晕眼花、刺激性咳嗽、咽痛、胸闷、恶心、呕吐、走路不稳、反应迟钝、精神恍惚、皮肤出现小块紫斑等症状。根据现场调查与专家会诊结果，初步诊断本次事件为一起急性职业性混苯中毒事件。

问题：引起油漆工中毒的物质是哪类有机物？请写出它的结构通式。

### 一、苯分子的结构

1. 用球棍模型搭建苯的分子模型，判断苯的空间构型。
2. 查找资料，认识苯的来源、物理性质（熔点、沸点）、化学性质。
3. 根据所学知识，填写表 2-11。

表 2-11 苯的结构探索

| 物质 | 分子式 | 结构式 | 空间构型 |
|---|---|---|---|
| 苯 | | | |

早期人们根据苯分子组成 $C_6H_6$，推断苯分子的球棍模型和结构式（图 2-6）：苯分子中 6 个碳原子结合成一个正六边形的平面结构，6 个碳原子分别与 6 个氢原子形成 6 个碳氢单键，6 个碳原子和 6 个氢原子都在同一平面上，苯环上碳碳单键与碳碳双键相互间隔，形成一个以六边形中心为旋转中心的图形。

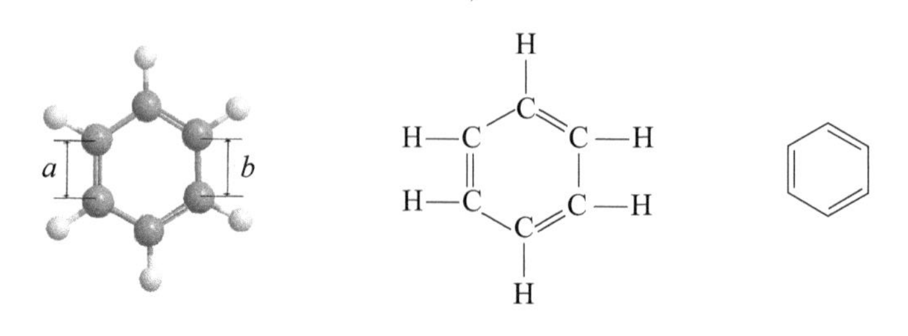


图 2-6 早期苯分子的球棍模型和结构式、结构简式

随着对苯的深入研究，人们发现苯分子中的 6 个碳原子之间的化学键键长完全相同（图 2-6，$a=b$），且键长介于碳碳单键和碳碳双键之间，苯也不能使酸性高锰酸钾溶液和溴水褪色，这说明苯分子中碳碳之间并不存在单、双键相间隔的结构。经研究发现，苯环中的 6 个碳原子相互连接，形成了一种介于单键和双键之间的特殊共价键——**大 π 键**，如图 2-7 所示。为了更加准确地表示苯的结构特点，可以将苯结构式简写为 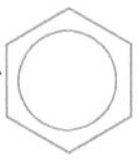 。

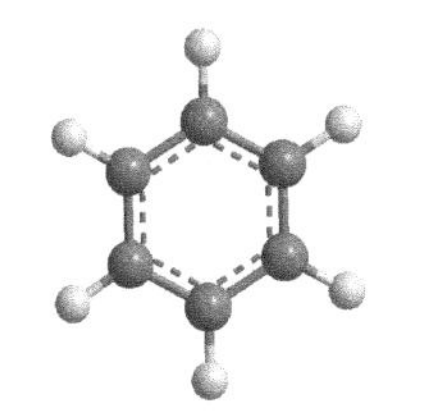

图 2-7　苯和苯的大 π 键模型

虽然苯环并不是碳碳单键、碳碳双键相互间隔连接形成的，但基于苯是一种特殊不饱和烃及其历史渊源，我们仍在沿用凯库勒式 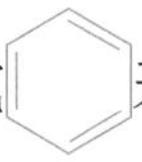 来表示苯。

## 二、苯的同系物与命名

苯的同系物是指苯环上的氢原子被烃基取代所生成的化合物。根据苯的凯库勒式  可以得出苯及其同系物的组成通式为 $C_nH_{2n-6}$（$n \geqslant 6$）。

苯的同系物根据苯环上的氢原子被烷基取代的个数可分为一元烷基苯、二元烷基苯和多元烷基苯，即苯环上分别有一个、两个或多个氢原子被烷基取代得到的化合物。由此可见，苯的同系物是以苯环为母体，所以命名时在“苯”前指明取代基的位置、名称即可。

### （一）一元烷基苯

一元烷基苯的苯环上只有一个取代基时，取代基与苯环的任一个碳原子相连都是等效的，因而无同分异构现象。在命名时根据取代基名称称为“某基苯”，常把“基”字省略，称为“某苯”。例如：

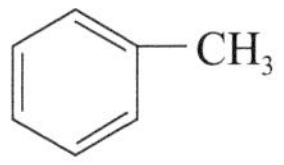

$CH_3$　　$CH_2CH_3$　　$CHCH_3$ / $CH_3$

甲苯 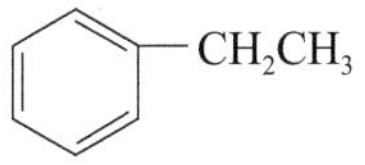　　乙苯 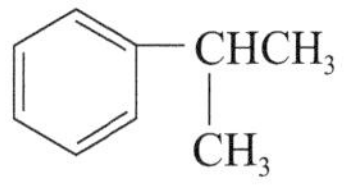　　异丙苯

### （二）二元烷基苯

二元烷基苯由于 2 个烷基的相对位置不同，可产生 3 种同分异构体。命名时，须用邻、间、对或阿拉伯数字标明烷基在苯环上的相对位置。用阿拉伯数字标明烷基位置时，应使取代基位次之和最小。例如：

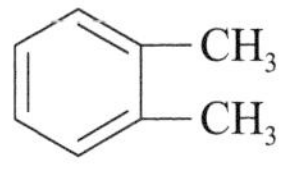

$CH_3$ $CH_3$　　$CH_3$ $CH_3$　　$H_3C$ $CH_3$

邻二甲苯（或*o*-二甲苯）1, 2-二甲苯　　间二甲苯（或*m*-二甲苯）1, 3-二甲苯　　对二甲苯（或*p*-二甲苯）1, 4-二甲苯

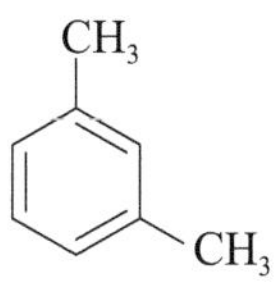

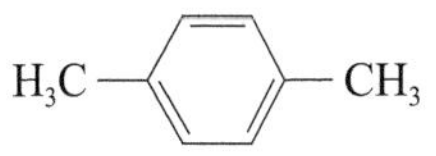

### （三）多元烷基苯

多元烷基苯的苯环上连有三个相同烷基时，也有 3 种同分异构体。命名时，相同取代基的相对位置可用连、偏、均或阿拉伯数字来表示。用阿拉伯数字标明烷基位置时，应使取代基位次和最小。例如：

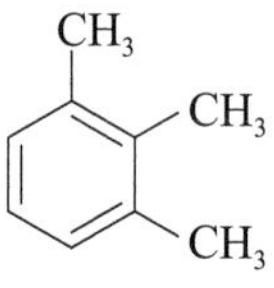

连三甲苯（或1, 2, 3-三甲苯） 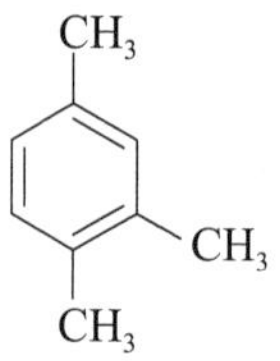　偏三甲苯（或1, 2, 4-三甲苯） 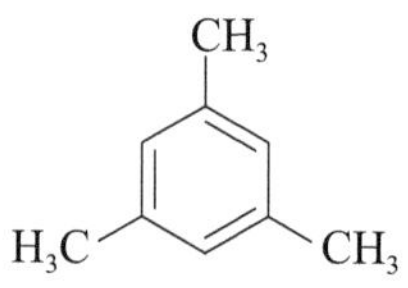　均三甲苯（或1, 3, 5-三甲苯）

### （四）苯的复杂同系物

当苯环上连的烃基结构比较复杂时，若仍将烷基作取代基反而不便，我们可以将苯环作为取代基，把烃作母体来命名。例如：

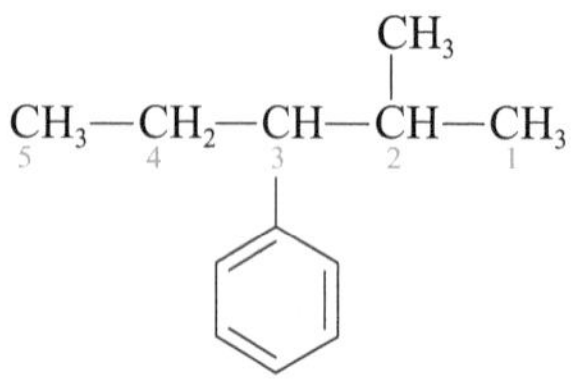

2-甲基-3-苯基戊烷 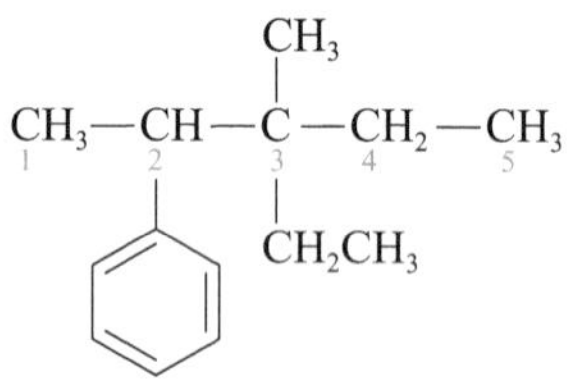　3-甲基-3-乙基-2-苯基戊烷

## 三、苯及其同系物的物理性质

苯及其同系物一般是无色、有特殊气味的液体，不易溶于水，易溶于汽油、乙醇和乙醚等有机溶剂，密度为 0.86～0.90g/cm$^3$，具有易挥发、易燃的特点。它们大多具有毒性，长期吸入苯蒸气会引起慢性中毒，苯也易被皮肤吸收引起中毒。

## 四、苯及其同系物的化学性质

从苯的结构式可知，苯环中的键是一种介于单键和双键之间的特殊共价键——大 π 键，所以苯的化学性质既有碳碳单键（烷烃）的性质，如稳定性、能氧化燃烧、取代反应，又有碳碳双键（烯烃）的化学性质，如加成反应。但其特殊结构决定了它们又与两类物质的性质有所不同，一般情况下表现为易取代、难加成、难氧化。

1. 稳定性　由于苯分子具有特殊的环状结构，分子中的大 π 键具有相当的电子稳定性，因此苯的化学性质比较稳定，一般情况下较难与酸性高锰酸钾溶液等氧化剂发生反应。

2. 氧化反应　苯较稳定，不易被氧化，但如与苯环直接相连的碳原子上连有氢原子（$\alpha$-H），则其侧链可以被强氧化剂所氧化，生成羧基（—COOH）。例如：

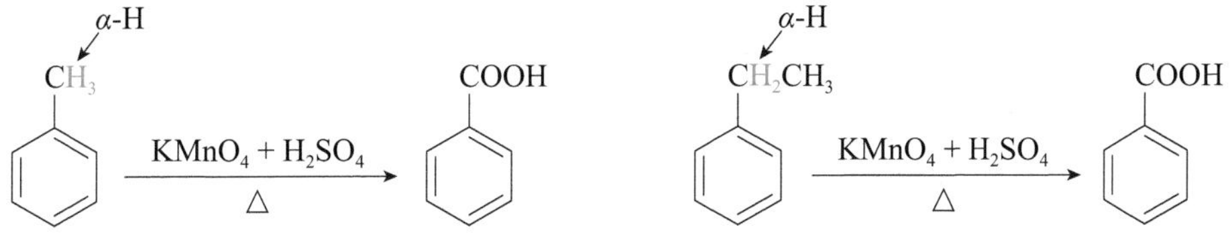

α-H　$CH_3$　$\xrightarrow[\triangle]{KMnO_4 + H_2SO_4}$　COOH

苯甲酸

α-H　$CH_2CH_3$　$\xrightarrow[\triangle]{KMnO_4 + H_2SO_4}$　COOH

苯甲酸

因为苯不被氧化而不能使某些氧化剂褪色，而含有 α-H 的苯的同系物却能被氧化而使某些氧化剂（如酸性高锰酸钾、重铬酸钾溶液）褪色，所以利用这一性质，可以区分苯和这类苯的同系物。

3. 取代反应　主要发生在芳香烃的苯环上，如卤代反应、硝化反应和磺化反应等。苯的同系物发生取代反应，主要是邻位和对位上的氢原子被取代。

（1）卤代反应　在卤化铁或铁粉的催化作用下，苯环上的氢原子被卤原子（—X）取代，生成卤代苯。例如：

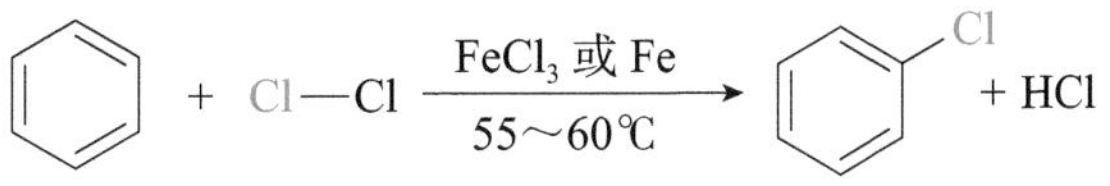

$$+ Cl—Cl \xrightarrow[55\sim60℃]{FeCl_3 或 Fe} Cl + HCl$$

氯苯

$$2\ —CH_3 + 2\,Cl—Cl \xrightarrow[55\sim60℃]{FeCl_3 或 Fe} CH_3,\ Cl + CH_3,\ Cl + 2\,HCl$$

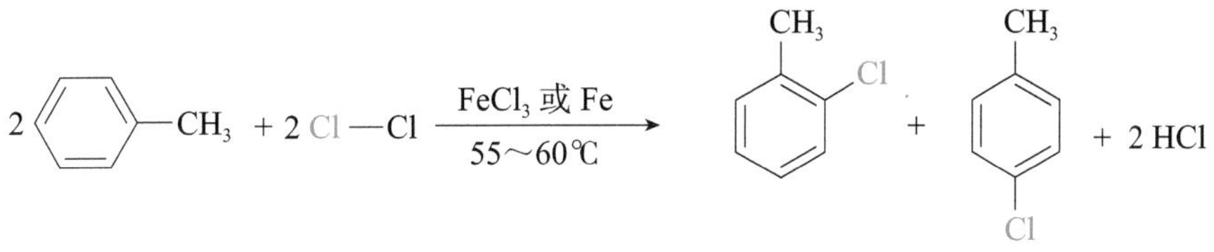

邻氯甲苯　对氯甲苯

苯的同系物与卤素在光照或加热条件下也能反应，不过卤素取代的是苯环侧链上 α-H 原子，而不是苯环上的氢原子。例如：

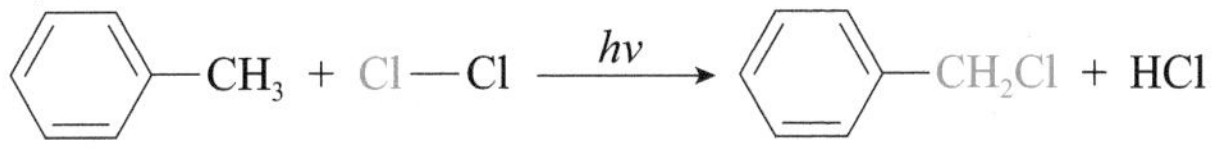

$$—CH_3 + Cl—Cl \xrightarrow{h\nu} —CH_2Cl + HCl$$

苯氯甲烷（氯化苄）

（2）硝化反应　在浓硫酸催化下，苯环上的氢原子可以被硝基（$—NO_2$）取代。

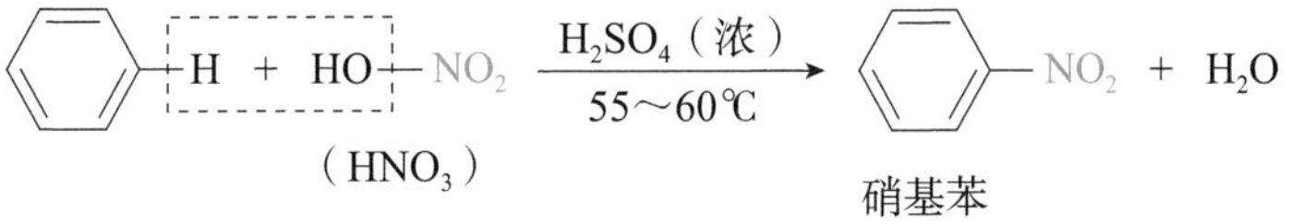

$$—H + HO—NO_2 \xrightarrow[55\sim60℃]{H_2SO_4（浓）} —NO_2 + H_2O$$

（$HNO_3$）　硝基苯

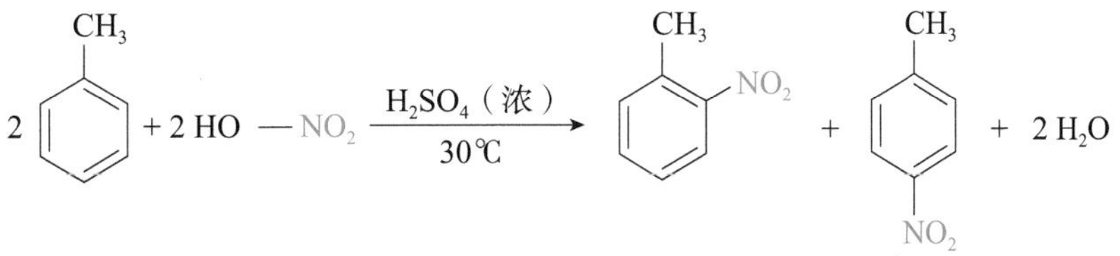

$$2\ CH_3 + 2\,HO—NO_2 \xrightarrow[30℃]{H_2SO_4（浓）} CH_3,\ NO_2 + CH_3,\ NO_2 + 2\,H_2O$$

邻硝基甲苯　对硝基甲苯

（3）磺化反应　苯与浓硫酸共热，苯环上的氢原子可以被磺酸基（—$SO_3H$）取代。

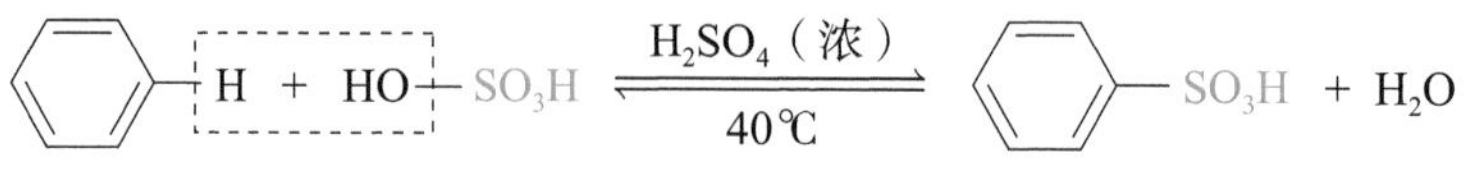

$$C_6H_5\text{—}H + HO\text{—}SO_3H \ (H_2SO_4) \xrightleftharpoons[40℃]{H_2SO_4(浓)} C_6H_5\text{—}SO_3H \ (苯磺酸) + H_2O$$

甲苯的磺化反应比苯容易，情况与硝化和卤代反应相似，也是在邻位、对位发生取代反应。

4. 加成反应　苯环内的不饱和键不是典型的碳碳双键，所以苯比一般不饱和烃稳定，不容易发生加成反应。但稳定是相对的，苯与氢气或氯气在特殊的条件下仍然能发生加成反应。

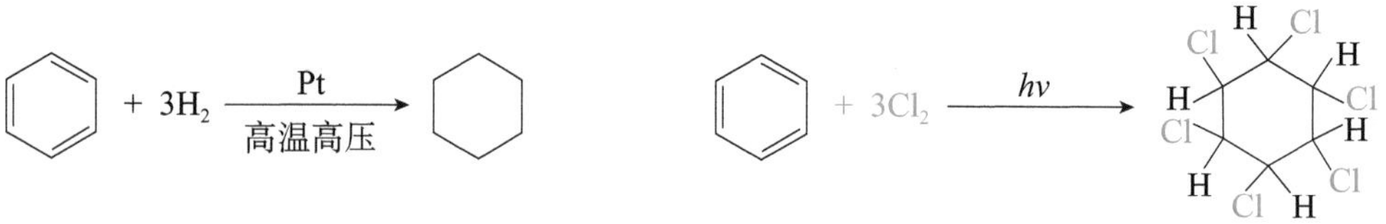

$$C_6H_6 + 3H_2 \xrightarrow[高温高压]{Pt} C_6H_{12}\ (环己烷)$$

$$C_6H_6 + 3Cl_2 \xrightarrow{h\nu} C_6H_6Cl_6\ (六氯环己烷（六六六）)$$

六氯环己烷分子中有6个碳、6个氢、6个氯原子，所以简称“六六六”，曾是一种被广泛使用的有机氯杀虫剂，但由于其化学性质稳定，不易分解，易对环境和食品造成污染，使人产生积累性中毒，现已被淘汰。

## 五、稠环芳香烃

稠环芳香烃是由两个或两个以上苯环，通过共用两个相邻碳原子相互稠合而成的芳香烃。医药、染料生产中常用到的稠环芳香烃有萘、蒽、菲等。

1. 萘　萘是煤焦油中含量最多的稠环芳香烃，为白色片状结晶，熔点为80.2℃，沸点为218℃，易升华，有特殊气味。萘是两个苯环稠合而成的，分子呈平面结构，是最简单的稠环芳烃，分子式为$C_{10}H_8$。萘的分子结构如下：

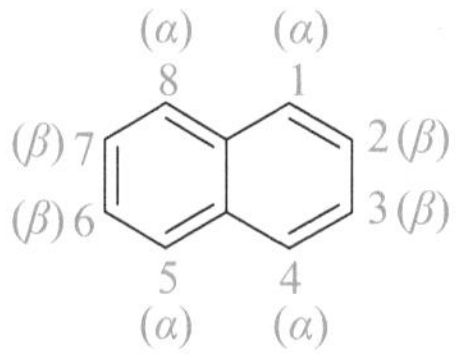

(α) 8　(α) 1
(β) 7　2 (β)
(β) 6　3 (β)
(α) 5　(α) 4

萘有较强的挥发性，放到箱子里或衣橱里会挥发出刺鼻的气味，具有驱虫作用。萘有毒性，属强致癌物，研究发现萘能影响、破坏红细胞的细胞膜完整性，导致新生儿溶血，早在1993年我国卫生部就禁止用萘做卫生球。

2. 蒽和菲　蒽和菲也是存在于煤焦油中的物质，为带蓝色荧光的片状晶体，熔点分别为216℃和101℃。蒽和菲都是由三个苯环稠合而成的，分子式都是$C_{14}H_{10}$，蒽是直线稠合，菲是角式稠合，它们互为同分异构体。蒽和菲的结构如下：

蒽　　　　　　　　菲

菲的重要意义在于一个完全氢化了的菲可与环戊烷稠合在一起形成一种结构，称为**环戊烷多氢菲**。生物体内有许多重要作用的天然化合物，如胆固醇、胆甾酸、性激素、维生素 D 等都含有这种结构。环戊烷多氢菲的结构如下：

环戊烷多氢菲

3. 致癌烃　20 世纪初，人们注意到，长期从事煤焦油作业的人较易患皮肤癌。后来用动物实验，人们发现煤焦油中的苯并芘有高度的致癌性。除苯并芘以外，人们在煤油、煤烟、石油、沥青和烟草的烟雾中，还发现了二苯并蒽、二苯并菲等稠环芳香烃，它们多有致癌作用。这种有致癌作用的稠环芳烃，称为致癌烃。

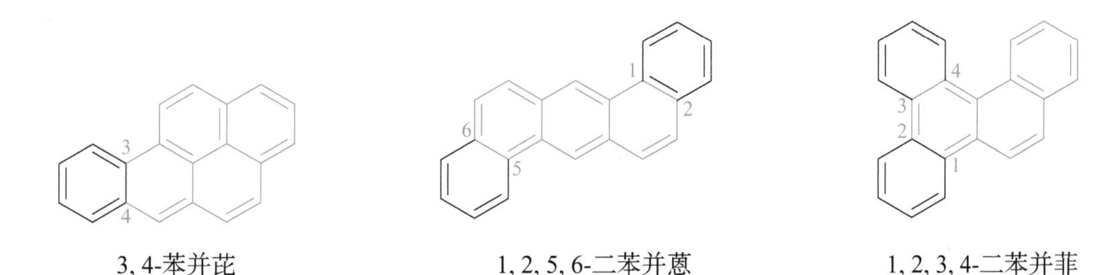


3, 4-苯并芘　　1, 2, 5, 6-二苯并蒽　　1, 2, 3, 4-二苯并菲

在生活中我们提倡少吃熏制、烧烤食物，远离汽车尾气，远离石油和煤炭燃烧未尽的烟气，不吸烟，远离二手烟等，避免接触致癌烃。

## 自测题

### 一、回顾与总结

#### （一）烷烃的基本知识小结

| 项目 | 内容 |
| --- | --- |
| 烷烃结构 | 甲烷分子的立体结构为______，甲烷分子中的碳氢键均为______（填“σ”或“π”）键。<br>烷烃分子中，所有碳原子间均用______键相连，化学键的类型都是______键。烷烃同系物的组成通式为____________________，烷烃的同分异构主要是____________________异构。 |

续表

| 项目 | 内容 |
| --- | --- |
| 烷烃命名 | 在系统命名法中，首先选择 ________ 作为主链；把支链看成 ________；把支链的 ________、_______、_______ 写在“某烷”的前面，再根据 ________________________ 称“某烷”。 |
| 化学性质 | 1. 稳定性：烷烃化学性质 _______，通常不与 ____________、____________、____________ 反应；<br>2. 氧化反应：烷烃还可以与空气中的氧气发生反应生成 _______ 和 _______ 并放出大量热。热量主要用于 ________________________<br>3. 取代反应：________________________ |
| 重要名词 | 1. 烃：________________________<br>2. 同系物：________________________<br>3. 取代反应：________________________ |

## （二）不饱和链烃的基本知识小结

| 项目 | 内容 |
| --- | --- |
| 烯烃 | 官能团：____________；通式：____________；代表物：____________。 |
| 炔烃 | 官能团：____________；通式：____________；代表物：____________。 |
| 同分异构的主要类型 | ____________________ 异构，____________________ 异构。 |
| 系统命名法的原则 | 1. 选主链：选 ________________________ 的最长碳链为主链。<br>2. 给主链编号：从靠近 ________________ 一端给主链编号，并以位次标出官能团位置。<br>3. 写名称：取代基的位置 - 数目和名称 -（双键或三键位置）- 某烯（或某炔）。 |
| 化学性质 | 1. 氧化反应：烯烃和炔烃都可以点燃生成 $CO_2$ 和 $H_2O$；被 ________ 色的酸性高锰酸钾溶液氧化而使其褪色。<br>2. 加成反应：________________________。<br>3. 聚合反应：________________________。<br>4. 生成炔化物：____________ 结构的炔，可以与 ________ 或 ________ 作用生成 ________ 色和 _______ 色的沉淀。 |
| 重要概念 | 加成反应：________________________。 |

## （三）芳香烃的基本知识小结

| 项目 | 内容 |
| --- | --- |
| 芳香烃 | 芳香烃：分子中含 ________________________ 烃。 |
| 最简单的芳香烃——苯 | 苯的分子式：_______，苯的结构式：_______，键线式：_______ 或 _______，是 _______ 构型，分子中 6 个碳原子间的化学键既不是 _______，也不是 _______，而是一种介于两者之间一种特殊的键——_______ 键。 |
| 苯及其同系物 | 苯的同系物：苯环上的氢原子被 ____________________ 取代所生成的化合物。<br>苯及其同系物的组成通式：____________。<br>二甲苯有 _______、_______、_______ 三种同分异构体。<br>三甲苯有 _______、_______、_______ 三种同分异构体，命名时应指明何种类型。 |

续表

| 项目 | 内容 |
| --- | --- |
| 苯及其同系物的化学性质 | 化学性质表现为芳香性：难 ______、难 ______、易 ______。<br>1. 取代反应：苯及其同系物可以发生卤代、硝化、磺化反应。<br>2. 氧化反应：苯 ______ 被强氧化剂酸性高锰酸钾溶液氧化，但与苯环直接相连的 ______ 碳原子上连有氢原子，这种苯的同系物的侧链可以被氧化成羧基，且能使酸性高锰酸钾溶液 ______。<br>3. 加成反应：在特殊情况下，可以与氢气、氯气发生加成反应。 |
| 稠环芳香烃 | 萘、蒽、菲，蒽和菲互为同分异构体。 |
| 重要应用 | 利用苯和含 α-H 的苯的同系物的性质的差异，向其中加入某些有色氧化剂如酸性高锰酸钾溶液加以区别。 |

## 二、复习与提高

### （一）用系统命名法给下列物质命名

1. $CH_3-CH(CH_3)-CH(CH_3)-CH_3$

2. $CH_3-CH(CH_3)-CH_3$

3. $CH_3-CH_2-CH(CH_2-CH_3)-CH(CH_3)-CH_3$

4. $CH_3-CH=CH-CH_3$

5. $CH_3-C(CH_3)=CH-CH_3$

6. $CH_3-CH(CH=CH-CH_3)-CH_2-CH_3$

7. $CH_3-CH(CH_2-CH_3)-C\equiv C-CH_3$

8. 邻位二甲基取代苯环（$-CH_3$，$-CH_3$）

9. 1,3,5-位三甲基取代苯环（$CH_3$，$H_3C$，$CH_3$）

### （二）写出下物质的结构简式

1. 戊烷 2. 新己烷

3. 环戊烷 4. 2, 2- 二甲基丁烷

5. 2, 3, 3- 三甲基己烷 6. 2- 丁烯

7. 2- 甲基 -1- 丁烯 8. 2, 3- 二甲基己烯

9. 4- 甲基 -2- 戊炔 10. 连三甲苯

11. 1, 2- 二甲基 -3- 乙基苯 12. 对二甲苯

### （三）完成下列反应式

1. $CH_4 + Cl_2 \xrightarrow{光照}$

2. $C_4H_{10} + O_2 \xrightarrow{点燃}$

3. $CH_2=CH_2 + O_2 \xrightarrow{点燃}$

4. $CH_3-CH=CH_2 + Br_2 \longrightarrow$

5. $CH_2=CH_2 + H_2 \xrightarrow{铂粉}$

6. $CH\equiv CH + O_2 \xrightarrow{点燃}$

7. $CH\equiv CH + 2Br_2 \longrightarrow$

8. $nCH_2=CH_2 \xrightarrow[高温高压]{催化剂}$

9. 苯 $+ Br_2 \xrightarrow[55\sim60℃]{FeCl_3 或 Fe}$

10. 苯 $+ HNO_3 \xrightarrow[55\sim60℃]{H_2SO_4（浓）}$

11. 苯$-CH_3 + Cl_2 \xrightarrow{h\nu}$

12. 苯$-CH_3 \xrightarrow[H_2O, H_2SO_4, \triangle]{KMnO_4}$

### （四）简答题

1. 什么是同系物？请分别以烷烃、烯烃、炔烃和芳香烃为例说明。

2. 请说出天然气、石油醚、液体石蜡、凡士林的主要成分和主要应用。

### （五）思考题

1. 用化学方法区别下列三组有机化合物

（1）庚烷、3-庚烯、1-庚炔

（2）庚烷、庚烯、甲苯

（3）苯、乙苯

2. 某物质的分子式是$C_5H_{12}$，请问它是哪类有机化合物？试写出其所有同分异构体的结构简式。

3. 某芳香烃的分子式是$C_8H_{10}$，写出该物质可能的结构简式，并命名。

4. 某物质的分子式是$C_4H_6$，它能够与硝酸银的氨水溶液反应，生成白色沉淀，也能够使溴水的棕红色褪色。判断该物质的结构简式，写出其与溴水发生化学反应的方程式。

## 三、探索与进步

以小组为单位，查阅资料，分别撰写300字左右的小文章：

1. 找一找你身边常用的化妆品和软膏类药物，查看它们的主要成分中都包含哪些烃类化合物？

2. 医院经常使用液氯对污染水进行消毒。能否用PVC材质的管道输送液氯？以烷烃的取代反应加以说明。

（方　芳　董倩洋　马雅静）

# 第3章 卤代烃

学习目标

知识目标：理解卤代烃的定义、分类，掌握卤代烃的主要理化性质。

能力目标：能够对常用的简单卤代烃命名，能够用实验设备开展和验证卤代烃的化学性质。

素质目标：理解卤代烃在现代社会中的作用，培养学生的环保意识。

卤代烃是一类具有特殊官能团的有机化合物，因其独特的性质而成为有机合成领域的重要原料，被广泛应用于医药、农药、日常用品等多个领域。

通常，烃分子中的氢原子可以被卤素原子（—X）、羟基（—OH）、醛基（—CHO）、羧基（—COOH）、硝基（$—NO_2$）、氨基（$—NH_2$）等取代生成相应的取代化合物，又称为烃的衍生物。当烃分子中的氢原子被卤素原子（F、Cl、Br、I 等）取代后所得到的一类烃的衍生物称为**卤代烃**。

## 第 1 节　卤代烃的结构特征和命名

### 一、溴乙烷的结构特征

观察表 3-1 中乙烷与溴乙烷的球棍式结构，填写表 3-1。

**表 3-1　卤代烃的结构特点**

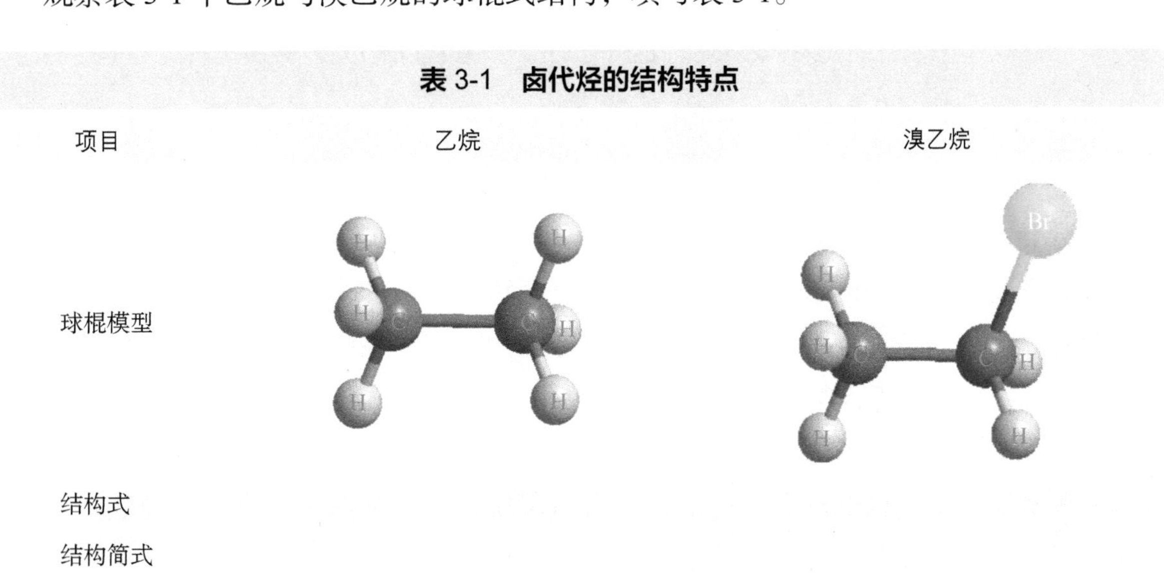

| 项目 | 乙烷 | 溴乙烷 |
| --- | --- | --- |
| 球棍模型 | | |
| 结构式 | | |
| 结构简式 | | |
| 分子式 | | |
| 官能团 | | |

由表 3-1 可以看出，溴乙烷是乙烷分子中的氢原子被溴原子取代而生成的化合物；溴乙烷的官能团是溴原子（—Br），同样，一氯甲烷 $CH_3Cl$ 的官能团是氯原子（—Cl），碘仿 $CHI_3$ 的取代基是三个碘原子（—I）。

溴乙烷是无色液体，沸点 38.4℃，密度比水大，难溶于水，易溶于多种有机溶剂。卤代烃大多在环境中比较稳定，不易被微生物降解，有些卤代烃还会破坏大气臭氧层，因而制约了卤代烃的使用。

## 二、卤代烃的命名

卤代烃的命名常采用系统命名法，选择含有卤素的最长的碳链作主链，根据主链碳原子数和“某”取代基名称，称“某烷”“某烯”“某炔”，卤原子和侧链为取代基，主链编号使卤原子或取代基的位次最小。例如：

$CH_3CHClCH_3$
2- 氯丙烷

$CH_3CHClCH(CH_3)_2$
2- 氯 -3- 甲基丁烷

$CH_3CHBrCH_2CH_2CHBrCH(CH_2CH_3)_2$
2, 5- 二溴 -6- 乙基辛烷

不饱和卤代烃的主链编号，要使双键或三键位次最小。例如：

$CH_2{=}CHCH_2CH_2Cl$
4- 氯 -1- 丁烯

$CH_3CBr{=}CHCH{=}CH_2$
4- 溴 -1, 3- 戊二烯

$CH_3CHBrCH_2CH{\equiv}CH$
4- 溴 -1- 戊二炔

卤代芳香烃命名时一般以芳香烃为母体，如：

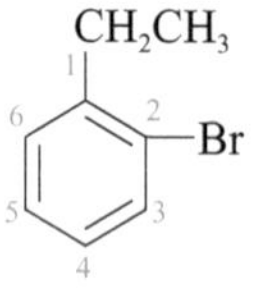

邻溴乙苯（2-溴乙苯）

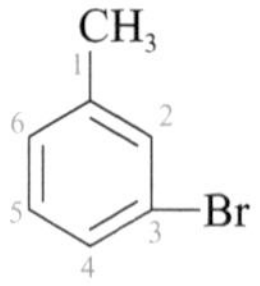

间溴甲苯（3-溴甲苯）

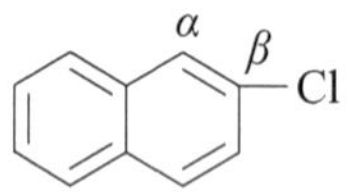

$\beta$-氯萘

# 第 2 节　卤代烃的理化性质

## 一、物理性质

常温下，除了一氯甲烷、氯乙烷、氯乙烯等低级卤代烃为气体外，其余为液体或固体。通常情况下，互为同系物的卤代烃，沸点随碳原子数的增多而升高；烃基相同而卤原子不同的卤代烃，沸点随卤素的原子序数增加而升高。除脂肪烃的一氯代物和一氟代物等部分卤代烃外，液态卤代烃的密度一般比水大。卤代烃不溶于水，能溶于乙醚、苯、环己烷等有机溶剂。

某些卤代烃还是很好的有机溶剂，如二氯甲烷、氯仿和四氯化碳等。卤代烃的蒸气有毒，应尽量避免吸入体内。

## 二、化学性质

以溴乙烷为例，探索卤代烃的化学性质。在卤代烃分子中，由于 C—Br 键容易断裂，因此溴原子易被取代，溴乙烷的化学性质比乙烷活泼，能发生取代反应和消去反应。

1. 水解反应　溴乙烷与氢氧化钠溶液共热时 C—Br 键断裂，水中的羟基与碳原子形成 C—O 键，断下的 Br 与水中的 H 结合成 HBr。

$$CH_3CH_2\overset{断裂}{\downarrow}{-}Br + H{-}OH \xrightarrow[\triangle]{NaOH} CH_3CH_2{-}OH + HBr$$

溴乙烷的水解反应属于取代反应，是溴乙烷分子里的溴原子被水分子中的羟基取代。溴乙烷水解生成的 HBr 与 NaOH 发生了中和反应，水解方程式也可写为：

$$CH_3CH_2Br + NaOH \xrightarrow[\triangle]{H_2O} CH_3CH_2OH + NaBr$$

2. 消去反应　**消去反应**是指有机化合物在一定条件下，从一个分子中脱去一个或几个小分子（如 $H_2O$、HX 等），而生成不饱和化合物（含双键或三键）的反应。溴乙烷与氢氧化钠的乙醇溶液共热，溴乙烷分子中消去一个 HBr 分子，生成烯烃，化学方程式为：

$$\underset{H}{\underset{|}{CH_2}}{-}\underset{Br}{\underset{|}{CH_2}} + NaOH \xrightarrow[\triangle]{乙醇} CH_2{=}CH_2 + NaBr + H_2O$$

从以上反应可以看出，消去反应是从相邻的两个碳原子上脱去一个小分子，相邻的两个碳原子各断开一个化学键；反应的产物中有不饱和产物和小分子。与—X 相连碳原子的邻位碳上有氢原子的卤代烃才能发生消去反应，否则不能发生消去反应。

## 第 3 节　常见卤代烃

1. 氟利昂　氟利昂是一类被氟、氯或溴取代的含 1～2 个碳原子的多卤代烃。最常用的氟利昂是 $CCl_3F$ 和 $CCl_2F_2$，或者它们的混合物。$CCl_3F$ 的沸点为 23.8℃，被广泛用于空调系统中，而 $CCl_2F_2$ 的沸点为 –29.8℃，被广泛用于电冰箱冷冻系统中。

氟利昂是无色、无味、无毒、易挥发、化学性质极稳定的一系列卤代烃，被大量使用在冷冻剂、烟雾分散剂中。但科学研究发现，氟利昂是造成臭氧层空洞的罪魁祸首。

2. 七氟丙烷（$CF_3CHFCF_3$）　熔点为 –131℃，沸点为 –16.4℃，是一种无色、无味、不导电、无污染、挥发性强的气体灭火剂，对大气臭氧层无破坏作用，是现代消防中使用较多的灭火剂。

3. 溴乙烷（$CH_3CH_2Br$）　熔点为 –118.6℃，沸点为 38.4℃。溴乙烷可水解生成乙醇，与氰化钠作用生成丙腈（$CH_3CH_2CN$），与氨、醇作用分别生成胺、醚等，可用来合成多种有机化合物。溴乙烷是合成药物、农药、染料、香料的重要基础原料，是向有机物分子中引入乙基的重要试剂。

4. 滴滴涕　滴滴涕简写为 DDT，结构简式为

Cl—CH—Cl

$CCl_3$

滴滴涕具有优异的广谱杀虫作用。但是，由于 DDT 相当稳定，可以通过食物链富集在动物体内，形成累积性残留，给人体健康和生态环境造成不利影响。

卤代烃都有较好的挥发性，因而饮用水经煮沸后大部分卤代烃可被去除。有机氯则主要源自塑料、有机材料、农药、医药、化学制剂，以及皮革、造纸等化工企业的废弃物（即“三废”）。此外，生活污水中常用的洗涤剂也含有大量烃类物质。这些物质与天然有机化合物类似，在经历加氯消毒的处理过程中，有可能产生一系列有害的卤代烃。

卤代烃作为一类化合物，已被证实会对人体健康构成较大危害。特别是 1, 2- 二氯乙烷、1, 1, 2, 2- 四氯乙烷、四氯乙烯、三氯乙烯、三溴甲烷、六氯苯等卤代烃，已被明确列为强致癌物质，二氯甲烷也被视为具有致癌突变性的物质。因此，在日常生活和工作中，必须高度警惕，积极采取措施保护环境，以减少这些有害物质的产生和释放。

**链接** “卿氟化反应”简介

由于三氟甲基（$CF_3$—）的独特性质，在医药、农药和材料等领域得到了广泛应用，但三氟甲基化反应存在反应条件苛刻、原料难得及选择性差等缺点。中国科学院上海有机化学研究所卿凤翎教授团队创新提出“氧化三氟甲基化反应”的新思想：即在氧化剂存在下，亲核三氟甲基化试剂与亲核底物的反应。该反应为三氟甲基化合物的合成开辟了一个新方向，极大地拓展了底物类型，丰富了官能团兼容多样性，提高了反应效率；团队还成功拓展和实现了氧化三氟甲硫基化反应和氧化二氟亚甲基化反应。这些研究成果引领了国内外相关领域的研究，被国内外学术界和工业界广泛应用于含氟化合物合成。美国 *Chemical & Engineering News* 在 2012 年 2 月 27 日的封面文章中对氧化氟烷基化反应进行了重点介绍，“氧化三氟甲基化反应和氧化三氟甲硫基化反应”被称为“卿氟化反应”。团队成员以创新和磨砺为剑刃披荆斩棘，倾力投入，“氧化氟烷基化反应”项目荣获 2019 年度国家自然科学奖二等奖。彰显出中国人的智慧和为世界科技发展做出的贡献。

## 自测题

### 一、回顾与总结

| 项目 | 内容 |
| --- | --- |
| 物理性质 | 1. 卤代烃是指：________________。 |
| | 2. 卤代烃在形态上多数为 ______ 体，密度比水 ________________。 |
| | 3. 互为同系物的卤代烃，随着碳原子数的增多，沸点 __________；烃基相同而卤原子不同的卤代烃，卤代烃沸点 ______________。 |
| | 4. 卤代烃 ______ 溶于水，易溶于有机溶剂。 |
| | 5. 溴乙烷的结构式是 ______，官能团是 ______，推断溴乙烷的性质主要取决于 ______。 |

续表

| 项目 | 内容 |
|---|---|
| 化学性质 | 1. 取代反应：溴乙烷与 NaOH 的水溶液共热生成 ________ 和 ________。<br>2. 消去反应：溴乙烷与 NaOH 的醇溶液共热生成 ________ 和 ________。<br>消去反应的定义：________________。 |

## 二、复习与提高

1. 填空题

由溴乙烷的结构认识其水解反应与消去反应。溴乙烷分子结构如下图：

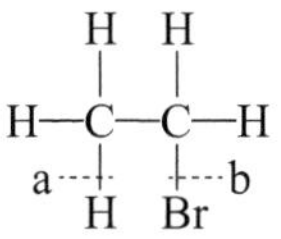

$$\begin{array}{ccccc} & H & & H & \\ & | & & | & \\ H- & C & - & C & -H \\ a\cdots & | & & |\cdots & b \\ & H & & Br & \end{array}$$

在强碱的水溶液中，在 ________ 处断键，发生 ________ 反应。

在强碱的醇溶液中，在 ________ 处断键，发生 ________ 反应。

可见，条件不同，其断键位置不同。

2. 填写下列表格：

| 实验 | 条件 | 现象 | 结论或方程式 |
|---|---|---|---|
| 1. 溴乙烷与 NaOH 的醇溶液共热，硝酸酸化后，加入硝酸银溶液，将生成的气体通入酸性高锰酸钾溶液中。 | | | |
| 2. 溴乙烷与 NaOH 的水溶液共热。硝酸酸化后，加入硝酸银溶液。 | | | |

3. 用系统法给下列物质命名

（1）$CH_3(CH_2)_5CH_2Cl$

（2）$CH_3-\underset{\underset{}{}}{\overset{\overset{\displaystyle CH_3}{|}}{C}H}-\underset{\underset{\displaystyle Br}{|}}{C}H-CH_3$

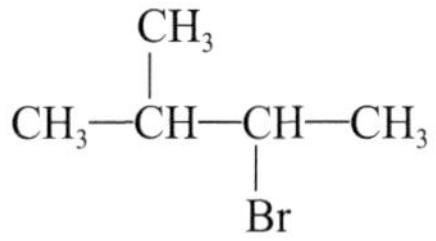

（3）邻位连有 $CH_2CH_3$ 和 Cl 的苯环

（4）连有 Br 的环己烷

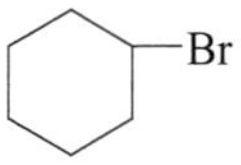

4. 写出下列化学反应方程式

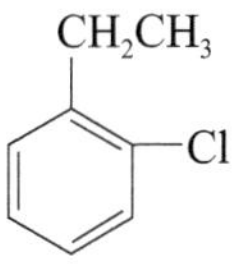

（1）$CH_3\underset{\underset{\displaystyle Br}{|}}{C}HCH_3 + NaOH \xrightarrow[\triangle]{乙醇}$

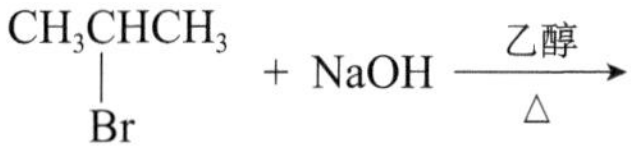

（2）$CH_3\underset{\underset{\displaystyle Br}{|}}{C}HCH_3 + NaOH \xrightarrow[\triangle]{H_2O}$

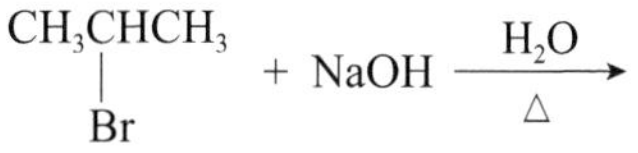

## 三、探索与进步

查询资料，调查氟利昂对人类的贡献和危害。主要提纲如下：

1. 氟利昂的化学成分。
2. 氟利昂的物理性质及其制冷原理，对人类生活的贡献。
3. 氟利昂对大气的影响。
4. 怎样保护环境，减少氟利昂对大气的危害？

（丁　博）

# 第 4 章
# 烃的含氧衍生物

**学习目标**

知识目标：掌握醇、酚、醚、醛、酮、羧酸类物质的官能团，掌握它们的化学性质，理解氧化反应、还原反应、加成反应等重要反应概念。

能力目标：能够给含氧衍生物命名；具备利用化学性质区别各类物质的能力。能够解释双硫仑样反应，说出乙醇、甘油、乙醛、丙酮、乙酸的化学结构与性质。

素质目标：了解含氧衍生物在医学中的应用。

有机化合物中，除了含碳原子和氢原子之外，还含氧原子的化合物，称为含氧有机化合物或烃的含氧衍生物。根据氧原子的连接形式不同，可分为醇、酚、醚、醛、酮、羧酸和酯类等有机化合物。

## 第 1 节　醇、酚、醚类有机化合物

醇、酚、醚类有机化合物属于烃的含氧衍生物，它们的分子都是由碳、氢、氧三种原子组成，其特点是碳原子与氧原子之间的化学键均为单键。醇、酚、醚类有机化合物与医药密切相关。

### 一、醇类有机化合物

#### （一）醇的结构特征、分类和命名

**案例 4-1**

小王因病服用头孢氨苄片，服药当晚聚会饮酒后，出现搏动性头痛、恶心呕吐、四肢乏力、胸闷、气短、血压下降、急性心力衰竭等症状。医生诊断小王出现了“双硫仑样反应”。“双硫仑样反应”是指患者服用了双硫仑、甲硝唑、呋喃唑酮和头孢菌素类抗菌药物，在与乙醇联用时发生的一系列反应。

问题：什么是乙醇？醇类的官能团是什么？什么是氧化反应？乙醇的氧化反应是怎样的？

1. 醇的结构特征　观察图 4-1 中乙醇分子的球棍模型。根据模型，可以得出乙醇分子的结构式和结构简式。

观察上述结构可以知道，乙“醇”的特征是乙基和“羟基”相结合。乙基是一个烃基，而“醇”与“羟基”相对应。推而广之，**醇类**是脂肪烃、脂环烃分子中的氢原子或芳香烃侧链上的氢原子被羟基（—OH）取代后生成的化合物。醇类化合物的官能团是（醇）

羟基（—OH）。

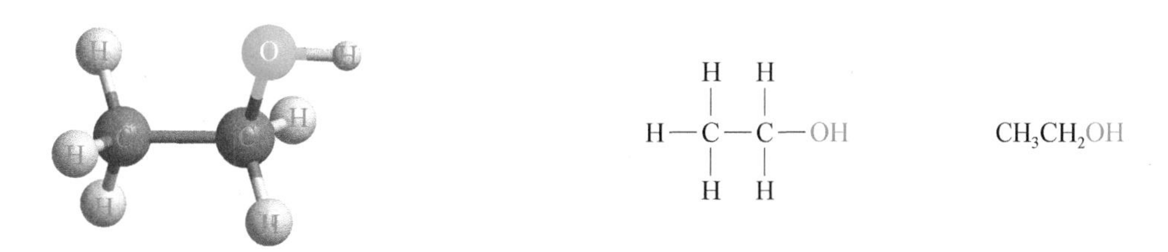


图 4-1　乙醇分子的球棍模型、结构式和结构简式

2. 醇的分类

（1）根据羟基所连烃基的类型不同，可分为脂肪醇、脂环醇及芳香醇。例如：

| $CH_3—CH_2—OH$ | 环己基—OH | $C_6H_5—CH_2—OH$ |
| --- | --- | --- |
| 乙醇（脂肪醇） | 环己醇（脂环醇） | 苯甲醇（芳香醇） |

（2）根据分子中羟基的数目不同，可分为一元醇和多元醇。含一个羟基的醇为一元醇；含两个或两个以上羟基的醇统称为多元醇。例如：

| $CH_3—OH$ | $CH_2(OH)—CH(OH)—CH_2(OH)$ |
| --- | --- |
| 甲醇（一元醇） | 丙三醇（多元醇） |

（3）根据羟基所连碳原子的种类不同，可分为伯醇、仲醇、叔醇。人们将分别与 1、2、3、4 个碳原子相连的碳称为伯、仲、叔、季碳原子。羟基与伯碳原子相连的醇为伯醇（1°）；羟基与仲碳原子相连的醇为仲醇（2°）；羟基与叔碳原子相连的醇为叔醇（3°）。例如：

| $CH_3—CH_2—CH_2—CH_2—OH$ | $CH_3CH_2—CH(CH_3)—OH$ | $CH_3CH_2—C(CH_3)_2—OH$ |
| --- | --- | --- |
| 伯醇（正丁醇） | 仲醇（异丁醇） | 叔醇（叔丁醇） |

3. 醇的命名　结构简单的醇采用普通命名法，其命名原则与烃相似，即在“醇”前面加上烃基的名称，“基”字可以省去，如上述的正丁醇、异丁醇、叔丁醇及甲醇、乙醇等。另外，医学中的醇还常使用俗名，例如，乙醇俗称酒精，丙三醇俗称甘油。

结构较复杂的醇则采用系统命名法。

（1）选主链　选择包含羟基所连接的碳原子在内的最长碳链为主链。

（2）编号　从靠近羟基最近的一端开始，给主链碳原子依次编号。

（3）命名　将侧链作为取代基，把取代基的位次、数目及名称写在醇名称的前面，并分别用短线隔开，称为“某醇”（“某”表示主链的碳原子数）。

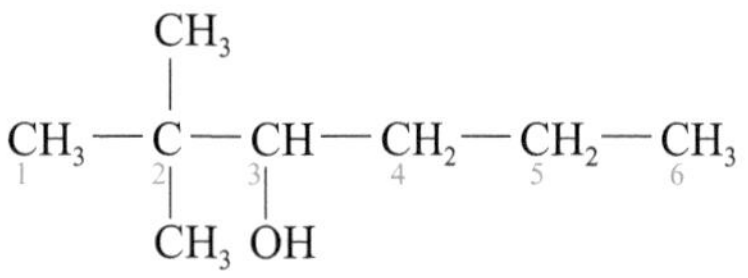

$$\mathrm{CH_3-\overset{CH_3}{\underset{CH_3}{C}}-\underset{OH}{CH}-CH_2-CH_2-CH_3}$$

2, 2-二甲基-3-己醇

$$\mathrm{CH_3-\overset{CH_3}{CH}-\underset{OH}{CH}-\overset{CH_2CH_3}{CH}-CH_2-CH_3}$$

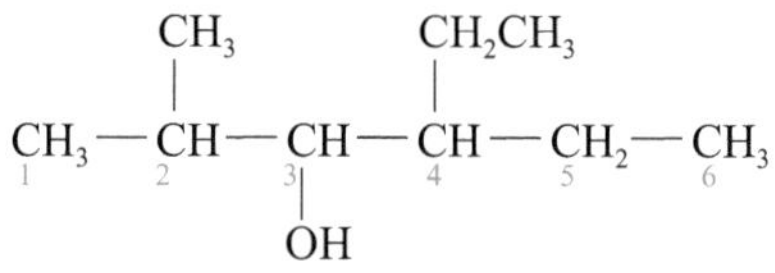

2-甲基-4-乙基-3-己醇

多元醇命名时，选择包含多个羟基相连的碳原子在内的碳链作为主链，按所含羟基数称为“某二醇”“某三醇”等，将各羟基的位次标在醇名称前面。例如：

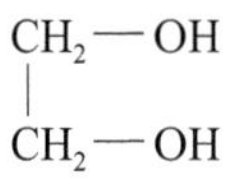

$$\begin{array}{l}\mathrm{CH_2-OH}\\|\\\mathrm{CH_2-OH}\end{array}$$

乙二醇

$$\begin{array}{l}\mathrm{CH_2-OH}\\|\\\mathrm{CH-OH}\\|\\\mathrm{CH_2-OH}\end{array}$$

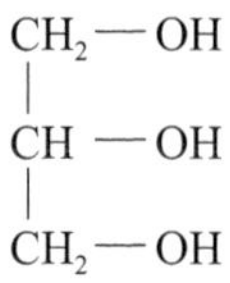

丙三醇

### （二）醇的物理性质

直链饱和一元醇中，$C_1\sim C_4$ 的低级醇为无色易挥发液体，具有酒的气味，易溶于水；$C_5\sim C_{11}$ 的中级醇为油状液体，具有难闻的气味；$C_{12}$ 以上的高级直链醇为蜡状固体，无色、无味。

由于醇分子间存在氢键，低级醇的沸点比分子量相近的烷烃高得多。例如，甲醇和乙烷分子量分别为 32 和 30，二者相近，但甲醇的沸点为 64.5℃，而乙烷的沸点只有 –88.6℃，二者相差 153.1℃。

醇分子与水分子之间可以形成氢键，因此低级醇可与水任意混溶。例如，甲醇、乙醇均能与水以任意比例混溶。随着醇分子的碳原子数目增多、分子量增大，醇的水溶性明显下降。

### （三）醇的化学性质

观察醇的通式，思考醇的化学性质与官能团结构的变化关系。

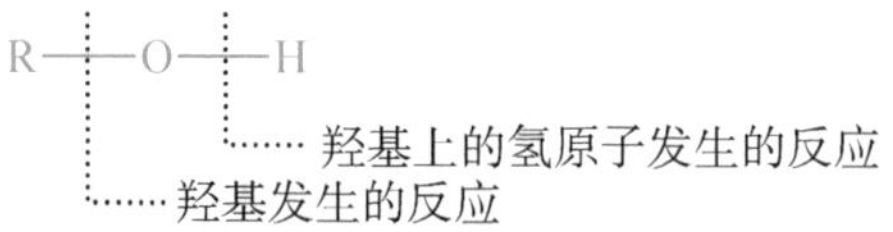

R—O—H

羟基上的氢原子发生的反应

羟基发生的反应

醇的化学性质主要决定于上述两种化学键的断裂。

1. 与金属反应　乙醇与活泼金属（钠、钾、锂、镁等）发生反应生成氢气，是因为羟基中的氢氧键断开，并与金属钠发生了置换反应。

$$\underset{\text{乙醇}}{\mathrm{2CH_3-CH_2-OH}} + \mathrm{2Na} \longrightarrow \underset{\text{乙醇钠}}{\mathrm{2CH_3-CH_2-ONa}} + \mathrm{H_2}\uparrow$$

上述反应还生成了乙醇钠。乙醇钠是一种白色固体，强碱性物质，其碱性可以与氢氧化钠媲美。它在水中不稳定，极易水解生成乙醇和氢氧化钠，滴入酚酞后，溶液显红色。

$$CH_3—CH_2—ONa + H_2O \longrightarrow CH_3—CH_2—OH + NaOH$$

乙醇钠　　　　　　　乙醇

钾与乙醇反应更加激烈，反应中放出更多的热量，往往能使钾燃烧，产生火焰。

2. 氧化反应　有机化合物分子中加入氧原子或失去氢原子的反应称为**氧化反应**。在一定条件下，醇分子中含 α-H 原子（与羟基直接相连的碳原子上的氢原子）的伯醇、仲醇很容易被多种氧化剂氧化。醇的结构不同，其氧化产物也不同。

用重铬酸钾的酸性溶液作氧化剂，伯醇被氧化生成醛，醛进一步被氧化生成羧酸，仲醇则被氧化为酮，同时重铬酸钾被还原为 $Cr^{3+}$，溶液的颜色由橙红色变为蓝绿色；叔醇因分子中不含 α-H，在同样条件下不能被氧化。利用该反应可将叔醇与伯醇、仲醇区别开来。例如：

$$CH_3—CH_2—OH \xrightarrow{[O]} CH_3—\overset{O}{\overset{\|}{C}}H \xrightarrow{[O]} CH_3—\overset{O}{\overset{\|}{C}}—OH$$

伯醇　　　　醛　　　　羧酸

$$CH_3—\underset{OH}{\underset{|}{C}H}—CH_3 \xrightarrow{[O]} CH_3—\underset{O}{\underset{\|}{C}}—CH_3$$

仲醇　　　　酮

其中，[O] 表示加氧氧化，氧来自氧化剂，如酸性重铬酸钾溶液、酸性高锰酸钾溶液等氧化剂。重铬酸钾与硫酸的混合溶液遇乙醇变色也是检查酒驾的重要手段。

**链 接**　乙醇在人体中的生物氧化

在人体内酶的催化下，某些含有羟基的化合物能脱氢氧化形成含羰基（$—\overset{O}{\overset{\|}{C}}—$）的化合物，称为生物氧化。例如，乙醇在肝脏内通过乙醇脱氢酶的催化作用氧化为乙醛，在乙醛脱氢酶的催化下氧化为乙酸，乙酸可被细胞利用。若人体内乙醇脱氢酶活性高，而乙醛脱氢酶活性较低，则可以产生较多的乙醛。乙醛具有扩张血管的功能，所以这种人喝酒容易脸红。

人体肝脏中的乙醇脱氢酶是有限的，不能转化过量的乙醇，所以饮酒过量时，过量的乙醇就继续在血液中循环，可能引起中毒。

3. 脱水反应　醇有两种脱水方式：分子内脱水和分子间脱水。

（1）醇的分子内脱水　醇在浓硫酸存在下加热至一定温度，可发生分子内脱水生成烯烃。例如，170℃时，乙醇发生分子内脱水：

$$\underset{H\qquad OH}{CH_2—CH_2} \xrightarrow[170℃]{浓H_2SO_4} CH_2=CH_2\uparrow + H_2O$$

乙醇　　　　乙烯

人体内的代谢反应中，某些含有醇羟基的化合物在酶的作用下也会发生分子内脱水，生成含有双键的化合物。

（2）醇的分子间脱水　醇在适当温度下与浓硫酸作用，可经分子间脱水形成醚。例如，140℃时，乙醇发生分子间脱水生成乙醚：

$$CH_3CH_2\text{-}OH + H\text{-}O-CH_2CH_3 \xrightarrow[140℃]{浓H_2SO_4} CH_3CH_2-O-CH_2CH_3 + H_2O$$

乙醇　　　　　　　　　　　乙醚

4. 邻二醇的特性反应　两个羟基分别连在相邻两个碳原子上的多元醇能与新制的氢氧化铜反应，生成深蓝色的铜盐溶液。利用此反应特性可鉴别具有邻二醇结构的化合物。

（四）重要的醇类化合物

1. 甲醇（$CH_3OH$）　为无色透明、易挥发、易燃液体，具有酒的气味，沸点为64.7℃，能与水、大多数有机溶剂混溶，是实验室常用的溶剂，也是重要的药物生产原料。由于甲醇最初是从木材干馏得到，因此俗称木醇或木精。甲醇毒性很强，若长期接触甲醇蒸气，可使视力下降；若误饮少量（≤ 10ml）可致人失明，多量（≥ 30ml）可致死。

2. 乙醇（$C_2H_5OH$）　为无色透明、易挥发、易燃液体，具有酒的气味，密度比水小，能与水和大多数有机溶剂混溶。乙醇俗称酒精，是饮用酒（白酒、黄酒、啤酒）的主要成分。

**链接　乙醇在医学中的应用**

乙醇的杀菌作用与其浓度密切相关，浓度过低时，杀菌能力会变得很小；而浓度过高时，则不利于乙醇向病原体内部渗透，达不到消毒作用。研究表明，75% 的乙醇溶液具有最强的杀菌力，能够有效地使蛋白质脱水变性凝固，从而达到杀菌的目的。因此临床上常用 75% 的乙醇溶液作消毒剂，用于皮肤和器械的消毒。体积分数为 70%～75% 乙醇也常用作溶剂，用来溶解某些难溶于水的物质。例如，碘酊（俗称碘酒）就是将碘和碘化钾（作助溶剂）溶于乙醇而成。若将易挥发药物溶于乙醇中称醑剂，如薄荷醑等。20%～95% 乙醇常用于制取中草药浸膏及提取中草药有效成分等。50% 的乙醇溶液外用还可预防压力性损伤。

3. 丙三醇（$\underset{OH}{CH_2}-\underset{OH}{CH}-\underset{OH}{CH_2}$）　俗称甘油，为无色黏稠状液体，带有甜味，能与水、乙醇以任意比例混溶。纯甘油的吸湿性很强，对皮肤有刺激作用，稀释后的甘油溶液可以用来润泽皮肤，防止皮肤干裂。甘油也是一种润滑剂，临床上常用 55% 的甘油水溶液（开塞露）来灌肠以治疗便秘。甘油在医药上还可用作溶剂，如酚甘油、碘甘油等。

4. 苯甲醇（$C_6H_5-CH_2-OH$）　又称苄醇，是最简单的芳香醇，为无色液体，具有芳香气味，微溶于水，可与乙醇或乙醚混溶。苯甲醇具有微弱的麻醉作用和防腐作用，常用于局部止痛或制剂的防腐；其还具有一定的溶血作用，对肌肉有刺激性，若反复进行肌内注射，可引起臀肌挛缩症。

**案例 4-2**

近几年，一些新闻媒体报道个别地区基层医疗机构使用苯甲醇作为青霉素注射溶剂导致患儿臀肌挛缩。专家们一致认为，应用苯甲醇作为青霉素溶剂可增加注射性臀肌挛缩症发生的危险性，并且苯甲醇的使用说明书也明确规定不作青霉素的溶剂。

问题：1. 苯甲醇为何曾被用作青霉素注射的溶剂？

2. 苯甲醇的别名是什么？请写出苯甲醇的结构简式。

5. 甘露醇（$\underset{\text{OH}}{\underset{|}{CH_2}}-\overset{\text{OH}}{\overset{|}{\underset{\text{H}}{\underset{|}{C}}}}-\overset{\text{H}}{\overset{|}{\underset{\text{OH}}{\underset{|}{C}}}}-\overset{\text{H}}{\overset{|}{\underset{\text{OH}}{\underset{|}{C}}}}-\overset{\text{OH}}{\overset{|}{\underset{\text{H}}{\underset{|}{C}}}}-\underset{\text{OH}}{\underset{|}{CH_2}}$）又名己六醇，为白色结晶性粉末，具有甜味，易溶于水。它广泛分布于植物中。

甘露醇在临床上用作渗透性利尿药，可降低颅内压，以消除水肿。

6. 肌醇（环己六醇结构式）又名环己六醇，为白色结晶性粉末，易溶于水。肌醇广泛存在于植物和动物体内，人体的脑、胃、肾、脾、肝等组织中均存在，也是人体不可缺少的成分之一。

## 二、酚类有机化合物

### （一）酚的结构特征、分类和命名

**案例 4-3**

中华民族具有悠久的茶文化。目前人们发现茶叶含 600 多种化学成分，茶多酚是其中一类很重要的化学成分，也是茶叶中多酚类物质的总称。茶多酚既是形成茶叶色、香、味的主要成分之一，也是茶叶中有保健功效的主要成分之一。

问题：1. 茶多酚属于哪种类型的有机化合物？

2. 茶多酚为什么具有很强的抗氧化作用？

3. 茶杯上的茶垢是怎样产生的？为什么用食用碱溶液很容易清洗干净茶垢？

1. 酚的结构特征　观察图 4-2 苯酚分子的比例模型。根据模型，可以知道苯酚分子的结构式和结构简式。

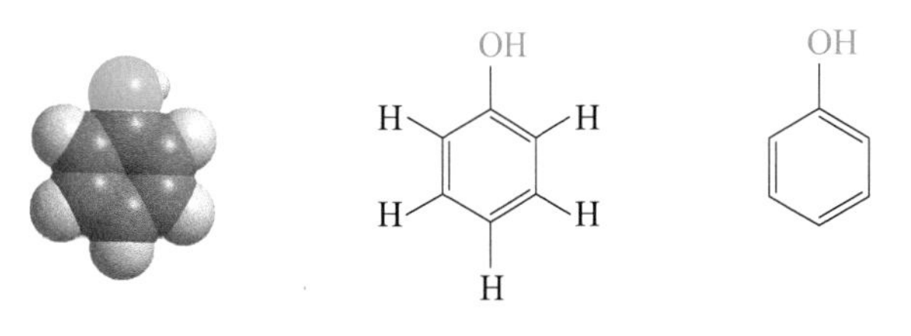

图 4-2　苯酚分子的比例模型、结构式和结构简式

观察图 4-2 中苯酚的结构得出，**酚**可以看作是芳香烃分子中芳环上的氢原子被羟基取代后生成的化合物，即酚中的羟基直接连

在苯环上，酚中的羟基称为酚羟基（—OH），是酚的官能团。

一般用 Ar—表示芳香基，酚的结构通式为 Ar—OH。

2. 酚的分类

（1）根据分子中芳香环上酚羟基的数目多少可分为一元酚和多元酚。含有一个酚羟基的为一元酚，含有两个或两个以上酚羟基的统称为多元酚。

（2）根据芳香基的不同可分为苯酚、萘酚等。例如：

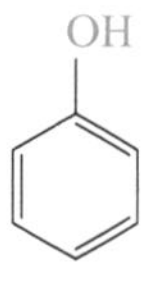

苯酚　　$\alpha$-萘酚

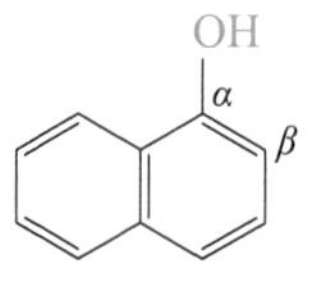

3. 酚的命名　酚的命名规则：命名一元酚时，通常是在芳香环名称的前面加上“酚”字，如有取代基，把苯酚作为母体，再冠以取代基的位次、数目和名称（也可用邻、间、对等标明酚羟基的相对位置）。例如：

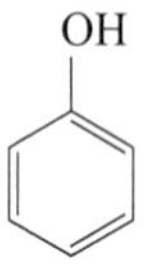

苯酚 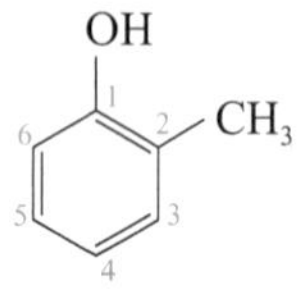　　邻甲苯酚 2-甲基苯酚　　对甲苯酚 4-甲基苯酚　　邻硝基苯酚 2-硝基苯酚

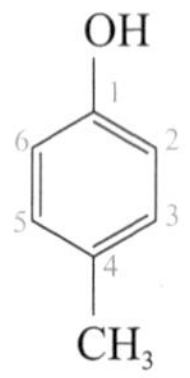

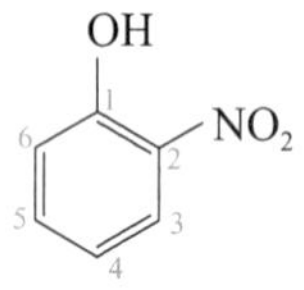

命名多元酚时，母体称为“苯二酚”“苯三酚”等，用阿拉伯数字或用邻、间、对、连、偏、均等标明酚羟基的相对位置。例如：

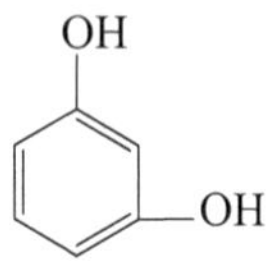

间苯二酚（1, 3-苯二酚）　　对苯二酚（1, 4-苯二酚）　　邻苯二酚（1, 2-苯二酚）

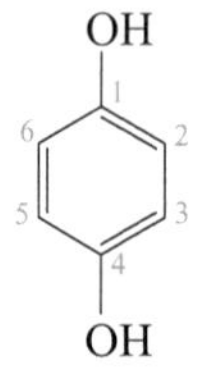

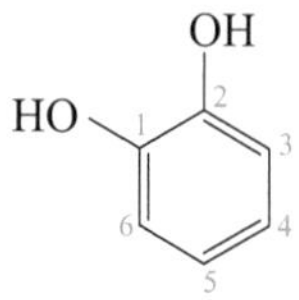

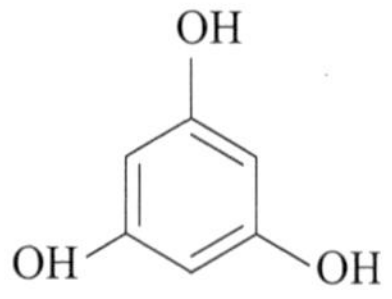

均苯三酚（间苯三酚）1, 3, 5-苯三酚　　偏苯三酚 1, 2, 4-苯三酚　　连苯三酚 1, 2, 3-苯三酚

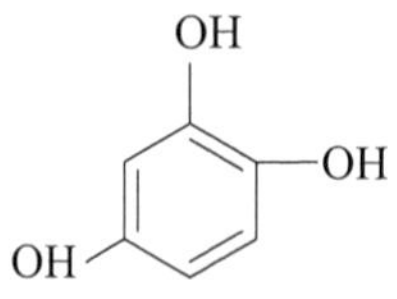

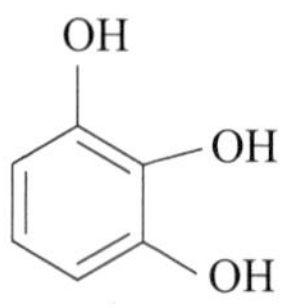

（二）酚的物理性质

除少数烷基酚是液体外，大部分酚类都是无色固体。酚具有特殊的气味，多数酚无色，但由于酚易被空气氧化，所以常带有不同程度的红色。一元酚微溶于水，能溶于乙醇、

乙醚等有机溶剂，多元酚在水中的溶解度随着羟基数目的增多而增大。

### （三）酚的化学性质

酚的官能团是酚羟基（—OH），而且酚中含有苯环，因此，其化学性质主要由酚羟基和苯环决定。

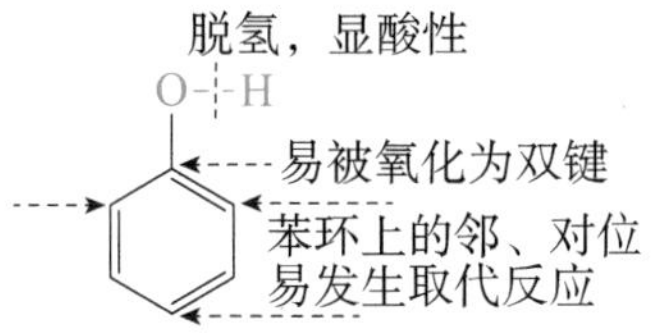

脱氢，显酸性
O-H
易被氧化为双键
苯环上的邻、对位易发生取代反应

1\. 弱酸性 苯酚在水中微溶，与水形成悬浊液呈浑浊状，在溶液中加入氢氧化钠溶液，溶液变澄清，因为两者发生反应，生成了可溶于水的苯酚钠。据此可区别难溶于水的醇和酚。

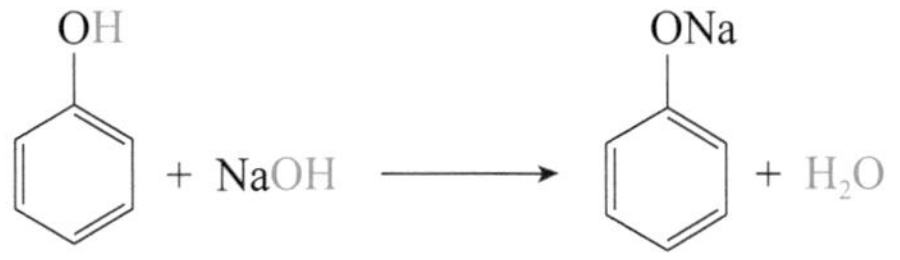

$$C_6H_5OH + NaOH \longrightarrow C_6H_5ONa + H_2O$$

苯酚（浑浊） 苯酚钠（澄清）

苯酚水溶液的 pH 约为 6.0，其酸性比碳酸弱，苯酚只能和碱性较强的氢氧化钠或碳酸钠反应，不能与碱性较弱的碳酸氢钠发生作用，所以不能溶于碳酸氢钠溶液，也不能使石蕊试纸变色。若在苯酚钠的水溶液中通入二氧化碳，苯酚也可被游离出来而使溶液浑浊，利用这一性质可进行苯酚的分离提纯。

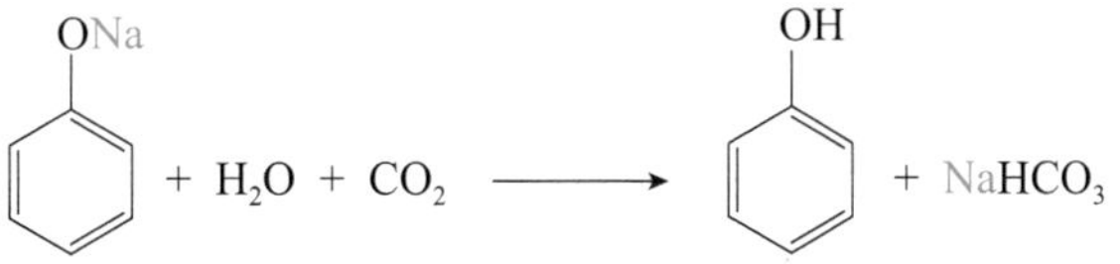

$$C_6H_5ONa + H_2O + CO_2 \longrightarrow C_6H_5OH + NaHCO_3$$

苯酚钠（澄清） 苯酚（浑浊）碳酸氢钠

2\. 氧化反应 酚类很容易被氧化，苯酚在空气中能被氧化成粉红色、红色或暗红色。若在强氧化剂（重铬酸钾和硫酸的混合溶液）作用下，苯酚可被氧化成黄色的对苯醌。

由于酚类容易被氧化，所以在保存酚及含有酚羟基的药物时，应避免与空气接触，注意避光保存，必要时须加入抗氧化剂。

3\. 取代反应 酚分子中苯环上的氢原子容易发生取代反应。例如，在不需要加热，也不用催化剂的情况下，苯酚溶液和溴水反应，立即生成 2, 4, 6- 三溴苯酚白色沉淀。这个反应可用于区别苯酚与其他物质。

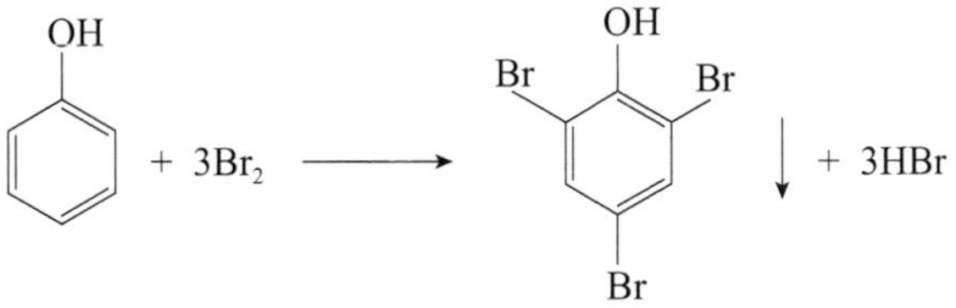

$$C_6H_5OH + 3Br_2 \longrightarrow C_6H_2Br_3OH \downarrow + 3HBr$$

2, 4, 6-三溴苯酚

4. 显色反应　含有酚羟基的化合物大多数能与三氯化铁溶液发生显色反应。例如，苯酚与三氯化铁作用显紫色，邻苯二酚与三氯化铁作用显绿色等，利用此反应可以鉴别酚。

### （四）常见的酚类化合物

1. 苯酚　苯酚（$C_6H_5$—OH），简称酚，俗称石炭酸，存在于煤焦油中。纯净的苯酚为无色针状结晶或白色结晶，具有特殊气味，熔点为43℃，沸点为181.9℃，微溶于水，易溶于乙醇、乙醚等有机溶剂。

2. 甲酚　甲酚有邻、间、对三种异构体，因其来源于煤焦油，故又名**煤酚**。

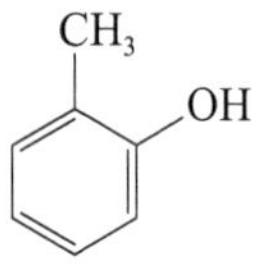

邻甲酚 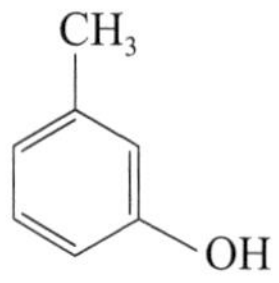　间甲酚 　对甲酚

由于这3种异构体的沸点相近，一般不易分离，常使用它们的混合物。

甲酚的杀菌能力比苯酚强，因为它难溶于水，能溶于肥皂溶液，所以常配成47%～53%的肥皂溶液，称为甲酚皂溶液，俗称来苏儿。

3. 苯二酚　苯二酚有邻、间、对3种异构体，均为无色结晶体，溶于乙醇、乙醚。邻苯二酚俗称儿茶酚，间苯二酚俗称雷锁辛，对苯二酚俗称氢醌。

## 三、醚类有机化合物

### （一）醚的结构特征、分类和命名

**案例 4-4**

1846年伦敦大学医院著名的外科医生李斯顿第一次用乙醚作为麻醉剂给患者做截肢手术。患者被乙醚麻醉后，李斯顿迅速在患者的大腿上开始手术，手术后，患者醒过来问他："准备什么时候开始做手术？"这时手术已经完成了。

问题：1. 李斯顿将乙醚用在外科手术上，是利用了乙醚的什么特性？

2. 医院里的乙醚应如何保存？写出乙醚分子的结构简式。

1. 醚的结构特征　乙醚分子的结构简式

$$CH_3CH_2—O—CH_2CH_3$$

观察上述结构得出，两个烃基通过氧原子连接起来的化合物称为**醚**。醚也可以看作是醇或酚羟基上的氢原子被烃基取代的化合物。其结构通式为

$$(Ar)R—O—R'(Ar')$$

式中，两个烃基可以相同，也可以不同。醚中的（C）—O—（C）键俗称醚键，是醚的官能团。

2. 醚的分类与命名　醚分子中与氧原子相连的烃基可以是脂肪烃基、脂环烃基或芳

香烃基。根据烃基的结构不同，醚可分为饱和醚、不饱和醚、芳香醚。两个相同的烃基通过氧原子连接起来称为单醚，两个不同的烃基通过氧原子连接起来称为混醚。

单醚命名比较简单，以醚作为母体，一般只要写出与氧相连的烃基名称，再加上“醚”字即可，表示两个相同烃基的“二”字可以省略不写，称为“某醚”。例如：

| | | | | |
|---|---|---|---|---|
| 饱和醚： | $CH_3CH_2—O—CH_2CH_3$<br>乙醚 | （单醚） | $CH_3—O—C_3H_7$<br>甲（基）丙（基）醚 | （混醚） |
| 不饱和醚： | $CH_2=CH—O—CH=CH_2$<br>二乙烯醚 | （单醚） | $CH_3—O—CH=CH_2$<br>甲（基）乙烯（基）醚 | （混醚） |
| 芳香醚： | 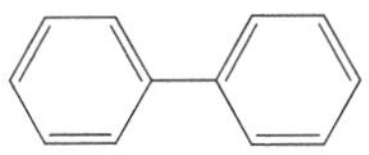 二苯醚 | （单醚） | 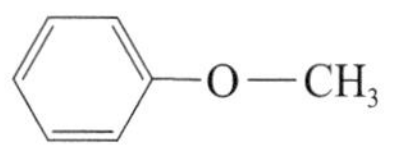 $—O—CH_3$<br>苯（基）甲（基）醚 | （混醚） |

（二）醚的物理性质

常温下，除甲醚、甲乙醚是气体外，大多数醚是易挥发、易燃的无色液体，有特殊气味。醚的沸点和分子量相同的烷烃接近，比分子量相同的醇低很多。其溶解度和分子量相同的醇相近，比分子量相同的烷烃大很多。

（三）醚的化学性质

由于醚的化学性质不活泼，因此是良好的有机溶剂，常被用作溶剂的醚有乙醚、四氢呋喃等。低级醚长期与空气接触，易被氧化，慢慢生成有机过氧化物。有机过氧化物不稳定，遇热分解，容易发生爆炸。因此，醚类应尽量避免暴露在空气中，一般应保留在深色玻璃瓶中，也可加入抗氧化剂（如对苯二酚）防止过氧化物氧化。

（四）重要的醚类化合物

1. 乙醚（$CH_3CH_2—O—CH_2CH_3$）　为无色、有甜味的液体，沸点 34.5℃，极易挥发，略溶于水，能溶于乙醇、苯、氯仿、石油醚及许多油类等。乙醚与空气长期接触后，易被氧化生成过氧化乙醚。过氧化乙醚非常容易分解爆炸。因此，使用乙醚时要特别小心，储存乙醚时，应放在棕色瓶中，并加入铁丝等防止过氧化乙醚的生成。蒸馏放置过久的乙醚前，要检验是否有过氧化物存在，且不要蒸干。

2. 炔雌醚　又名炔雌醇环戊醚、3- 炔雌醇环戊醚，是一种合成的甾族雌激素。其活性为炔雌醇的 4 倍，具有强大的雌激素效应。在复方口服避孕片中，炔雌醚可作为长效雌激素，主要起避孕作用。临床用于防治绝经期综合征及雌激素分泌不足所致的各种疾病和退奶。

3. 青蒿素（分子式为 $C_{15}H_{22}O_5$）　是一个由碳、氢、氧 3 种元素组成、具有过氧基团（—O—O—）特殊结构的新型倍半萜内酯的新化合物。屠呦呦教授的团队从中药青蒿（植物黄花蒿）中分离出青蒿素，许多科学工作者继而对青蒿素做了药物升级：以青蒿素为先导化合物，通过化学结构的修饰来改变药物活性，合成了蒿甲醚、青蒿琥酯等衍生药物，前者的抗疟活性是青蒿素的 6 倍，后者由于在水中不稳定而易分解，一般制成粉剂，使用前临时配制。

青蒿素　　蒿甲醚　　青蒿琥酯

青蒿素及其衍生物具有速效、高效和低毒等特点。目前，青蒿素及其衍生物是世界上治疗疟疾最有效的药物，青蒿素联合疗法已被用于几乎所有国家和地区的疟疾疫区，这是中医药对世界医疗做出的突出贡献。

## 第 2 节　醛和酮类有机化合物

醛和酮也是烃的含氧衍生物，它们的分子中都含有碳氧双键，即**羰基**（$-\overset{O}{\overset{\|}{C}}-$），统称为羰基化合物。醛和酮在自然界分布很广泛，还可以用作溶剂、香料及制药的原材料。许多生物代谢反应都含有醛和酮或其衍生物，对医药及生命科学具有重要意义。

### 一、醛和酮的结构特征

观察图 4-3 乙醛、丙酮分子的球棍模型，根据球棍模型填写表 4-1。

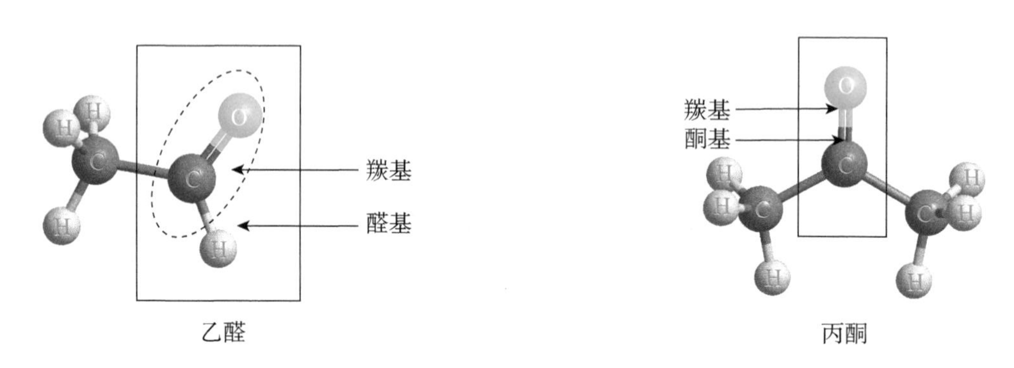


图 4-3　乙醛、丙酮分子的球棍模型

**表 4-1　醛和酮的结构特征**

| 项目 | 乙醛 | 丙酮 |
|---|---|---|
| 结构式 | | |
| 结构简式 | | |
| 官能团 | | |
| 官能团共同结构 | | |

根据以上推断得出，醛基和酮基的共同基团是羰基：$\overset{\overset{\displaystyle O}{\|}}{—C—}$，醛的官能团是**醛基**（$\overset{\overset{\displaystyle O}{\|}}{—C—H}$ 或—CHO），醛基是羰基与氢原子相连的基团。由醛基和烃基（或氢原子）组成的化合物称为**醛**。

酮的官能团是**酮基**（$\overset{\overset{\displaystyle O}{\|}}{—C—}$ 或—CO—）。羰基与两个烃基相连形成的化合物称为**酮**，酮分子中的羰基称为酮基。

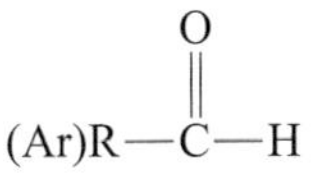

$$\text{(Ar)R}—\overset{\overset{\displaystyle O}{\|}}{C}—\text{H} \qquad\qquad (\text{Ar}_1)\text{R}_1—\overset{\overset{\displaystyle O}{\|}}{C}—\text{R}_2(\text{Ar}_2)$$

醛的结构通式 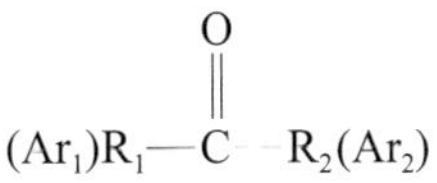　　　　酮的结构通式

从醛、酮的结构通式可以看出，醛分子中的醛基一定连在碳链的首端，酮分子中的酮基则连在两个烃基之间。

## 二、醛和酮的分类和命名

### （一）醛和酮的分类

醛和酮有多种分类方式，常见的是根据烃基的不同分为脂肪醛、酮，芳香醛、酮，脂环醛、酮。根据羰基数目还可分为一元醛、酮和多元醛、酮。

### （二）醛和酮的命名

1. 普通命名法　结构简单的醛的普通命名法与醇相似，直接在“醛”前加上烃基的名称。例如：

$$CH_3—CHO \qquad\qquad CH_3—CH_2—CHO$$

乙醛　　　　丙醛

酮的普通命名法与醚相似，按照羰基所连接的两个烃基命名。例如：

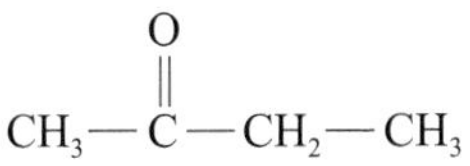

$$CH_3—\overset{\overset{\displaystyle O}{\|}}{C}—CH_2—CH_3 \qquad\qquad CH_3—CH_2—\overset{\overset{\displaystyle O}{\|}}{C}—CH_2—CH_3$$

甲乙酮 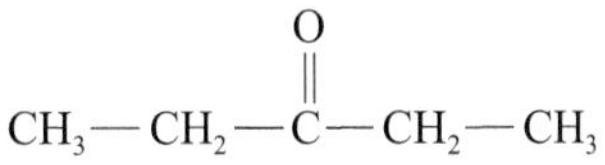　　　　二乙酮

2. 系统命名法　脂肪醛、酮的系统命名与醇的命名方法相似：即选择分子中含羰基的最长碳链为主链；并从靠近羰基的最近端开始给主链碳原子编号（醛从醛基开始编号，由于醛基总是在碳链首端，不需标出醛基位次；酮基在碳链的中间某个位置，位次必须标明）；将主链上的取代基的位置、数目、名称写在醛、酮的前面，并分别用“-”将它们隔开。例如：

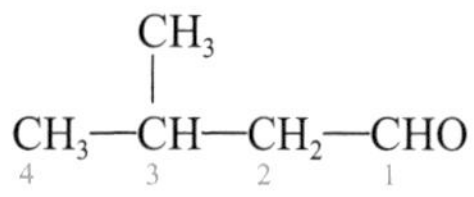

$$\underset{4}{CH_3}-\underset{3}{\overset{\overset{\displaystyle CH_3}{|}}{CH}}-\underset{2}{CH_2}-\underset{1}{CHO}$$

3-甲基丁醛

$$\underset{4}{CH_3}-\underset{3}{\overset{\overset{\displaystyle CH_3}{|}}{CH}}-\underset{2}{\overset{\overset{\displaystyle O}{\|}}{C}}-\underset{1}{CH_3}$$

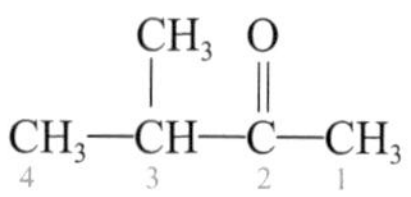

3-甲基-2-丁酮

芳香醛酮以脂肪醛酮为母体，芳香烃基作为取代基来命名。例如：

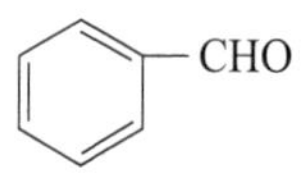

$$C_6H_5-CHO$$

苯甲醛

$$C_6H_5-\underset{1}{CH_2}-\underset{2}{\overset{\overset{\displaystyle O}{\|}}{C}}-\underset{3}{CH_3}$$

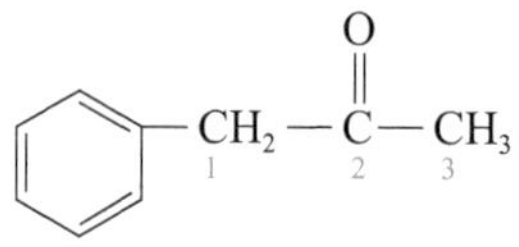

1-苯基-2-丙酮

脂环醛是以脂肪醛为母体，环基为取代基来命名。脂环酮根据构成环的碳原子数目，称为“环某酮”。例如：

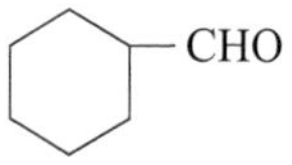

$$C_6H_{11}-CHO$$

环己基甲醛

$$C_6H_{10}{=}O$$

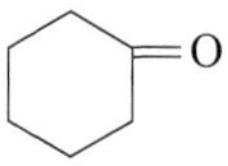

环己酮

此外，醛、酮还可根据它最初的来源或它氧化后所生成酸的俗名来命名，如蚁醛、乙醛、月桂醛、硬脂醛等。

## 三、物理性质

常温下，甲醛为气体，其余醛、酮都为液体或固体。醛、酮的沸点高于分子量相近的烷烃和醚，比相应的醇低。大多数醛、酮微溶或不溶于水而溶于有机溶剂。

低级醛具有强烈刺激性气味，中级（$C_8$～$C_{13}$）醛酮在较低浓度时往往有香味，可用于化妆品或食品工业。

## 四、化学性质

醛、酮分子中都含有羰基，所以它们具有相似的化学性质，主要表现在加成反应、氧化还原反应。但醛、酮的结构并不完全相同，醛基中的羰基与氢原子相连，而酮基则没有和氢原子相连。因此，醛和酮的化学性质又存在明显的差异。醛、酮官能团可能发生反应的情况如下：

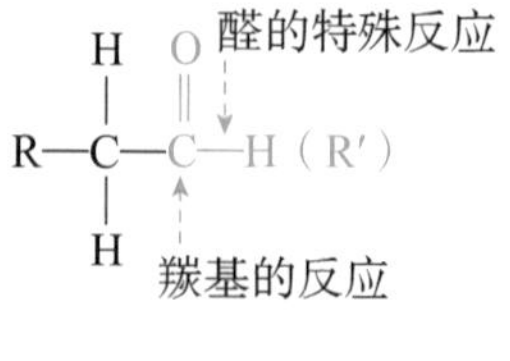

$$R-\overset{\overset{\displaystyle H}{|}}{\underset{\underset{\displaystyle H}{|}}{C}}-\overset{\overset{\displaystyle O}{\|}}{C}-H(R')$$

醛的特殊反应

羰基的反应

### （一）醛和酮的相似反应

**1. 与强氧化剂的氧化反应**　在一定条件下，醛和酮都能发生氧化反应，它们都能被强氧化剂（如高锰酸钾、重铬酸钾的酸性溶液等）氧化，生成羧酸，其中酮的碳链断裂，生成碳链较短的羧酸。

例如，乙醛、丙酮可以使紫红色的酸性高锰酸钾溶液褪色，也能使橙红色的酸性重铬酸钾溶液褪色。

**链接　酒驾探测器原理**

乙醇被酸性重铬酸钾（$K_2Cr_2O_7$）氧化生成乙醛，在该反应条件下，乙醛进一步被氧化成乙酸，重铬酸钾（稀溶液为橙黄色）则被还原为绿色的 $Cr^{3+}$，因此交警用经硫酸酸化处理的三氧化铬（$CrO_3$）硅胶检查司机呼出的气体，若发现硅胶变色达到一定程度，即可证明司机是酒后驾车。

2. 加成反应　醛和酮官能团中都含有羰基，与烯烃相似，双键中的 π 键容易断裂，发生加成反应。

（1）与氢的加成——还原反应　与烯烃相似，在铂、钯或镍等金属催化剂作用下，醛、酮分子中羰基加氢被还原为相应的醇羟基；有机化合物分子中加入氢原子或失去氧原子的反应称为**还原反应**。醛加氢被还原为伯醇，酮加氢被还原为仲醇。例如：

$$\underset{\text{乙醛}}{CH_3-\overset{\overset{\displaystyle O}{\|}}{C}-H} + H_2 \xrightarrow{Ni} \underset{\text{乙醇}}{CH_3-\overset{\overset{\displaystyle OH}{|}}{C}H-H}$$

$$\underset{\text{丙酮}}{CH_3-\overset{\overset{\displaystyle O}{\|}}{C}-CH_3} + H_2 \xrightarrow{Ni} \underset{\text{异丙醇}}{CH_3-\overset{\overset{\displaystyle OH}{|}}{C}H-CH_3}$$

（2）与醇加成　在干燥氯化氢的作用下，醇可与醛中的羰基加成生成半缩醛，分子中同时产生**半缩醛羟基**。例如，乙醛和甲醇在干燥氯化氢作用下发生如下反应：

$$CH_3-\overset{\overset{\displaystyle H}{|}}{C}=O + H-O-CH_3 \xrightleftharpoons{\text{干燥HCl}} CH_3-\underset{\underset{\displaystyle O-CH_3}{|}}{\overset{\overset{\displaystyle H}{|}}{C}}-\underbrace{OH}_{\text{半缩醛羟基}}$$

半缩醛羟基较活泼，在相同条件下，过量的醇与半缩醛进一步反应，失去一分子水生成较稳定的缩醛。

$$CH_3-\underset{\underset{\displaystyle O-CH_3}{|}}{\overset{\overset{\displaystyle H}{|}}{C}}-OH + H-O-CH_3 \xrightleftharpoons{\text{干燥HCl}} CH_3-\underset{\underset{\displaystyle O-CH_3}{|}}{\overset{\overset{\displaystyle H}{|}}{C}}-O-CH_3 + H_2O$$

酮在上述条件下难以发生上述反应。

（3）与氨的衍生物加成　氨的某些衍生物如 2, 4- 二硝基苯肼可以与醛、酮发生加成反应，反应生成的晶体具有不同的熔点，呈黄色或橙红色。根据生成物的熔点或颜色，可以鉴别醛、酮。

葡萄糖、果糖等糖类，由于分子中含有醛基或者酮基，可以与 2, 4- 二硝基苯肼发生反应，根据生成的晶体熔点不同等鉴定糖类。

3. 碘仿反应　乙醛和甲基酮具有共同的结构特点，即甲基与羰基相连接。结构如下：

$$\underset{\text{乙醛}}{CH_3-\overset{\overset{\displaystyle O}{\|}}{C}-H} \qquad\qquad \underset{\text{甲基酮}}{CH_3-\overset{\overset{\displaystyle O}{\|}}{C}-R}$$

用碘的氢氧化钠溶液（混合后生成次碘酸钠，具有氧化性）与上述结构的醛、酮混合，可以发生**碘仿反应**，醛、酮结构中的甲基与碘生成碘仿（$CHI_3$）。碘仿是不溶于水的黄色固体，该反应现象明显，常用于乙醛和甲基酮的鉴定。

由于具有 $CH_3-\overset{\overset{\displaystyle OH}{|}}{CH}-R(H)$ 结构的醇可以被次碘酸钠氧化为上述相应结构的醛、酮，继而发生碘仿反应，因此碘仿反应也可用于该种结构醇的鉴别。

（二）醛和酮的不同反应

1. 与弱氧化剂的氧化反应　醛、酮虽然都能被强氧化剂氧化，但是若遇到弱氧化剂，则表现出其差异性。醛分子中醛基上的氢原子较活泼，除了能被强氧化剂氧化外，还能被弱氧化剂（如托伦试剂、费林试剂）所氧化；酮分子中酮基的碳原子上没有氢原子，所以酮不能被弱氧化剂氧化，这是醛和酮不同的化学性质。常利用这一性质来区别醛和酮。

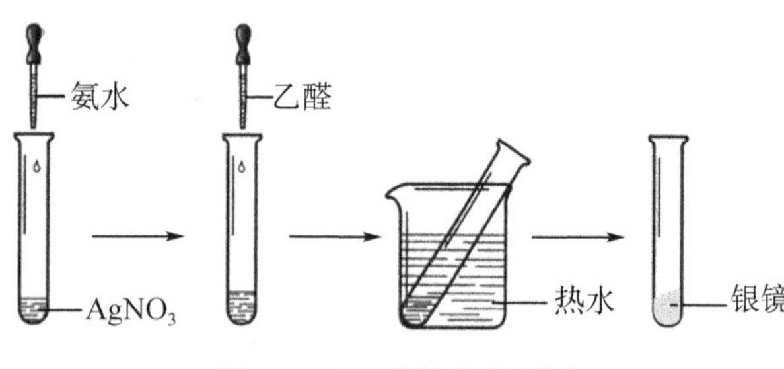

图 4-4　乙醛的银镜反应

（1）银镜反应　托伦试剂是硝酸银的氨溶液，主要成分是银氨配离子（$[Ag(NH_3)_2]^+$），又称银氨溶液。

如图 4-4 所示，当托伦试剂与乙醛共热时，乙醛被氧化为羧酸，而它本身被还原为金属银附着在试管内壁上，形成明亮的银镜，因此该反应称为**银镜反应**。

反应式为

$$CH_3-CHO+2[Ag(NH_3)_2]OH \xrightarrow{\triangle} CH_3-COONH_4+2Ag\downarrow+3NH_3\uparrow+H_2O$$

所有醛都能发生银镜反应，而酮不发生此反应，因此托伦试剂可用于鉴别醛、酮。

（2）与费林试剂反应　费林试剂是由费林试剂甲（硫酸铜溶液）和费林试剂乙（酒石酸钾钠的氢氧化钠溶液）组成，使用时将两种溶液等体积混合，形成一种深蓝色透明溶液，其主要成分用 $Cu(OH)_2$ 表示。

费林试剂具有氧化剂作用，可将乙醛氧化成乙酸，而 $Cu(OH)_2$ 被还原为砖红色的 $Cu_2O$ 沉淀，反应式为

$$CH_3-CHO+2Cu(OH)_2 \xrightarrow{\triangle} CH_3-COOH+\underset{\text{砖红色}}{Cu_2O\downarrow}+2H_2O$$

芳香醛（如苯甲醛）、酮则不能被费林试剂氧化，因此可用费林试剂来鉴别脂肪醛和芳香醛，也可用来鉴别脂肪醛和酮。

2. 与席夫（Schiff）试剂反应　品红是一种红色染料，在其水溶液中通入二氧化硫，

红色褪去，成为无色溶液，即为品红亚硫酸试剂，又称为**席夫试剂**。醛与席夫试剂作用立即呈现紫红色，反应灵敏。酮不与席夫试剂反应。这是鉴别醛、酮的简便方法。

甲醛与席夫试剂作用生成的紫红色产物加入硫酸后紫红色不消失，而其他醛生成的紫红色产物加入硫酸后褪色，因此可用此法鉴别甲醛与其他醛。

**案例 4-5**

肉桂醛（$C_6H_5$—CH═CH—CHO）通常称为桂醛，天然存在于斯里兰卡肉桂油、桂皮油、藿香油、风信子油和玫瑰油等精油中，是重要的香料，可用于制备肉类加工品、调味品、口腔护理用品、口香糖、糖果用香精；同时也是重要的医药原料，常用于外用药、合成药中，具有杀菌、消毒、防腐、抗溃疡、抗病毒、抗癌、扩张血管及降压作用，还可以加强胃、肠道运动，促进脂肪分解。

问题：1. 肉桂醛的分子式是什么？

2. 肉桂醛所含官能团的名称是什么？

3. 如何鉴别肉桂醛、乙醛、丙酮？

## 五、医学中常见的醛酮类化合物

1. 甲醛（HCHO）　俗称蚁醛，是最简单的醛。甲醛是一种无色、有强烈刺激性气味的气体。医药上，质量分数（$\omega_B$）为 35%～40% 的甲醛水溶液称为**福尔马林**（Formalin）。此溶液沸点为 –19.5℃，故在室温时极易挥发，随着温度的上升挥发速度加快。$\omega_B$ 为 2% 的甲醛溶液用于外科器械消毒。$\omega_B$ 为 10% 的甲醛溶液常用于保存动物标本和尸体。

甲醛溶液与氨水共同蒸发时，生成环六亚甲基四胺 [$(CH_2)_6N_4$]，药名为乌洛托品。乌洛托品是具有吸湿性的白色晶体，在医药上可用作利尿剂和尿道消毒剂，这是因为它能在患者体内慢慢分解产生甲醛，由尿道排出时将细菌杀死。

甲醛易发生聚合反应，生成多聚甲醛固体。长期放置的福尔马林会产生浑浊或白色沉淀——多聚甲醛。多聚甲醛加热到 160～200℃时，能解聚重新生成甲醛。若在甲醛中加入少量甲醇可防止甲醛聚合。

2. 乙醛（$CH_3CHO$）　是一种无色、具有刺激性气味的液体，易挥发，沸点为 21℃，易溶于水和乙醇、乙醚等有机溶剂。乙醛也容易发生聚合反应，生成三聚乙醛，用来保存乙醛。

在乙醛中通入氯气，生成三氯乙醛，三氯乙醛与水加成后得到水合三氯乙醛，简称水合氯醛。

$$\underset{\text{三氯乙醛}}{CCl_3—\overset{\overset{\displaystyle O}{\|}}{C}—H} + H_2O \longrightarrow \underset{\text{水合氯醛}}{CCl_3—\underset{\underset{\displaystyle OH}{|}}{\overset{\overset{\displaystyle OH}{|}}{C}}—H}$$

水合氯醛为白色或无色透明结晶，易溶于水，有刺激性臭味。是较安全的催眠、抗惊厥药，不易引起蓄积中毒，但气味欠佳，且对胃有刺激性，不宜做口服药，用灌肠法给药，药效较好。

**链接　双硫仑样反应**

双硫仑样反应是由于服用药物（具有与双硫仑相似作用的药物如甲硝唑、呋喃唑酮、头孢菌素类抗菌药等）后饮用含有乙醇的饮品（或接触乙醇），导致的体内乙醛蓄积的中毒反应。正常情况下，乙醇进入体内后，首先在肝脏内经乙醇脱氢酶作用转化为乙醛，乙醛再经乙醛脱氢酶作用转化为乙酸，乙酸进一步代谢为二氧化碳和水排出体外。而双硫仑等药物可抑制乙醛脱氢酶，使乙醛不能氧化为乙酸，致使乙醛在体内蓄积，乙醛是毒性物质，当体内乙醛浓度升高时，可与体内一些蛋白质、磷脂、核酸等呈共价键结合，破坏这些物质，使之失活，从而引起机体的多种不适，表现出双硫仑样反应的症状：面部潮红、眼结膜充血、视物模糊、头颈部血管剧烈搏动或搏动性头痛、头晕，恶心、呕吐、出汗、口干、胸痛、呼吸困难、惊厥等，严重时甚至发生心肌梗死、急性心力衰竭、急性肝损伤甚至死亡。

3. 苯甲醛（$C_6H_5$—CHO）是最简单的芳香醛。苯甲醛是无色有苦杏仁味的液体，沸点为179℃；微溶于水，易溶于乙醇和乙醚中。苯甲醛常以结合状态存在于桃、杏等水果的核仁中，又称苦杏仁精（油），是合成药物、香料、调味料等的原料。

4. 丙酮（$CH_3—\overset{\overset{\displaystyle O}{\|}}{C}—CH_3$）是最简单的酮，是无色、易挥发、易燃的液体，沸点为56.5℃。它能与水、乙醇、乙醚和氯仿等混溶，并能溶解树脂、油脂等许多有机化合物，是常用的有机溶剂。

糖尿病患者由于代谢障碍，血液及尿液中的丙酮含量较高。

**案例4-6　血液中的丙酮**

丙酮是体内脂肪代谢的中间产物。正常情况下，血液中丙酮的浓度很低。糖尿病患者由于代谢紊乱，体内常有过量的丙酮产生，并从尿液中排出或随呼吸呼出。临床上检查糖尿病患者血液及尿液中的丙酮，可向其中滴加亚硝酰铁氰化钠（$[Na_2Fe(CN)_5NO]$）溶液和氢氧化钠溶液，若有丙酮存在，尿液即呈鲜红色。也可采用碘仿反应，即滴加碘的氢氧化钠溶液于尿中，若有丙酮存在，则有黄色的碘仿析出。

问题：1. 写出丙酮的结构简式，说出丙酮的官能团。

2. 检查糖尿病患者尿液中的丙酮，可采用的试剂是（　　）

A. 费林试剂　　B. 托伦试剂　　C. 碘的氢氧化钠溶液

D. 席夫试剂　　E. 亚硝酰铁氰化钠和氢氧化钠溶液

5. 戊二醛（$\overset{\overset{\displaystyle O}{\|}}{C}H—CH_2—CH_2—CH_2—\overset{\overset{\displaystyle O}{\|}}{C}H$）纯品为无色或浅黄色油状液体，有微弱的醛气味，沸点为187～189℃，易溶于水和醇。戊二醛水溶液呈酸性。戊二醛在酸性条件下稳定，可长期贮存，商业出售的戊二醛通常是质量分数为2%、25%、50%的

酸性溶液。

**案例 4-7　戊二醛**

2020 年，某医院发生了严重的医院感染暴发事件，此次感染原因是浸泡刀片和剪刀的戊二醛因配制浓度错误未达到灭菌效果。戊二醛具有广谱高效杀菌作用，具有对金属腐蚀性小、受有机物影响小、稳定性好等特点，适用于医疗器械和耐湿忌热的精密仪器的消毒与灭菌。消毒用的戊二醛通常为 2% 的碱性溶液。

问题：1. 写出戊二醛的结构简式，并标明官能团。

2. 此案例给你未来的工作怎样的思考？

6. 樟脑（ 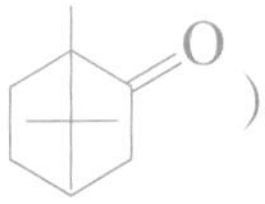　　）是一种脂环族酮类化合物，学名 1, 7, 7- 三甲基二环［2.2.1］庚烷 -2- 酮。它存在于樟树中，特产于我国。樟脑为无色透明固体，具有特殊的芳香气味，熔点 179℃，在常温下即挥发。它不溶于水，能溶于有机溶剂和油脂中。

**链 接　樟脑与麝香的药用价值**

我国地大物博，物种繁多，为中华民族医学提供了丰富的医药资源。樟脑、麝香等就是其中重要的中医药物。

樟脑产于植物樟树，在医药上用途甚广，有兴奋呼吸、血管运动中枢及心肌的功效。100g/L 的樟脑乙醇溶液称樟脑酊，有良好的止咳功效。中成药清凉油、十滴水、消炎镇痛膏等均含有樟脑。樟脑也可用于驱虫防蛀。

麝香是雄麝香囊中的分泌物，是一种名贵的药材和香料，有强烈的香气，具有芳香开窍、醒神、活血通瘀等功效，外用还可以镇痛、消肿。麝香的有效成分麝香酮的结构式如下：

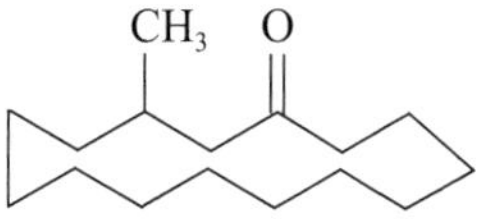

$CH_3$　O

## 第 3 节　羧酸类有机化合物

羧酸类有机化合物主要有羧酸、羟基酸和酮酸，均属于有机酸，广泛存在于自然界，并在动植物的生长、繁殖、新陈代谢等方面起着重要作用。羧酸类有机化合物与人们的生活、工农业生产、医药工业等密切相关。本章重点讨论羧酸、羟基酸和酮酸。

### 一、羧酸的结构分类和命名

#### （一）羧酸的结构

观察表 4-2 中甲酸、乙酸、丙酸分子的球棍模型，根据球棍模型写出它的结构式和结构简式于表 4-2 中。

**表 4-2 部分羧酸同系物**

| 项目 | 甲酸 | 乙酸 | 丙酸 |
| --- | --- | --- | --- |
| 球棍结构 | 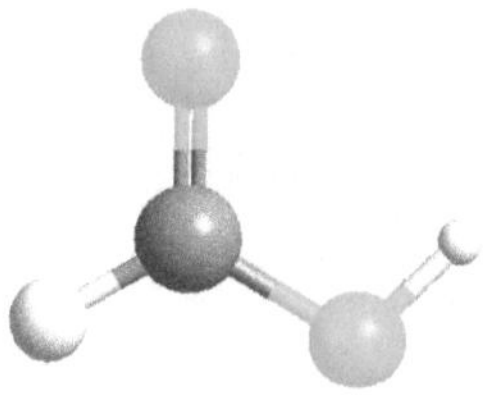 | 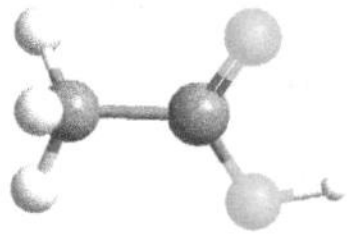 | 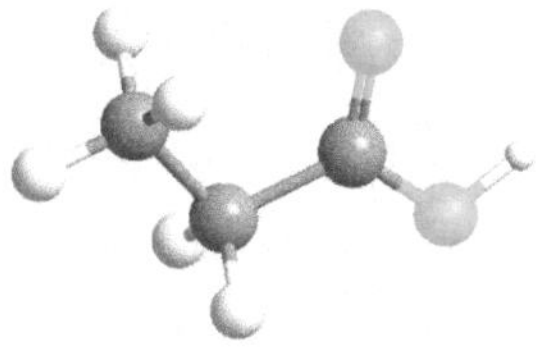 |
| 结构式 | | | |
| 结构简式 | | | |
| 官能团 | | | |

观察上述结构，得出**有机酸**是烃基和“羧基”相结合的化合物。也可看作是烃分子中的氢原子被“羧基”取代而形成的化合物。

羧酸类有机化合物的官能团为**羧基**（$-\overset{\overset{\displaystyle O}{\|}}{C}-OH$ 或—COOH），羧酸的结构通式：

$$(Ar)R-\overset{\overset{\displaystyle O}{\|}}{C}-OH$$

如果用氢原子替换烃基，可得到最简单的羧酸——甲酸（H—COOH）。

### （二）羧酸的分类

根据分子中烃基的不同，羧酸可分为脂肪酸和芳香酸，脂肪酸又可分为饱和脂肪酸和不饱和脂肪酸。根据分子中所含羧基数目不同，可分为一元酸、二元酸和多元酸。

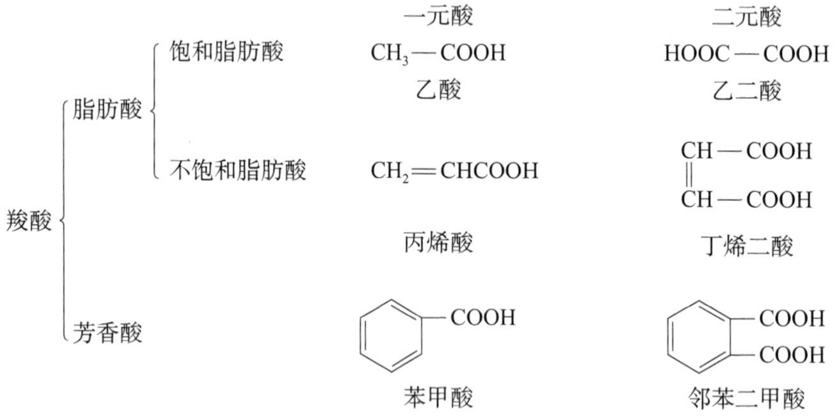

| 羧酸 | | 一元酸 | 二元酸 |
| --- | --- | --- | --- |
| 脂肪酸 | 饱和脂肪酸 | $CH_3-COOH$<br>乙酸 | HOOC—COOH<br>乙二酸 |
| | 不饱和脂肪酸 | $CH_2=CHCOOH$<br>丙烯酸 | $CH-COOH$ ‖ $CH-COOH$<br>丁烯二酸 |
| 芳香酸 | | $C_6H_5-COOH$<br>苯甲酸 | $C_6H_4(COOH)_2$<br>邻苯二甲酸 |

### （三）羧酸的命名

饱和一元脂肪酸的系统命名法与醛的系统命名法相似，只是将“醛”改为“羧酸”或“酸”。

主链碳原子的位次也可用希腊字母 $\alpha$、$\beta$、$\gamma$ 等标示。主链上与羧基直接相连的碳原子依次为 $\alpha$ 位（相当于第 2 位）、$\beta$ 位（相当于第 3 位）、$\gamma$ 位等。例如：

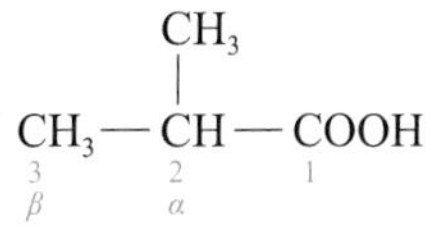

$$\underset{\beta}{\overset{3}{CH_3}}-\underset{\alpha}{\overset{2}{CH}}(CH_3)-\overset{1}{COOH}$$

2-甲基丙酸
（$\alpha$-甲基丙酸）

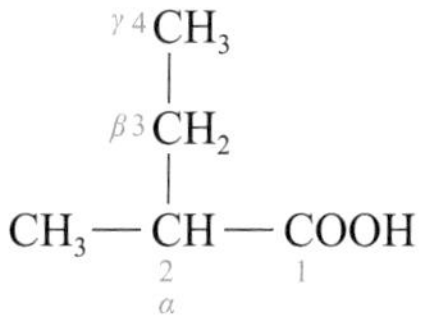

$$\overset{\gamma 4}{CH_3}-\overset{\beta 3}{CH_2}-\underset{\alpha}{\overset{2}{CH}}(CH_3)-\overset{1}{COOH}$$

2-甲基丁酸
（$\alpha$-甲基丁酸）

$$\overset{5}{CH_3}-\underset{\gamma}{\overset{4}{CH}}(CH_3)-\underset{\beta}{\overset{3}{CH}}(CH_3)-\underset{\alpha}{\overset{2}{CH_2}}-\overset{1}{COOH}$$

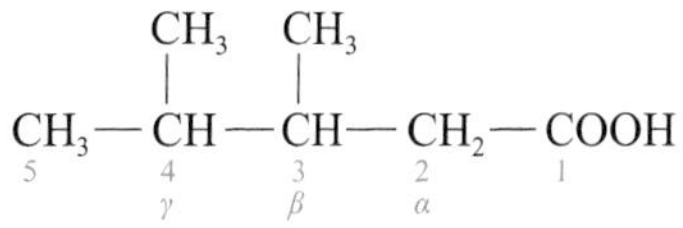

3, 4-二甲基戊酸
（$\beta, \gamma$-二甲基戊酸）

不饱和一元脂肪酸的系统命名法：在以上命名基础上，选择含羧基和不饱和键在内的最长碳链为主链，并标出不饱和键的位置和不饱和键的数量。例如：

$$\underset{18}{CH_3}-(CH_2)_7-\underset{10}{CH}=\underset{9}{CH}-(CH_2)_7-\underset{1}{COOH}$$

9-十八碳烯酸

脂肪二元酸的命名，是选择含两个羧基在内的最长碳链为主链，命名为“某二酸”。

$$\begin{array}{c} COOH \\ | \\ COOH \end{array}$$

乙二酸

$$\begin{array}{l} CH_2-COOH \\ | \\ CH_2-COOH \end{array}$$

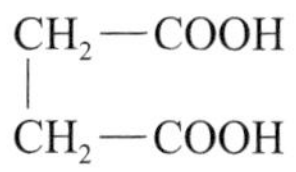

丁二酸

芳香酸和脂环酸的命名，是把脂肪酸作为母体，把芳环或脂环看作取代基。例如：

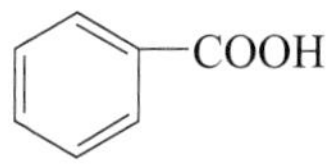

$C_6H_5-COOH$

苯甲酸

$C_6H_5-CH_2-COOH$

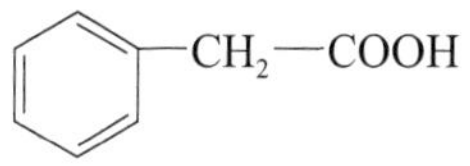

苯乙酸

此外，羧酸还可根据其来源或性状而采用俗名。例如，甲酸又称蚁酸，乙酸又称醋酸等。

## 二、物理性质

甲酸、乙酸和丙酸为强烈刺激性气味的无色液体，含 4～9 个碳原子的饱和一元羧酸是具有腐败气味的油状液体，癸酸以上为蜡状固体，二元羧酸和芳香酸都是结晶固体。由于羧基与水分子之间可以形成氢键，低级羧酸如甲酸、乙酸、丙酸和丁酸可与水混溶，但其他羧酸随着分子量的增大，在水中的溶解度逐渐减小。

饱和一元羧酸的沸点随着分子量的增加而升高。羧酸的沸点比分子量相近的醇还高，如甲酸与乙醇的分子量相同，甲酸的沸点为 100.7℃，乙醇的沸点为 78.5℃。这是由于两个羧酸分子通过氢键结合在一起。

## 三、化学性质

羧酸的化学性质与官能团结构变化关系分析：羧酸的官能团是—COOH，其化学性质主要由羧基决定。由于羰基和羟基相互影响，使羧基表现出既不同于羰基，又不同于羟基的某些特殊性质。

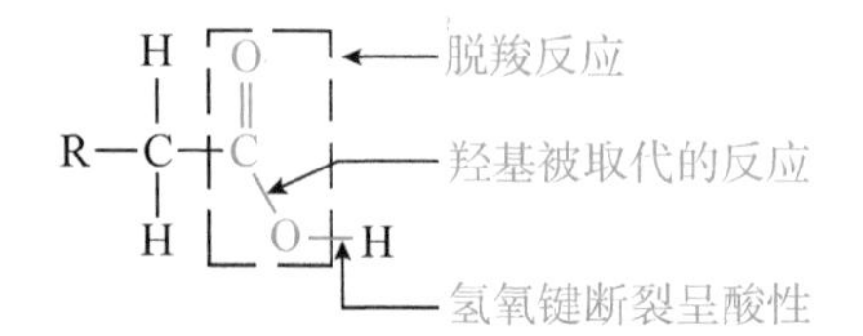


1. 酸性　羧酸具有酸的通性，能与强碱发生酸碱反应。

（1）乙酸与碱反应　乙酸具有酸的通性，可以与碱性物质发生酸碱反应：

$$CH_3COOH + NaOH \longrightarrow CH_3COONa + H_2O$$

（2）乙酸与 $Na_2CO_3$、$NaHCO_3$ 反应　反应生成 $CO_2$ 气体，表明乙酸的酸性比碳酸强。而苯酚则不能与 $NaHCO_3$ 反应，利用这个性质可以区别羧酸和酚类化合物。

$$2CH_3COOH + Na_2CO_3 \longrightarrow 2CH_3COONa + CO_2\uparrow + H_2O$$

$$CH_3COOH + NaHCO_3 \longrightarrow CH_3COONa + CO_2\uparrow + H_2O$$

在羧酸分子中，因受羰基的影响，羧基中羟基上的氢原子变得比较活泼，在水溶液中能解离出部分氢离子，呈现出**弱酸性**。羧酸（如甲酸、乙酸等）可以使紫色石蕊试液变红，可以与 NaOH、$Na_2CO_3$、$NaHCO_3$ 反应。

羧酸的钠、钾和铵盐一般易溶于水，医药上常把一些含羧基难溶于水的药物制成可溶性羧酸盐，以便配制水剂或注射剂使用。例如，常用的青霉素G，就是制成其钾盐或钠盐，供临床使用。

2. 脱羧反应　羧酸分子中脱去羧基放出 $CO_2$ 的反应，称为**脱羧反应**。羧酸分子中的羧基比较稳定，在一般条件下不易脱去，但二元羧酸对热比较敏感，当羧基比较接近时，容易发生脱羧反应，如乙二酸晶体加热可以脱羧，放出 $CO_2$。

$$\begin{matrix}COOH\\ |\\ COOH\end{matrix} \xrightarrow{\triangle} H\text{—}COOH + CO_2\uparrow$$

人体的代谢过程中，羧酸在脱羧酶的催化下进行脱羧反应。人类和动物呼出的 $CO_2$ 都是来自于体内的脱羧反应。

3. 酯化反应　乙酸与乙醇，在浓硫酸的催化作用下，乙酸中的羟基被乙氧基取代，生成乙酸乙酯。反应式为

$$\underset{\text{乙酸}}{CH_3\text{—}\overset{\overset{\displaystyle O}{\|}}{C}\text{—}OH} + \underset{\text{乙醇}}{H\text{—}O\text{—}CH_2CH_3} \underset{\triangle}{\overset{\text{浓}H_2SO_4}{\rightleftharpoons}} \underset{\text{乙酸乙酯}}{CH_3\text{—}\overset{\overset{\displaystyle O}{\|}}{C}\text{—}OCH_2CH_3} + H_2O$$

羧酸与醇脱水生成酯的反应，称为**酯化反应**。乙酸乙酯是无色透明、不溶于水，具有香味的液体。

酯化反应是可逆的，其逆向反应是水解反应。酯化反应的速率很慢，为加快此反应速率，通常在浓硫酸催化作用下进行。

酯化反应通式：

$$R\text{—}\overset{\overset{\displaystyle O}{\|}}{C}\text{—}OH + R'\text{—}OH \rightleftharpoons R\text{—}\overset{\overset{\displaystyle O}{\|}}{C}\text{—}OR' + H_2O$$

在羧酸分子中，去掉羧基中的羟基后剩下的原子团 $\mathrm{R-\overset{O}{\overset{\|}{C}}-}$ 称为**酰基**，醇分子中去掉羟基中的氢原子剩下的原子团 R′—O—称为**烃氧基**。

酯的命名比较简单，通常根据酰基和烃氧基的名字称为某酸某酯：

$$\underbrace{\mathrm{R-\overset{O}{\overset{\|}{C}}-}}_{\text{某酸}}\underbrace{\mathrm{O-R'}}_{\text{某酯}}$$

例如：$\underbrace{\mathrm{CH_3-\overset{O}{\overset{\|}{C}}-}}_{\text{乙酸}}\underbrace{\mathrm{O-CH_3}}_{\text{甲酯}}$　　$\underbrace{\mathrm{CH_3-H_2C-\overset{O}{\overset{\|}{C}}-}}_{\text{丙酸}}\underbrace{\mathrm{O-CH_2-CH_3}}_{\text{乙酯}}$

精油、水果香气和窖藏酒的酒香的主要成分是简单的酯。它们是制作饮料的原料之一。水果中的香气大多是酯类，如苹果香气成分是异戊酸异戊酯，橘子香气成分是乙酸辛酯，菠萝香气成分是乙酸甲酯等。

上述生成酯的反应，都是可逆反应。在一定条件下，酯发生水解生成相应的羧酸和醇。

$$\mathrm{CH_3-\overset{O}{\overset{\|}{C}}-O-CH_2CH_3 \xrightleftharpoons{H^+\text{或}OH^-} CH_3-\overset{O}{\overset{\|}{C}}-OH + HO-CH_2CH_3}$$

在碱性条件下，产物羧酸继续与碱发生酸碱中和反应。

$$\mathrm{CH_3-\overset{O}{\overset{\|}{C}}-OH + NaOH \longrightarrow CH_3-\overset{O}{\overset{\|}{C}}-ONa + H_2O}$$

## 四、重要的羧酸化合物

1. 甲酸（H—COOH）　因其最早发现来自于蚂蚁、黄蜂等昆虫叮咬而产生的分泌物，因此俗称蚁酸。甲酸是无色液体，能与水以任意比例互溶。甲酸的结构比较特殊，它的羧基与氢原子直接相连，从结构上看，分子中既含羧基又含醛基。

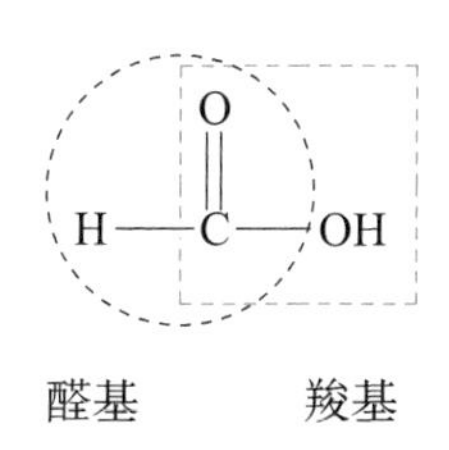


（1）酸性　甲酸的酸性比其他饱和一元羧酸的酸性强。例如，甲酸的酸性比乙酸强。正因为甲酸具有酸性，人的皮肤被黄蜂、蚂蚁、毛虫蜇咬后，可以用稀氨水涂敷缓解疼痛。

（2）还原性　甲酸分子中含有醛基，具有还原性。甲酸能使高锰酸钾溶液褪色，能发生银镜反应，也能与费林试剂反应生成砖红色沉淀。利用这些反应，就可以把甲酸与其他酸区别开来。

2. 乙酸（$CH_3$—COOH） 俗称醋酸，是食醋的主要成分。纯乙酸是具有刺激性气味的无色液体，熔点为16.5℃，沸点为118℃，能与水混溶。在室温低于熔点温度时，无水乙酸凝结成冰状固体，所以无水乙酸又称为冰醋酸或者冰乙酸。

在医药上，乙酸具有杀菌作用，因此用作消毒剂和防腐剂。例如，0.5%～2%的乙酸溶液可用于烫伤或烧伤表面的消毒，质量分数为30%的乙酸溶液可外用治疗甲癣、鸡眼和赘疣等，在房间内熏蒸食醋，可有效预防流感及普通感冒。

酸是常用的有机溶剂，被广泛应用于印染、香料、塑料、制药等工业生产中。

3. 乙二酸（HOOC—COOH） 俗称草酸，分子式为$H_2C_2O_4$，无色结晶，熔点为189℃，易溶于水和乙醇，是最简单的二元羧酸，广泛存在于自然界的植物中。

由于草酸是二元酸，分子中的两个羧基直接相连，所以其酸性比一元羧酸和其他二元羧酸强。另外，草酸具有还原性，可被酸性高锰酸钾溶液氧化生成二氧化碳和水。草酸可以将高价的铁盐还原成易溶于水的低价铁盐，因此草酸可去除铁锈和蓝墨水污迹。

**链 接** 肾结石

乙二酸广泛存在于自然界的植物中，容易与钙离子结合生成溶解度极低的草酸钙盐。在人体中，过多的草酸钙如果不能及时排出体外，会形成结石。例如，肾结石的主要成分就是草酸钙。由于乙二酸会影响体内钙质吸收，因此不宜过多摄入含草酸丰富的食物，如菠菜。

4. 苯甲酸（$C_6H_5$—COOH） 是最简单的芳香酸，因最初从安息香树脂中制得，故俗称安息香酸。苯甲酸为白色鳞片状或针状结晶，熔点为122℃，难溶于冷水，易溶于热水、乙醇和乙醚。苯甲酸及其钠盐常用作防腐剂，苯甲酸还可用作治疗癣病的外用药。此外，苯甲酸可以用作食品、饲料、乳胶、牙膏的防腐剂。

5. 双水杨酯（邻羟基苯基—C(=O)—O—邻羧基苯基；结构式中标注 OH、O、COOH） 为白色结晶性粉末，无臭，味微苦。在乙醇或乙醚中易溶，在水中几乎不溶。双水杨酯具有消炎、镇痛作用，但不具抑制血小板聚集作用，对胃肠道的刺激性较小，副作用小。口服后不溶于胃液，但溶于小肠液中，并在碱性肠液中逐渐水解出两个水杨酸分子而起作用。

6. 肉桂酸（$C_6H_5$—CH═CHCOOH） 是从肉桂皮或安息香中分离出的有机酸。主要用于香精香料、食品添加剂、医药工业、美容、农药、有机合成等方面。利用肉桂酸的防霉防腐杀菌作用可对粮食、蔬菜、水果中进行保鲜、防腐。肉桂酸是无公害的环保防腐剂，可以替代苯甲酸钠、山梨酸钾等产品用在葡萄酒中，使其色泽光鲜。肉桂酸对肺腺癌细胞增殖有明显抑制作用，在抗癌方面具有极大的应用价值。

## 第 4 节　羟基酸和酮酸

羟基酸和酮酸是生物代谢过程中的重要有机化合物，糖、脂肪、蛋白质代谢的中间产物中，有许多是羟基酸和酮酸。因此本节对生物化学的学习十分重要。

羟基酸和酮酸是具有复合官能团的含氧有机化合物，分子中除了具有羧基（—COOH）之外，还含有羟基（—OH）或者酮基（$\overset{O}{\overset{\|}{—C—}}$）。

有机化合物的化学性质主要由其官能团决定，因此，羟基酸和酮酸的化学性质除了具有羧酸的性质之外，还分别具有醇的性质或者酮的性质。

### 一、羟 基 酸

分子中除了含有羧基之外，还含有羟基的有机化合物称为**羟基酸**。

根据羟基所连的烃基不同进行分类。

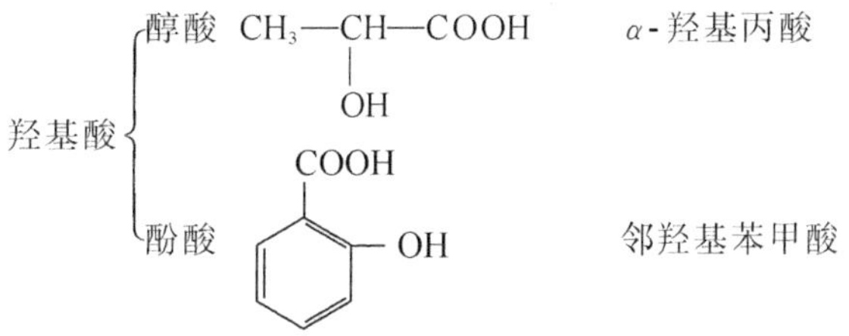

羟基酸
- 醇酸　$CH_3—CH(OH)—COOH$　α-羟基丙酸
- 酚酸　（苯环邻位带 COOH 和 OH）　邻羟基苯甲酸

医学上常根据其来源采用俗名或习惯名称。如果用系统命名法，则按照羧酸的命名原则，但须指明羟基所在的位置。例如：

$CH_3—CH(OH)—COOH$
2-羟基丙酸
（α-羟基丙酸）
俗名：乳酸

$HO—CH(COOH)—CH_2—COOH$
2-羟基丁二酸
（α-羟基丁二酸）
俗名：苹果酸

$HO—CH(COOH)—CH(COOH)—OH$
2, 3-二羟基丁二酸
（α, β-二羟基丁二酸）
俗名：酒石酸

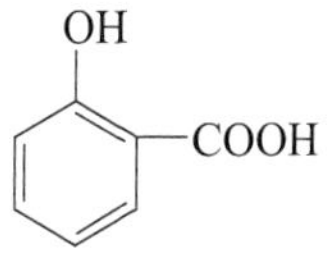

（苯环邻位带 OH 和 COOH）
邻羟基苯甲酸
俗名：水杨酸

**链 接**　中药中存在的有机酸

有机酸类在中草药的叶、根、特别是果实中广泛分布，如乌梅、五味子、覆盆子等。常见的植物中的有机酸有脂肪族的一元、二元、多元羧酸如酒石酸、草酸、苹果酸、枸橼酸、抗坏血酸（即维生素C）等，亦有芳香族有机酸如苯甲酸、水杨酸、咖啡酸等。有些特殊的酸是中草药的有效成分，如土槿皮中的土槿皮酸有抗真菌作用。咖啡酸的衍生物有一定的生物活性，如绿原酸为许多中草药的有效成分，有抗菌、利胆、升高白细胞等作用。

有机酸多溶于水或乙醇溶液呈明显的酸性，难溶于其他有机溶剂。在有机酸的水溶液中加入氯化钙或乙酸铅或氢氧化钡溶液时，能生成不溶于水的钙盐、铅盐或钡盐的沉淀。常用此类方法提取中草药液中有效成分并除去有机酸。

## 二、酮　　酸

分子中既含有羧基又含有酮基的化合物称为**酮酸**。

医学上常采用俗名或习惯名称。如果用系统命名法，按照羧酸的命名原则，但须指明酮基所在的位置。例如：

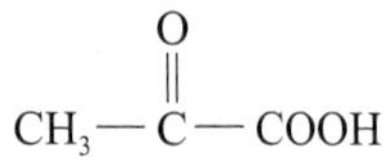

$$CH_3-\overset{\overset{O}{\parallel}}{C}-COOH$$

丙酮酸

$$CH_3-\overset{\overset{O}{\parallel}}{C}-CH_2-COOH$$

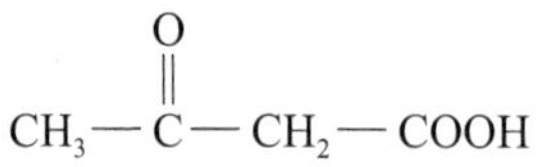

3-丁酮酸（$\beta$-丁酮酸）
俗名：乙酰乙酸

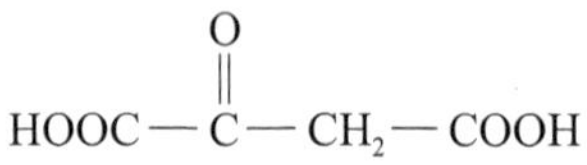

$$HOOC-\overset{\overset{O}{\parallel}}{C}-CH_2-COOH$$

2-酮基丁二酸
（$\alpha$-酮基丁二酸）
俗名：草酰乙酸

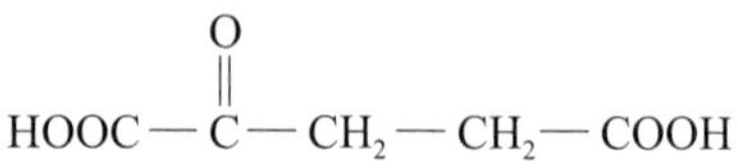

$$HOOC-\overset{\overset{O}{\parallel}}{C}-CH_2-CH_2-COOH$$

2-酮基戊二酸
（$\alpha$-酮基戊二酸）

## 三、医学中常见的羟基酸和酮酸

1. 乳酸（$CH_3-\overset{\overset{OH}{|}}{CH}-COOH$）为无色或淡黄色糖浆状液体，吸湿性强，能与水、乙醇、乙醚混溶，但不溶于氯仿和油脂。乳酸最初是从酸牛奶中发现的，因而得名。乳酸是糖代谢的中间产物。

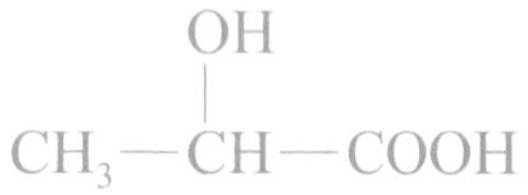

在酶的作用下，乳酸在体内发生脱氢氧化生成丙酮酸。

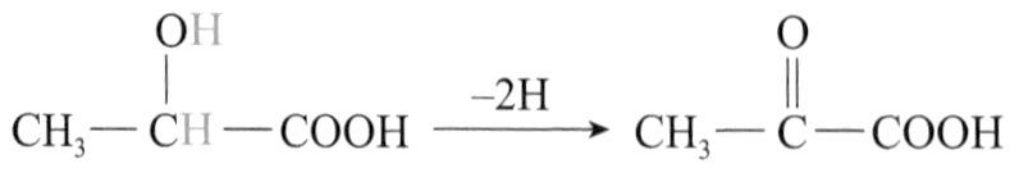

$$\underset{\text{乳酸}}{CH_3-\overset{\overset{OH}{|}}{CH}-COOH}\xrightarrow{-2H}\underset{\text{丙酮}}{CH_3-\overset{\overset{O}{\parallel}}{C}-COOH}$$

**链 接**　医学中的乳酸

在医药上，乳酸可作为消毒剂和外用防腐剂。例如，1% 乳酸溶液用于治疗阴道毛滴虫病，乳酸稀释 10 倍后加热蒸发，可进行空气消毒。乳酸能与碱作用生成乳酸盐，其中，乳酸钙常用于慢性缺钙的治疗，如佝偻病等；乳酸钠溶液注入人体后，在有氧条件下经肝脏氧化、代谢转化为碳酸氢根离子，可纠正血液中过高的酸度，可用于纠正代谢性酸中毒。

人在剧烈运动时，糖分解成乳酸，肌肉中乳酸含量增多，肌肉感到酸胀。休息后，肌肉中的乳酸一部分就会转化为水、二氧化碳和糖原，另一部分被氧化为丙酮酸，从而使酸胀感消失。

2. 丙酮酸（$CH_3-\overset{\overset{O}{\|}}{C}-COOH$）是最简单的酮酸，为无色液体，可与水混溶。

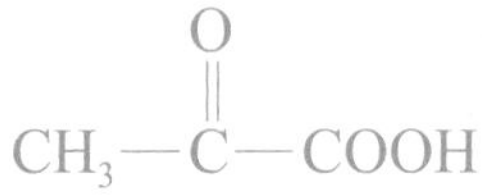

丙酮酸是人体内糖、脂肪、蛋白质代谢的中间产物，受酮基的影响，其酸性比丙酸、乳酸强。在体内酶的催化下，丙酮酸通过氧化与还原实现与乳酸之间的相互转化。

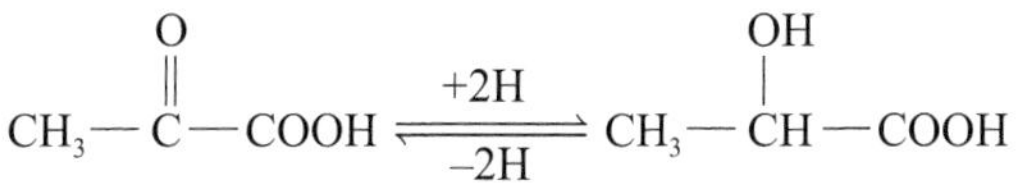

$$\underset{\text{丙酮酸}}{CH_3-\overset{\overset{O}{\|}}{C}-COOH} \underset{-2H}{\overset{+2H}{\rightleftharpoons}} \underset{\text{乳酸}}{CH_3-\overset{\overset{OH}{|}}{CH}-COOH}$$

3. 苹果酸（$\begin{matrix} HO-CH-COOH \\ | \\ CH_2-COOH \end{matrix}$）因在未成熟的苹果中含量较多而得名。天然苹果酸为无色针状晶体，能溶于水和乙醇中。苹果酸的钠盐可作为禁盐患者的食盐代用品。

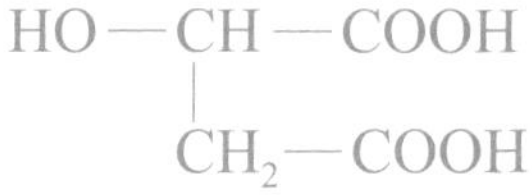

4. 柠檬酸（$\begin{matrix} & CH_2-COOH \\ & | \\ HO- & C-COOH \\ & | \\ & CH_2-COOH \end{matrix}$）柠檬酸的系统名称为 2- 羟基丙烷 -1, 2, 3- 三羧酸，分子中含有 3 个羧基。它是糖等能量代谢中三羧酸循环的第一个产物。柠檬酸存在于柑橘等水果中，以柠檬中含量最多，又称枸橼酸。柠檬酸通常含一分子结晶水，为无色透明晶体，易溶于水，有酸性，常用于配制饮料。

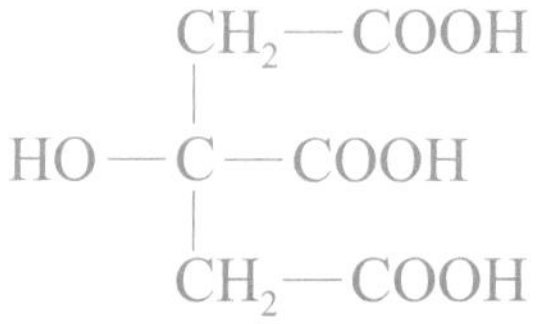

柠檬酸盐的医学用途很广。例如，柠檬酸钠有防止血液凝固的作用，临床上用作血液的抗凝剂，也可用于配制本尼迪克特试剂；柠檬酸铁铵可用于治疗缺铁性贫血。

5. $\beta$- 丁酮酸（$CH_3-\overset{\overset{O}{\|}}{C}-CH_2-COOH$）又称乙酰乙酸，也可称为 3- 丁酮酸。$\beta$- 丁酮酸为人体内脂肪代谢的中间产物。纯品为无色黏稠液体，酸性比乙酸强，性质不稳定，受热易发生脱羧反应生成丙酮和二氧化碳。

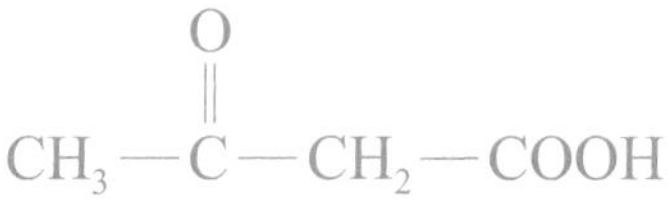

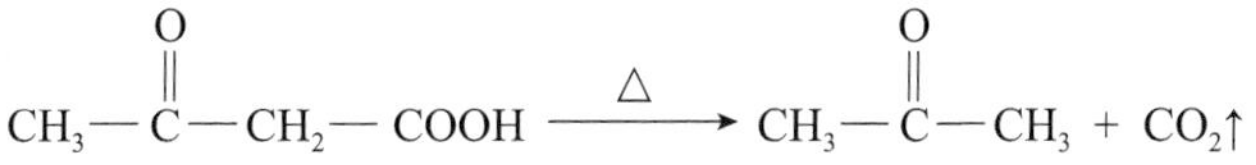

$$\underset{\beta\text{-丁酮酸}}{CH_3-\overset{\overset{O}{\|}}{C}-CH_2-COOH} \xrightarrow{\triangle} \underset{\text{丙酮}}{CH_3-\overset{\overset{O}{\|}}{C}-CH_3} + CO_2\uparrow$$

$\beta$- 丁酮酸被还原，生成 $\beta$- 羟基丁酸。

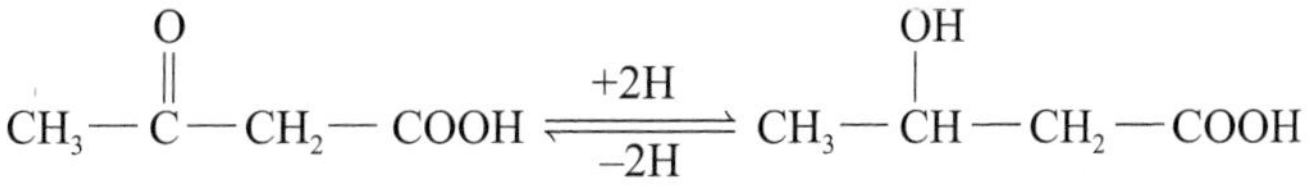

$$\underset{\beta\text{-丁酮酸}}{CH_3-\overset{\overset{O}{\|}}{C}-CH_2-COOH} \underset{-2H}{\overset{+2H}{\rightleftharpoons}} \underset{\beta\text{-羟基丁酸}}{CH_3-\overset{\overset{OH}{|}}{CH}-CH_2-COOH}$$

链接 酮体

酮体是脂肪代谢的中间产物，体内脂肪酸代谢时能生成$\beta$-丁酮酸，它在酶的催化下可还原生成$\beta$-羟基丁酸，脱羧则生成丙酮。

$$\underset{\beta\text{-羟基丁酸}}{CH_3-\overset{\overset{OH}{|}}{CH}-CH_2-COOH} \underset{+2H}{\overset{-2H}{\rightleftharpoons}} \underset{\beta\text{-丁酮酸}}{CH_3-\overset{\overset{O}{\|}}{C}-CH_2-COOH} \xrightarrow{\text{酶}} \underset{\text{丙酮}}{CH_3-\overset{\overset{O}{\|}}{C}-CH_3} + CO_2\uparrow$$

医学上把$\beta$-羟基丁酸、$\beta$-丁酮酸和丙酮三者合称为**酮体**。由于酮体能被肝外组织进一步分解，所以正常人体血液中只含有微量（小于0.5mmol/L）酮体。但当长期饥饿或患糖尿病时，酮体生成明显增多而引起血液中酮体含量升高，严重时将在尿中出现酮体，称为酮症。酮体呈酸性，如果酮体的增加超过了血液抗酸的缓冲能力，就会引起酸中毒。

因此，检查酮体可以帮助对疾病进行诊断。酮体遇亚硝酰铁氰化钠（$Na_2[Fe(CN)_5NO]$）溶液和氨水即出现紫色，临床上通常利用此性质检验酮体。

6. 水杨酸（邻羟基苯甲酸，结构式：苯环上连 COOH 和邻位 OH）存在于水杨树及柳树的树皮中，因此俗称水杨酸。它是一种白色针状结晶，微溶于冷水，易溶于沸水、乙醇和乙醚。

水杨酸分子中含有酚羟基，因此它既具有酸性（比苯甲酸强），又能与三氯化铁溶液作用显紫色，在医学中，水杨酸具有杀菌、防腐能力，为外用消毒防腐药；乙酰水杨酸是水杨酸苯环上的羟基与乙酰基结合的产物，乙酰水杨酸又名阿司匹林。

$$\underset{\text{乙酰基}}{\boxed{CH_3-\overset{\overset{O}{\|}}{C}}}-O-C_6H_4-COOH$$

乙酰水杨酸

# 自 测 题

## 一、回顾与总结

1. 醇、酚、醚基本知识

| 项目 | 内容 |
|---|---|
| 醇 | 官能团：__________；醇的结构通式：__________。 |
| 酚 | 官能团：__________；酚的结构通式：__________。 |
| 醚 | 官能团：__________；醚的结构通式：__________。 |

续表

| 项目 | 内容 |
| --- | --- |
| 醇的化学性质 | 乙醇可与钠反应生成：__________ 和 __________。<br>醇与含氧无机酸脱水生成酯和水的反应，称为 __________。<br>乙醇在浓硫酸存在下加热到 140℃，发生 __________ 脱水，生成：______________。<br>乙醇与浓硫酸共热到 170℃左右，发生 _____________ 脱水，生成：_____________。<br>伯醇可被重铬酸钾的酸性溶液氧化生成：___________，并进一步被氧化生成：______，仲醇被氧化为 ______，同时重铬酸钾溶液的颜色由 __________ 色变为 ______ 色。<br>具有邻二醇结构的化合物都能与新制的氢氧化铜反应生成：______ 色的铜盐溶液，利用此反应特性可鉴别具有邻二醇结构的化合物。<br>氧化反应：______________________________。 |
| 酚的化学性质 | 苯酚的酸性比碳酸 ______（填弱或强）<br>苯酚特性反应：苯酚与三氯化铁作用显 _____ 色，常利用这一反应把苯酚与其他化合物区别开来<br>苯酚可与溴水发生反应生成：____________，现象是 ____________________。<br>酚在空气中很容易被氧化成：_________，_________ 色、______ 色或 ______ 色，若在强氧化剂作用下，苯酚可被氧化成：黄色的对苯醌。 |
| 醚的化学性质 | 醚在空气中可被氧化为：______。储存乙醚时，应放在 ______ 瓶中，并加入 ______ 等以防止过氧化物氧化。 |

2. 醛、酮基本知识

| 项目 | 内容 |
| --- | --- |
| 醛 | 结构通式：____________________，醛的官能团醛基：____________________。 |
| 酮 | 结构通式：____________________，酮的官能团酮基：____________________。 |
| 醛的化学性质 | 醛与氢气发生加氢还原，生成：___________________ 醇。<br>醛与醇发生加成反应，首先生成：___________，继续发生脱水反应则生成：_________。<br>醛能被强氧化剂（如高锰酸钾）氧化，生成：____________________________。<br>醛能被弱氧化剂（如托伦试剂）氧化，产生 ____________________________。<br>醛与席夫试剂作用显 __________________________________。<br>脂肪醛能被弱氧化剂（如费林试剂）氧化，产生 ___________________________。 |
| 酮的化学性质 | 酮与氢气发生加氢还原，生成：________________________________。<br>酮能被强氧化剂（如高锰酸钾）氧化，生成：_____________________________。<br>丙酮与亚硝酰铁氰化钠、氢氧化溶液反应生成：______ 色溶液。 |
| 重要名词 | 还原反应：________________________________________。 |
| 重要应用 | 1. 醛、酮可以与 2, 4- 二硝基苯肼反应生成：______，常用来鉴别醛、酮。<br>2. 具有 ______ 结构的酮或乙醛，以及 ______ 的醇可以与碘的氢氧化钠溶液反应生成：______ 色的 __________。<br>3. 醛与酮被弱氧化剂氧化的差异性，用于区别醛和酮。 |

3. 羧酸的基本知识

| 项目 | 内容 |
|---|---|
| 羧酸 | 结构通式：__________，官能团：__________。 |
| 羟基酸 | 官能团有：________ 和 ________。常见的羟基酸有：__________。 |
| 酮酸 | 官能团有：________ 和 ________。常见的酮酸有：__________。 |
| 重要名词 | 酯化反应：______________________________。<br>脱羧反应：______________________________。 |
| 重要应用 | 羧酸的酸性比碳酸强，并能使蓝色石蕊试纸变 _________ 色。<br>甲酸分子结构中有 _____ 和 _____ 基团，因此具有 ______ 的性质和 ______ 的性质。 |

## 二、复习与提高

### （一）指出下列物质的官能团名称，并用系统法命名

（1）OH<br>HO OH（苯环）

（2）OH<br>$CH_3$（苯环）

（3）（苯环）$—O—CH_3$

（4）$CH_2—OH$<br>$CH—OH$<br>$CH_3$

（5）$CH_3CH_2—O—CH_2CH_2CH_3$

（6）$CH_3CH(CH_3)CH(CH_3)CH_2OH$

（7）（苯环）CHO<br>$CH_3$

（8）$CH_3—C(CH_3)_2—CH_2—CH_2—C(=O)—CH_3$

（9）（苯环）$CH_2—C(=O)—CH_3$

（10）$CH_3—CH_2—C(=O)—CH_3$

（11）$CH_3—C(CH_3)_2—CH_2—CH_2—CHO$

（12）（苯环）$CH_2COOH$

（13）COOH<br>$CH_2$<br>COOH

（14）$CH_3—C(=O)—COOH$

（15）$CH_3—CH(OH)—COOH$

### （二）写出下列化合物的结构式

1. 甲醇
2. 乙醇
3. 苯甲醇
4. 2, 3- 二甲基 -2- 丁醇
5. 2- 苯基 -3- 甲基丁醇
6. 乙醛
7. 3- 甲基 -2- 戊酮
8. 苯甲醛
9. 丙酮
10. 甲酸
11. 草酸
12. 乙酸

### （三）填空题

1. 乙醇俗称 _______，它与 _______ 互为同分异构体。
2. 丙三醇俗称 _______，它能和 _______ 作用生成 _______ 色的甘油铜，此反应可用于区别 _______ 和 _______。

3. 临床上用于外用消毒的酒精浓度为 ______，用于高热患者擦浴的浓度为 ______。

4. 苯酚俗称 ________。苯酚钠溶液中通入 $CO_2$ 气体，变浑浊的化学方程 ____________，这一反应说明苯酚的酸性较碳酸 _______（填强或弱）。

5. 用 $FeCl_3$ 一种试剂可以把苯酚、乙醇、氢氧化钠、硫氰化钾 4 种物质区别开来，其反应现象分别是① ________ ② ________ ③ ________ ④ ________。

6. 饱和一元醇分子内脱水生成 ______，分子间脱水生成 ______。

7. 苯酚遇溴水出现 ______ 现象。这一反应属于 ______ 反应类型，可用于 ________。

8. 苯二酚一共有 ______ 种同分异构体。其中俗名儿茶酚的是 ______，俗名雷锁辛的是 ______，俗名氢醌的是 ______。

9. 在催化剂铂、钯和镍的存在下，醛可以加氢还原生成 ______，酮可以加氢还原生成 ______。

10. 托伦试剂的主要成分是 ______，费林试剂的主要成分是 ______。

11. 乙醛和丙酮溶液中分别加入下列溶液，请填写下列表格：

| 试剂名称 | 反应物质 | 不反应物质 | 反应现象 |
| --- | --- | --- | --- |
| 托伦试剂 | | | |
| 费林试剂 | | | |
| 席夫试剂 | | | |
| 亚硝酰铁氰化钠和氨水 | | | |

12. 福尔马林是指质量分数为 ______ 的 ______；三氯乙醛与水加成后得到 ________，俗称 ________；苦杏仁精中含有 ________。

13. 临床上检查糖尿病患者尿液中的丙酮，可向其中滴加 __________ 和氢氧化钠溶液，若出现 ______ 色，表明有丙酮。戊二醛是新型的化学消毒剂，具有 ______ 杀菌作用，它的结构简式为 ______________。

14. 可以发生碘仿反应的醛有 ______，可以发生碘仿反应的酮必须具有 ______ 结构；具有 ______ 结构的醇，也可以发生碘仿反应。

15. 按酸性强弱分类，羧酸一般为 ______ 酸，但比 ______ 酸性强，利用 ______ 可以鉴别羧酸和酚。

16. 乙酸和乙醇在浓硫酸催化下加热生成 ______ 和 ______，此反应称为酯化反应。

17. 羧酸脱去 ______ 放出 ______ 反应称为脱羧反应。二元羧酸对热比较敏感，易脱羧。草酸脱羧生成 ______ 和 ______。

18. 甲酸既有 ______ 性又有 ______ 性，因为甲酸分子中含有 ______ 基和 ______ 基。

19. 甲酸的酸性比其他饱和一元羧酸 ______，并能发生银镜反应，能使高锰酸钾溶液 ______，这些反应常用来鉴别甲酸。

20. $CH_3-\overset{O}{\overset{\|}{C}}-$、$-\overset{O}{\overset{\|}{C}}-OH$、$-\overset{O}{\overset{\|}{C}}-$、—H、—OH 相互结合，可组成不同的化合物，其名称是 ______、______、______、______、______、______ 和 ______。

21. 苯甲酸是最简单的 ______ 酸。最简单的一元脂肪酸是 ______ 酸。最简单的二元羧酸是 __________ 酸。

22. 医学上把 ______、______、______ 合称为酮体。血液中酮体含量增高，将会使血液中酸性增强，而有引发 _______ 中毒的可能。

23. 乳酸的结构式是 ______，在一定条件下可以被氧化为酮酸 ______，后者在一定条件下可以被 ______ 为乳酸。

24. ______ 可作为禁盐患者的食盐代用品；柠檬酸分子中含有 ______ 个羧基，是糖等能量代谢中三羧酸循环的第 ______ 个产物；水杨酸的结构式是 ______，它与 $FeCl_3$ 溶液作用生成 ______ 色的物质。阿司匹林是 ______ 基与水杨酸苯环上的 ______ 基结合的产物，有解热、镇痛和抗风湿的作用。

**（四）完成下列化学反应式，并指出反应类型**

（1）$2CH_3—CH_2—OH + 2Na \longrightarrow$

反应类型________________

（2）$\underset{H}{\overset{CH_2}{|}}—\underset{OH}{\overset{CH_2}{|}} \xrightarrow[170℃]{H_2SO_4}$

反应类型________________

（3）$C_6H_5—ONa + H_2O + CO_2 \longrightarrow$

反应类型________________

（4）$C_6H_5—OH + 3Br_2 \longrightarrow$

反应类型________________

（5）$CH_3—CH_2—\overset{O}{\overset{\|}{C}}—H + H_2 \xrightarrow{Pt}$

反应类型________________

（6）$CH_3—\overset{O}{\overset{\|}{C}}—CH_3 + H_2 \xrightarrow{Pt}$

反应类型________________

（7）$CH_3—CH_2—\overset{O}{\overset{\|}{C}}—H + HO—CH_2—CH_3 \xrightarrow{干燥HCl}$

反应类型________________

（8）$CH_3—COOH + NaOH \longrightarrow$

反应类型________________

（9）$\underset{COOH}{\overset{COOH}{|}} \xrightarrow{\triangle} HCOOH +$

反应类型________________

（10）$CH_3—\overset{O}{\overset{\|}{C}}—OH + HO—CH_3 \underset{\triangle}{\overset{浓H_2SO_4}{\rightleftharpoons}}$

反应类型________________

（11）$CH_3—\overset{O}{\overset{\|}{C}}—O—CH_2CH_3 \overset{H^+}{\rightleftharpoons}$

反应类型________________

**（五）用化学方法区别下列有机化合物**

1. 乙烷、乙醇、苯酚　2. 丙三醇、苯酚、乙醚
3. 丙醛、丙酮　4. 乙醛、苯甲醛
5. 乙醇、乙酸　6. 甲酸、乙酸

**（六）简答题**

1. 写出甲酚的 3 种同分异构体，并用系统命名法进行命名。
2. 酒精、乙醚都是有机化合物，根据它们的化学通性，说明为什么要避火保存？

## 三、探索与进步

以小组为单位，查找资料，撰写研究小论文：

1. 某急性痉挛性肾绞痛患者，医嘱：葡萄糖加“间苯三酚”（斯帕丰）滴注。医生说，间苯三酚可以解除平滑肌痉挛，特点是不会产生一系列抗胆碱副作用，间苯三酚不会引起低血压、心率加快、心律失常等症状，对心血管功能没有影响。

思考与讨论：什么是酚类化合物？间苯三酚的化学结构是怎样的？根据结构判断其化学性质。

2. 硝酸甘油化学及其应用。提纲：硝酸甘油的结构、硝酸甘油的合成、硝酸甘油在军事和医疗中的作用，硝酸甘油与诺贝尔奖；对硝酸甘油的发现与应用的感想。
3. “戊二醛消毒剂简介”，主要提纲：戊二醛化学、理化性质，戊二醛消毒剂的产品指标、保存和使用方法。
4. “苯甲酸及其应用”。主要提纲：苯甲酸化学、苯甲酸在食品和药品中的应用、苯甲酸对人民生活的益处和危害。

（马万军　冯　姣　黄佳琳）

# 第 5 章
# 有机化学的立体异构

学习目标

知识目标：掌握顺反异构、对映异构的概念和产生条件；了解偏振光及对映异构体产生旋光作用的现象。

能力目标：能够对顺、反构型的物质进行命名，对对映异构体进行 D/L 构型判断；熟练 WZZ-2B 自动指示旋光仪使用方法。

素质目标：了解立体异构在医学和药物检测中的作用。

有机化学中的同分异构现象可分为两大类：构造异构（结构异构）和立体异构。**构造异构**是指分子式相同，而分子中原子排列顺序不同所引起的一类异构现象。**立体异构**是指分子构造（即分子中原子相互连接的方式和次序）相同，但分子中的原子或原子团在空间的排列方式不同而引起的异构现象。本章主要讨论立体异构中的顺反异构和对映异构。

## 第 1 节　顺反异构现象

### 一、顺反异构

案例 5-1

顺 - 丁烯二酸又名马来酸，可与氯苯那敏成盐，得到的马来酸氯苯那敏是常用的抗组胺药。但顺 - 丁烯二酸不是核准的食品添加剂，美国只允许将其用作化妆品中的酸碱调和剂。反 - 丁烯二酸又名延胡索酸或富马酸，最早在延胡索中发现。主要用于制造合成树脂、松香脂、药物及染色助剂，还可用作食品防腐剂、酸味剂、膨松剂，并可代替柠檬酸、酒石酸用于饮料、水果糖、果冻、冰淇淋等。

问题：马来酸、延胡索酸的结构式是怎样的？

观察表 5-1 中 2- 丁烯的球棍模型，填写其分子式、结构简式等。

表 5-1　2- 丁烯的顺反异构

| 项目 | 顺 -2- 丁烯 | 反 -2- 丁烯 |
| --- | --- | --- |
| 分子式 | | |

续表

| 项目 | 顺-2-丁烯 | 反-2-丁烯 |
| --- | --- | --- |
| 结构简式 | | |
| 球棍模型 | 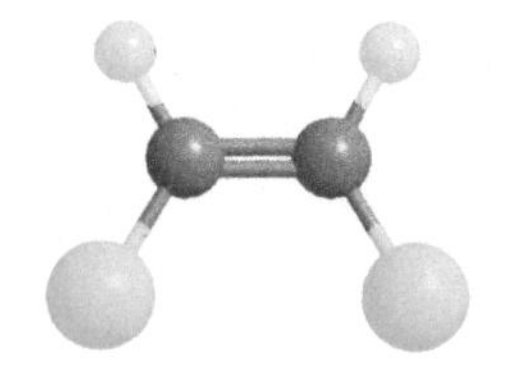 | 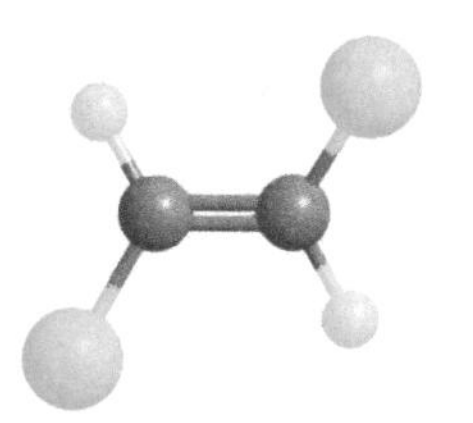 |
| 与球棍模型相一致的结构式（顺反异构） | | |
| 结论（提示：按同分异构体定义思考） | | |

2-丁烯的两个甲基（或两个氢原子）被固定在双键的同侧或异侧，因而具有两种空间排列方式：

$$\underset{CH_3}{\overset{H}{\diagdown}}C{=}C\underset{CH_3}{\overset{H}{\diagup}}$$

顺式结构

$$\underset{CH_3}{\overset{H}{\diagdown}}C{=}C\underset{H}{\overset{CH_3}{\diagup}}$$

反式结构

观察上述两种结构发现，由于双键不能自由旋转，所以当双键两端的碳原子上各连有两个不同的原子或基团时，就会出现两种不同的空间排列方式。像这种分子式相同，原子或基团的排列顺序也相同，但分子中原子或基团在空间的排列不同的立体异构称为**顺反异构**。通常将相同的原子或基团排在双键同侧称为**顺式构型**；相同的原子或基团排在双键异侧的称为**反式构型**。例如：

顺式 $\underset{b}{\overset{a}{\diagdown}}C{=}C\underset{b}{\overset{a}{\diagup}}$ 或 $\underset{b}{\overset{a}{\diagdown}}C{=}C\underset{d}{\overset{a}{\diagup}}$

反式 $\underset{b}{\overset{a}{\diagdown}}C{=}C\underset{a}{\overset{b}{\diagup}}$ 或 $\underset{b}{\overset{a}{\diagdown}}C{=}C\underset{a}{\overset{d}{\diagup}}$

## 二、顺反异构命名

对于简单顺反异构体的命名，一般根据其构型，在系统命名的名称前加“顺”或“反”字，表示该物质的顺、反特性。例如，2-丁烯的顺反异构表示为

$$\underset{CH_3}{\overset{H}{\diagdown}}C{=}C\underset{CH_3}{\overset{H}{\diagup}}$$

顺-2-丁烯

$$\underset{CH_3}{\overset{H}{\diagdown}}C{=}C\underset{H}{\overset{CH_3}{\diagup}}$$

反-2-丁烯

2-丁烯酸（又名巴豆酸）的顺反异构表示为

$H$ \ / $H$　　$C=C$　　$CH_3$ / \ $COOH$

顺-2-丁烯酸
（顺式巴豆酸）

$H$ \ / $COOH$　　$C=C$　　$CH_3$ / \ $H$

反-2-丁烯酸
（反式巴豆酸）

**链 接　*Z*、*E* 标记顺反异构**

当碳碳双键上连有 4 个完全不相同基团时，就不能用“顺”、“反”来表示构型，在国际上采用 *Z*、*E* 来标记顺反异构体的构型。首先根据次序规则确定每一个双键碳原子所连的 2 个原子或基团的大小（基团的次序规则：先比较原子序数，原子序数大的基团大于原子序数小的基团，如果相同则看与其连接的下一个原子，直到可以比较出为止），然后根据原子或基团的大小按次序进行排列，当两个大基团位于双键的同侧时，用 *Z* 表示，当两个大基团位于双键异侧时，用 *E* 表示。若基团大小次序为：a ＞ b；e ＞ d 则构型如下：

e \ / a　　C=C　　d / \ b

*Z* 型

d \ / a　　C=C　　e / \ b

*E* 型

## 三、顺反异构产生条件

烯烃和其他含有双键的化合物常有顺反异构现象，但并不是所有的烯烃或其他含有双键的化合物都有这种异构。只有在双键相连的每一个碳原子上分别连有两个不同的原子或基团时才有顺反异构现象。例如，下面两种化合物均存在顺反异构现象。

$CH_3$ \ / $H$　　$C=C$　　$H$ / \ $CH_2CH_3$

$H$ \ / $H$　　$C=C$　　$Cl$ / \ $CH_3$

如果同一双键碳上连接有相同的原子或基团，则没有顺反异构现象。例如，下面两种化合物均无顺反异构现象。

$H$ \ / $CH_3$　　$C=C$　　$H$ / \ $CH_2CH_3$

$H$ \ / $CH_3$　　$C=C$　　$Cl$ / \ $CH_3$

通常情况下，顺反异构体之间具有相同的化学性质，但其物理性质如熔点、沸点、密度等有一定差异。

此外，由于顺反异构体在生物体内的生物活性不同，其生理活性或药理作用上往往表现出较大差异。这种差异有时表现在类型上，有时表现在强度上，因而在医药上具有重要意义。例如，顺式巴豆酸味辛辣，而反式巴豆酸味甜；顺式丁烯二酸有毒，而反式丁烯二酸无毒；治疗贫血的药物——富血铁（富酸铁）为反式丁烯二酸铁；反式己烯雌酚生理活性大，顺式构型生理活性则很低；维生素 A 分子中的 4 个双键全部为反式，如果其中出现顺式构型则生理活性大大降低。

# 第 2 节　对映异构现象

对映异构是另一类型的立体异构，其与物质的旋光性有关，而物质的旋光性与生理、病理、药理现象有着密切的关系。

**案例 5-2**

分子的旋光性最早由 19 世纪的法国科学家巴斯德发现。他发现酒石酸的结晶有两种镜像相对的结晶型，配成溶液时会使光向相反的方向旋转，因而确定分子有右旋与左旋的不同结构。自然界中有许多旋光性物质。例如，肌肉运动和糖发酵产生的乳酸，其分子式均为 $C_3H_6O_3$，但两者使偏振光振动平面旋转的方向刚好相反。德国科学家威利森努斯利用 10 年的时间证实了肌肉运动和糖发酵产生的乳酸分子式和结构式相同，均为 2- 羟基丙酸，不过，从肌肉中取得的乳酸是右旋乳酸，而从糖发酵得到的乳酸是左旋乳酸。

问题：1. 将自己的两只手相对，观察两只手的镜像关系，试一试能否将两只手重合？

2. 肌肉运动产生的乳酸与糖发酵产生的乳酸，两者的旋光性有何不同？说明它们的分子间是否存在立体异构？

## 一、旋　光　性

光是一种电磁波，且为横波。当其通过一个偏振的透镜或尼科耳棱镜时，一部分光就被挡住了，只有振动方向与棱镜晶轴平行的光才能通过。这种只在一个平面上振动的光称为**平面偏振光**，简称**偏振光**。偏振光的振动平面称为**偏振面**，如图 5-1 所示。

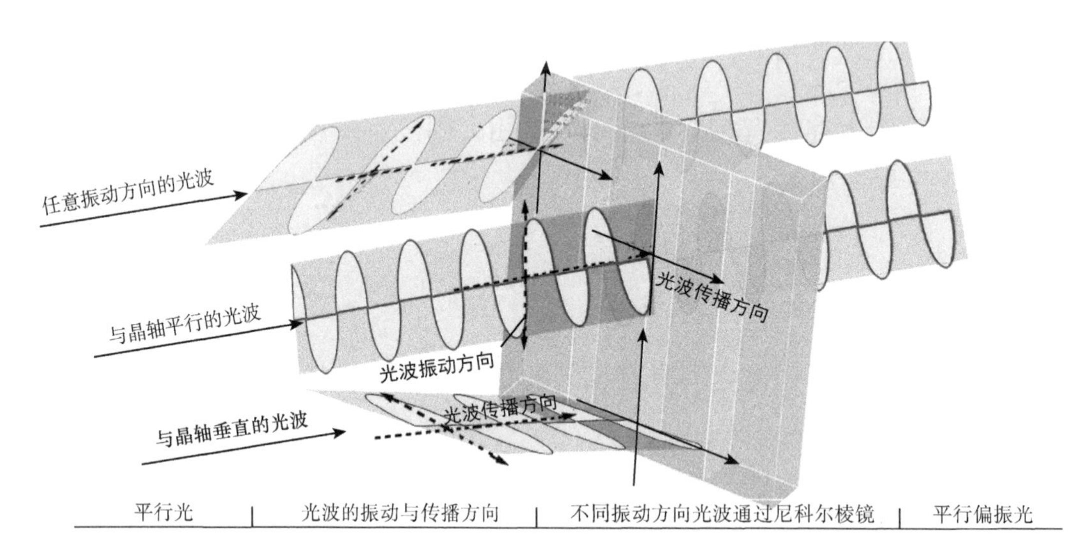


图 5-1　偏振光的产生过程

当平面偏振光通过旋光性化合物溶液后，其偏振面发生改变，这种现象称为**旋光现象**。偏振面旋转的角度称为**旋光度**，用 $\alpha$ 表示。能使偏振面旋转一定角度的性能称为**旋光性**，如图 5-2 所示。

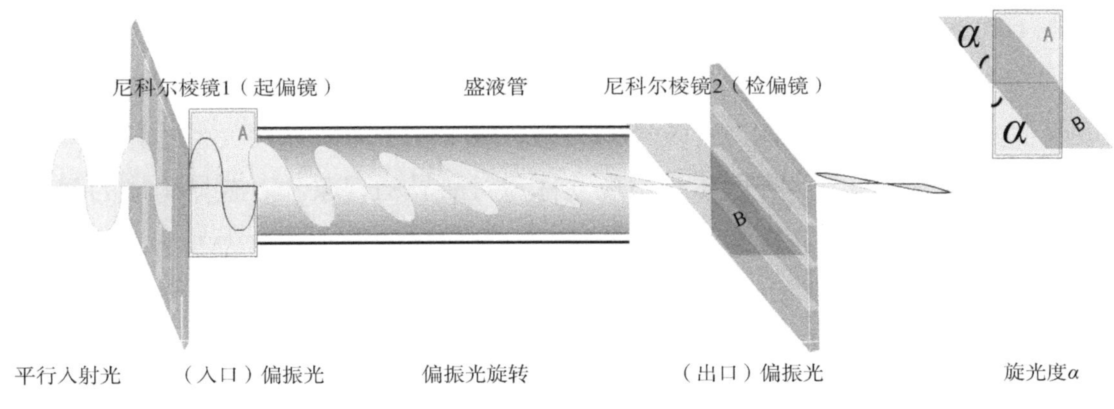


图 5-2　旋光现象与旋光测量原理

由此，可以把化合物分成两类：一类是不能使偏振光振动平面旋转的物质，无旋光性，称为**非旋光性物质**，如水、乙醇、丙酮、甘油及氯化钠等；另一类是能使偏振光振动平面旋转一定角度的物质，它们具有旋光性，称为**旋光性物质**，如乳酸、葡萄糖等。能使偏振光的振动平面按顺时针方向旋转的旋光性物质称为**右旋物质**（或右旋体），用（+）表示，如右旋葡萄糖用（+）- 葡萄糖表示；同理，能使偏振光的振动平面按逆时针方向旋转的旋光性物质称为**左旋物质**（或左旋体），用（–）表示，如左旋葡萄糖用（–）-葡萄糖表示。

**链 接**　旋光度测定法测量药物浓度

旋光度测定法测量药物的浓度，是利用药物与杂质旋光性质的差异，通过测定旋光度或比旋光度控制具有旋光性物质的浓度限量。例如，硫酸阿托品为内消旋体，无旋光性，而莨菪碱为左旋体。《中华人民共和国药典》（2020 年版）规定，供试品（硫酸阿托品）溶液（50mg/ml）的旋光度不得超过 –0.40°，以此控制样品中莨菪碱的量。具体操作见“实训 5 葡萄糖的旋光度测定”。

## 二、对映异构

### （一）对映异构现象

观察图 5-3 乳酸的两种分子模型，右旋乳酸和左旋乳酸分子式相同（$C_3H_6O_3$），结构式也相同，但两者不能完全重合，且呈现镜像关系，因而空间构型不同。

图 5-3 中，透视式中粗实线连接的原子或基团表示在纸面的前方，用虚线连接的原子或基团表示在纸面的后方，中间竖线代表镜子。

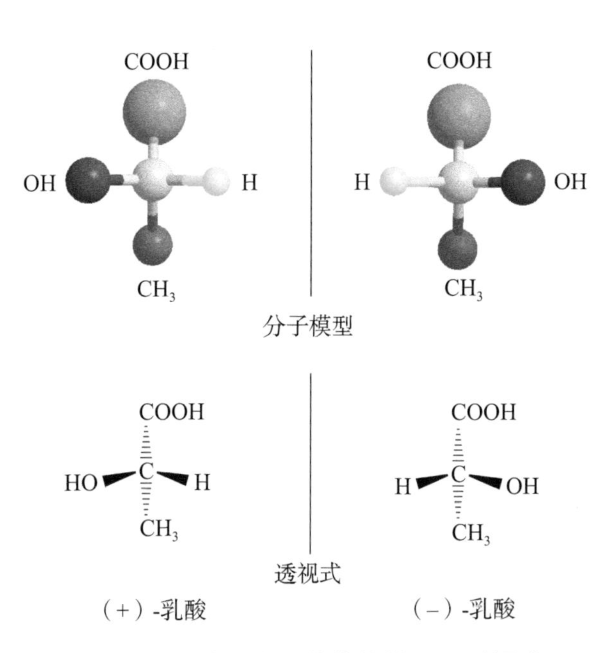


图 5-3　乳酸对映异构体的模型及透视式

观察上述分子模型，右旋乳酸与左旋乳酸分子结构的关系有如实物与其镜像的关系，两者不能重合。（+）-乳酸与（−）-乳酸的构造式相同而构型不同，所以属于立体异构中的构型异构。像这样具有相同的分子构造，但构成分子的原子或基团在空间的排列互为实物和镜像关系的，称为对映异构关系。两个互为对映异构关系的异构体称为对映异构体，简称对映体。这种立体异构现象称为对映异构现象。对映异构体的两种结构物质，是使偏振光左旋或右旋的原因。等量对映异构体的混合物称为外消旋体，通常用“（±）”表示。外消旋体无旋光性，外消旋体与其左、右旋体的化学性质基本相同，但在物理性质上有一定差异。

### （二）手性分子和手性碳原子

分子结构与其镜像不能完全重叠，它们之间的关系相当于左手与右手的关系，把这种特征称为**手性**。具有手性的分子称为**手性分子**，只有手性分子才有对映异构体，因此只有手性分子才具有旋光性，即手性分子的两种对映异构体能使平行偏振光左旋或者右旋。能够与其镜像重合的分子，称为**非手性分子**，非手性分子没有旋光性。

常见的手性分子一般含有**手性碳原子**，即指连有 4 个不同原子或基团的碳原子，常以“*”标示。例如，乳酸分子中只有 $C_2$ 是手性碳原子。

$$
\begin{array}{c}
\mathrm{H} \\
| \\
\mathrm{CH_3}-\overset{*}{\mathrm{C}}-\mathrm{COOH} \\
| \\
\mathrm{OH}
\end{array}
$$

甘油醛分子中也只有 1 个手性碳原子：

$$
\begin{array}{c}
\mathrm{CHO} \\
| \\
\mathrm{H}-\overset{*}{\mathrm{C}}-\mathrm{OH} \\
| \\
\mathrm{CH_2OH}
\end{array}
$$

含 1 个手性碳原子的化合物分子必然是手性分子，其对映异构体具有旋光性。含多个手性碳原子的分子情况比较复杂，在此不作介绍。

**链接** 麻黄之碱——中华民族医药瑰宝

麻黄收录于《中国药典》，因《本草纲目》说：“其味麻，其色黄”而得名。麻黄有“发汗散寒，宣肺平喘，利水消肿”的功效。1923 年，药理学家陈克恢教授与同事施密特合作，从麻黄中提取到一种生物碱结晶，即左旋麻黄碱，并研究出麻黄碱有拟交感神经作用；他的助手冯志东继续深入研究，提取了麻黄碱和右旋伪麻黄碱。1926 年麻黄碱被推向市场，自此，麻黄成为治疗支气管哮喘及预防支气管痉挛的经典药物，而今，伪麻黄碱成为新康泰克等感冒药物的主要成分之一，可以迅速缓解感冒时的鼻塞、流鼻涕和打喷嚏等症状。麻黄碱是中华民族送给世界人民的医药瑰宝。

## 三、费歇尔投影式

对映异构体在结构上的区别仅在于原子或基团的空间排布方式不同，用平面结构式无法表示。为了更直观、更简便地表示分子的立体空间结构，1891 年德国化学家费歇尔提出了表示方法。该方法是将球棍模型按一定的方式放置，然后将其投影到平面上，即得到 1 个平面的式子，这种式子称为**费歇尔投影式**。投影方法是：将立体模型所代表的主链竖起来，编号小的碳原子写在竖线的上端，得到相交叉的两条实线连有 4 个原子或基团。竖线连的 2 个基团指向后方，其余 2 个与手性碳原子连接的横键就指向前方观察者。按此法进行投影，即可写出投影式。例如，乳酸的对映异构体投影方法如图 5-4 所示。

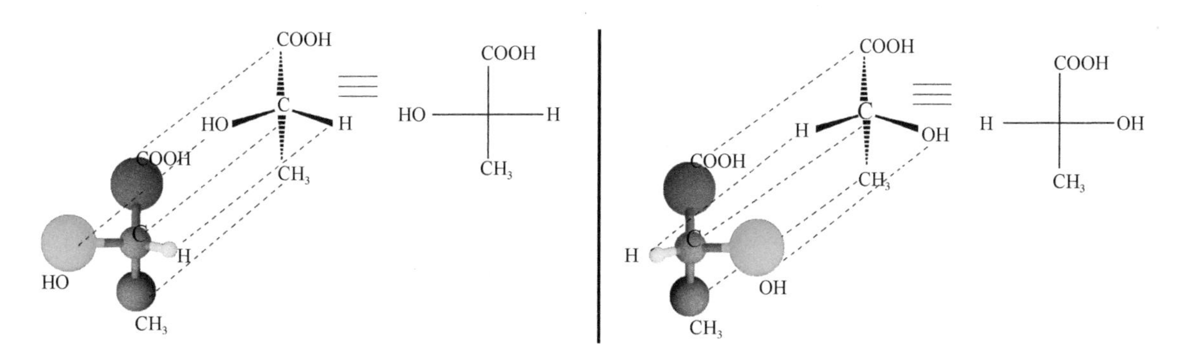


图 5-4　乳酸对映异构体的模型及费歇尔投影式

费歇尔投影式有以下含义。

（1）横线与竖线的“+”字交叉点代表手性碳原子。

（2）横线上连接的原子或基团代表的是透视式中位于纸面前方的原子或基团。

（3）竖线上连接的原子或基团代表的是透视式中位于纸面后方的原子或基团。

## 四、*D*/*L* 构型标记法

一对对映异构体具有不同的构型，常用 *D*/*L* 构型进行标示。将甘油醛作为其他旋光性物质构型的比较标准，并人为规定，在费歇尔投影式中，手性碳上的羟基排在横键右端的为 *D* 构型，手性碳原子上的羟基排在横键左端的为 *L* 构型。这样确定出来的构型称为相对构型。甘油醛的两种构型为

| CHO<br>H—+—OH<br>$CH_2OH$<br>*D*-甘油醛 | CHO<br>HO—+—H<br>$CH_2OH$<br>*L*-甘油醛 |
|---|---|

同理，乳酸的两种构型也可表示为

| COOH<br>H—+—OH<br>$CH_3$<br>*D*-乳酸 | COOH<br>HO—+—H<br>$CH_3$<br>*L*-乳酸 |
|---|---|

一些化合物如糖类及 α- 氨基酸的构型常用 *D*/*L* 构型表示法标记。需注意，物质的构型与旋光性之间没有必然的联系，物质的旋光性必须通过实验测定。

1970 年，国际纯粹与应用化学联合会（IUPAC）提出以 *R*、*S* 来标记手性化合物的构型。其方法是：按照基团的次序规则，对手性碳上连接的四个不同的原子或原子团，按优先次序由大到小排列为 a > b > c > d，将最小的 d 摆在离观察者最远的位置，绕 a → b → c 划圆，如果为顺时针方向，则该手性碳为 *R* 构型；如果为逆时针方向，则该手性碳为 *S* 构型。

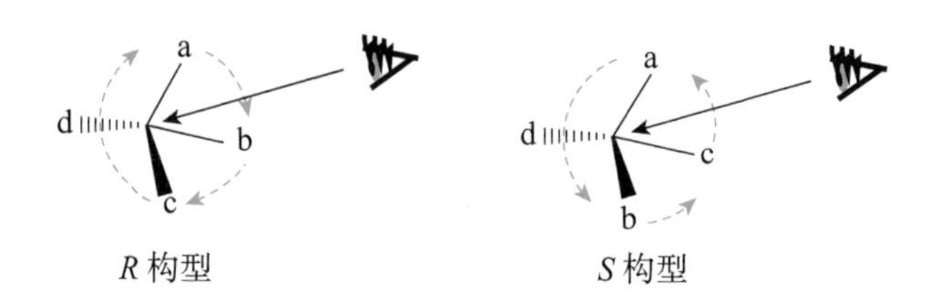


*R* 构型　　*S* 构型

## 五、对映异构在医学中的应用

通常情况下，对映异构体之间的化学性质基本相同，而物理性质除了旋光方向相反外，熔点、沸点、溶解度等都相同。

由于旋光性物质的左旋体、右旋体有着不同的药理作用，所以在临床医学上的应用也不同。例如，作为血浆代用品的葡萄糖酐一定要用右旋糖酐，因为其左旋糖酐会给患者带来较大的危害；右旋的维生素 C 具有抗坏血病作用，而其对映异构体无抗坏血病作用；左旋肾上腺素的升高血压作用是右旋肾上腺素的 20 倍；左旋氯霉素是抗生素，但右旋氯霉素几乎无抗生素作用；右旋四咪唑为抗抑郁药，其左旋四咪唑则是治疗癌症的辅助药物；右旋苯丙胺是精神兴奋药，其左旋苯丙胺则具抑制食欲作用；多巴［2- 氨基 -3-（3, 4- 二羟基）苯基丙酸］的右旋体无生物活性，而左旋体可被用来治疗帕金森综合征。

链 接 “反应停”事件——敲响手性药物安全警钟

1957 年，一款名为沙利度胺（商品名：反应停）的新药开售，用于治疗妊娠恶心、呕吐等症状。因其疗效显著，当时无数欧洲受孕妇女服用了该药，但随后产下的新生儿上肢、下肢特别短小，手脚直接连接在身体上，其形状酷似“海豹”，被称作“海豹畸形儿”。经研究发现，悲剧的发生竟与药物“反应停”有关！

沙利度胺分子中含有一个手性碳原子，存在一对对映异构体，这两种构型都有镇静作用，但 *S*- 沙利度胺会干扰胎儿发育，造成畸形，而 *R*- 沙利度胺无此副作用。“海豹畸形儿”就是没有将这一对对映异构体分离开而导致的悲剧。

“反应停”使人们认识到了手性药物在生物活性上的两面性，也给世人敲响了必须重视药品安全性的警钟，这深刻的历史教训要求药物研发和临床试验过程中需要保持科学、规范、严谨的态度，才能够最大程度地避免类似事件的出现。

*R*-沙利度胺（镇静剂）　　*S*-沙利度胺（致畸形剂）

沙利度胺的两个对映异构体

# 自 测 题

## 一、回顾与总结

| 项目 | 内容 |
| --- | --- |
| 顺反异构的定义 | 两者分子式 ______，原子或基团的排列顺序 ______，但分子中原子或基团 ______ 的立体异构称为顺反异构。通常将相同的原子或基团排在双键同侧称为 ________；相同的原子或基团排在双键异侧的称为 ______________________________。 |
| 顺反异构的产生条件 | 有顺反异构体的烯烃必须是双键的每一个双键碳原子上分别连有两个 ______________ ______ 的原子或基团；如果同一双键碳上连有 ______ 的原子或基团，则没有顺反异构现象。 |
| 对映异构体的特点 | 一对对映体的分子具有相同的 ______，但构成分子的原子或基团在空间的排列互为 ______ 和 ______ 的关系。 |
| 对映异构体产生条件 | 具有 ______ 的分子称为手性分子，手性分子具有对映异构体，因此具有 ______，即手性分子的两种对映异构体能使偏振光 ______。 |
| 费歇尔投影式 | 为更直观、简便地表示分子的立体空间结构，可用 ______ 表示。 |
| *D*/*L* 构型标记法 | 一对对映体具有不同的构型，常用 ______ 构型进行标示。手性碳上的羟基排在横键右端的为 ______ 构型，手性碳上的羟基排在横键左端的为 ______ 构型。 |
| 对映异构对药效的影响 | 对映异构体之间的化学性质 ______，物理性质除了 ______ 相反外，熔点、沸点、溶解度等相同。由于旋光性物质的左、右旋体有着不同的生理作用，其在临床医学上的应用也不同。 |

## 二、复习与提高

### （一）选择题

1. 下列烯烃中存在顺反异构体的是（　　）

A. 丙烯　　B. 2- 甲基 -2- 丁烯

C. 1- 丁烯　　D. 2- 戊烯

2. 在下列化合物，具有顺反异构体的是（　　）

A. $CH_3CH{=\!=}CH_2$

B. $CH_3CH{=\!=}C(CH_3)_2$

C. $(C_2H_5)_2C{=\!=}C(CH_3)_2$

D. $CH_3CH{=\!=}CHCH_3$

3. 同为顺反异构体的两个物质，其（　　）

A. 物理性质相同

B. 药理作用相同

C. 化学性质基本相同

D. 空间结构相同

4. 下列化合物中属于顺式结构是（　　）

A. $H$、$CH_3$（左）$C=C$ $CH_3$、$CH_2CH_3$（右）

B. $H_3C$、$CH_3$（左）$C=C$ $H$、$CH_2CH_3$（右）

C. $Cl$、$CH_3$（左）$C=C$ $Cl$、$CH_2CH_3$（右）

D. $CH_3$、$Cl$（左）$C=C$ $Cl$、$CH_2CH_3$（右）

5. 下列构型属于 *L* 构型的是（　　）

A. 上 CHO，左 H，右 OH，下 $CH_3$　　B. 上 COOH，左 HO，右 H，下 $CH_3$

C. 上 CHO，左 H，右 Cl，下 $CH_3$　　D. 上 COOH，左 H，右 Cl，下 $CH_3$

（二）判断题

1. 下列哪个化合物有顺反异构体？若有，试写出其两种异构体。

1）$CH_2{=}C(CH_3)_2$

2）$CH_3CH{=}CHBr$

3）$CH_3CH{=}CHCH_2CH_3$

4）$CH_3CH{=}CHCH_3$

2. 下列化合物中有无手性碳原子，若有，请写出结构式并用 * 注明。

1）异丁烷

2）异丁醇

3）2- 甲基丙酸

4）$CH_3—CH_2—CH(Cl)—CH_3$

5）$CH_3—C(CH_3)(Cl)—CH_3$

6）$CH_3—CH(NH_2)—COOH$

（三）命名

1. 用顺反异构命名法给下列化合物进行命名。

（1）$H_3C$、$COOH$（左）$C=C$ $H$、$CH_3$（右）

（2）$H$、$CH_3(CH_2)_7$（左）$C=C$ $(CH_2)_7COOH$、$H$（右）

2. 写出下列对映异构体的费歇尔投影式，并用 *D*、*L* 构型标记法表示。

（1）2- 羟基丙酸

（2）2- 溴 -1- 丁醇

（3）2- 氯丁烷

（四）问答题

酸奶是现代人生活中常见的食品。酸奶中的乳酸是外消旋乳酸（纯左旋乳酸和纯右旋乳酸等量混合物），人体肌肉中的乳酸是右旋乳酸，由葡萄糖经乳酸杆菌发酵而产生的乳酸是左旋乳酸。请写出乳酸的两种对映异构体的投影式，并分别用 *D*/*L* 标记法命名。

三、探索与进步

1. 以小组为单位，查阅资料，开展下列项目研究，并撰写小论文：人造奶油与顺反异构。主要提纲：人造奶油来源、化学成分（顺反异构体）、主要生理作用。

2. 以小组为单位，查阅相关资料，了解麻黄碱的化学结构，手性碳原子与可能的物理性质，以及药理作用，小组团队间进行交流探讨。

（赖楚卉）

# 第 6 章 烃的含氮衍生物

学习目标

素质目标：了解胺类、酰胺类、季铵盐、季铵碱类化合物在生活和医学中的应用。

知识目标：辨识以上各化合物的官能团，进一步增强官能团结构决定有机化合物性质的意识，掌握该类物质的化学性质，书写相应的化学反应方程式。

能力目标：能够辨识伯、仲、叔胺，季铵盐和季铵碱，给简单的化合物命名；具备运用化学实验技能验证化学性质的能力。

含氮有机化合物又称烃的含氮衍生物，是分子中含有 C—N 键的有机化合物。这类化合物广泛存在于自然界。例如，叶绿素属于含氮杂环化合物，人工色素或颜料属于偶氮化合物，炸药三硝基甲苯（TNT）属于硝基化合物；临床上许多药物如盐酸普鲁卡因、对乙酰氨基酚等属于芳胺类化合物；生命体中的激素、维生素、神经传导递质、蛋白质、核酸等也都属于含氮有机化合物。本章着重讨论胺类、酰胺类化合物，它们在医药领域和化工行业中有着广泛的应用。

## 第 1 节　胺类有机化合物

### 一、胺的结构、分类和命名

案例 6-1

某镇精细化工厂增白剂车间，操作工刘某在打开原料苯胺容器桶时，有气体冲出，与其皮肤接触后立即用水冲洗，并送入医院；其出现发绀症状，被诊断为急性苯胺中毒。苯胺的结构如下图所示：

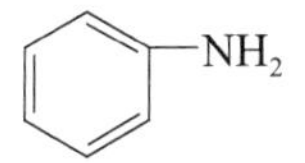


问题：1. 苯胺属于哪类有机化合物？它的官能团是什么？

2. 导致该事故发生的原因是什么？我们在使用苯胺的时候，要注意什么？

#### （一）胺的结构特征

观察表 6-1，氨气、甲胺、二甲胺、三甲胺分子的球棍式结构，根据球棍式结构写出它们的结构式或结构简式。

**表 6-1 氨气、甲胺、二甲胺、三甲胺分子的球棍式结构与分子结构式**

| 比较项 | 氨气 | 甲胺 | 二甲胺 | 三甲胺 |
| --- | --- | --- | --- | --- |
| 球棍结构模型 | 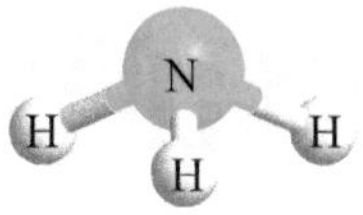 H N H H |  H N H $CH_3$ |  $CH_3$ N H $CH_3$ | 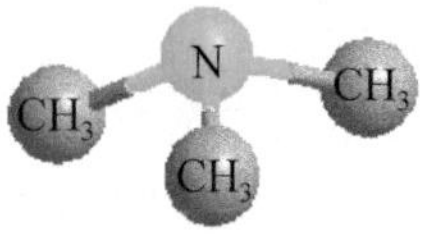 $CH_3$ N $CH_3$ $CH_3$ |
| 结构简式 | | | | |
| 分类 | 氨 | 伯胺 | 仲胺 | 叔胺 |
| 结构通式 | | | | |
| 官能团 | — | 氨基 | 亚氨基 | 次氨基 |
| 结论（胺的定义） | | | | |

通过观察上述球棍式结构，可以看出，胺是氨分子中的氢原子被烃基取代后所生成的一类化合物。

胺的结构通式有如下三种：

(Ar)R—$NH_2$　伯胺

(Ar)R—NH—R(Ar)　仲胺

(Ar)R—N(—R(Ar))—R(Ar)　叔胺

伯、仲、叔胺的官能团分别为氨基（—$NH_2$）、亚氨基（—NH—）、次氨基（—N(—)—）。许多药物的分子结构中都含有氨基或取代氨基。

### （二）胺的分类

根据氮原子上所连烃基的个数不同可分为伯胺、仲胺和叔胺三类。

**伯胺**：氮原子上连有一个烃基的胺，例如：

$CH_3$—$NH_2$　　$CH_3CH_2$—$NH_2$　　$C_6H_5$—$NH_2$

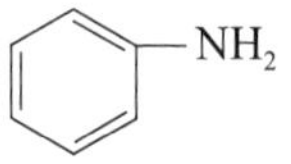

**仲胺**：氮原子上连有两个烃基的胺，例如：

$CH_3$—NH—$CH_3$　　$CH_3CH_2$—NH—$CH_2CH_3$　　$C_6H_5$—NH—$C_6H_5$

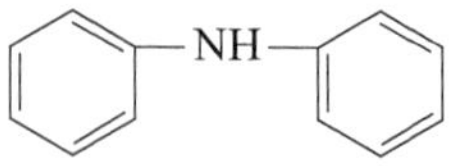

**叔胺**：氮原子上连有三个烃基的胺，例如：

$CH_3$—N($CH_3$)—$CH_3$　　$CH_3CH_2$—N($CH_2CH_3$)—$CH_2CH_3$　　$C_6H_5$—N($CH_3$)—$CH_3$

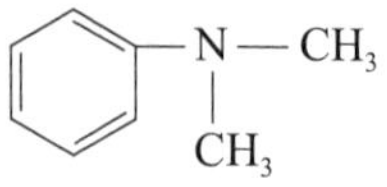

根据胺分子中氮原子所连烃基的种类不同可分为脂肪胺和芳香胺。

**脂肪胺**（R—$NH_2$）是氮原子直接与脂肪烃基相连的化合物，例如：

$CH_3—NH_2$　　$CH_3—NH_2—CH_2CH_3$　　$C_6H_5—CH_2—NH_2$

**芳香胺**（$Ar—NH_2$）是氮原子直接与芳香烃基相连的化合物，例如：

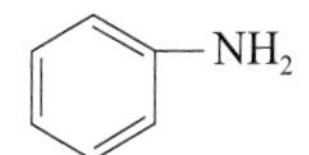

$C_6H_5—NH—C_6H_5$　　$C_6H_5—N(CH_3)—CH_3$

（三）胺的命名

1. 简单伯胺的命名　以胺为母体，烃基作为取代基，称为“某胺”。例如：

$CH_3—NH_2$　　$C_6H_5—CH_2NH_2$　　$C_6H_{11}—NH_2$

甲胺（脂肪伯胺）　　苯甲胺（芳香伯胺）　　环己胺（脂环胺）

2. 脂肪仲胺和叔胺的命名　以胺为母体，若烃基相同，先写出连在氮原子上相同烃基的数目和名称，再在烃基名称后面加“胺”字，称为“二某胺”或“三某胺”。若与氮原子相连的烃基不相同，则按“优先基团后列出”的原则排列烃基，称为“某某胺”或者“某某某胺”。例如：

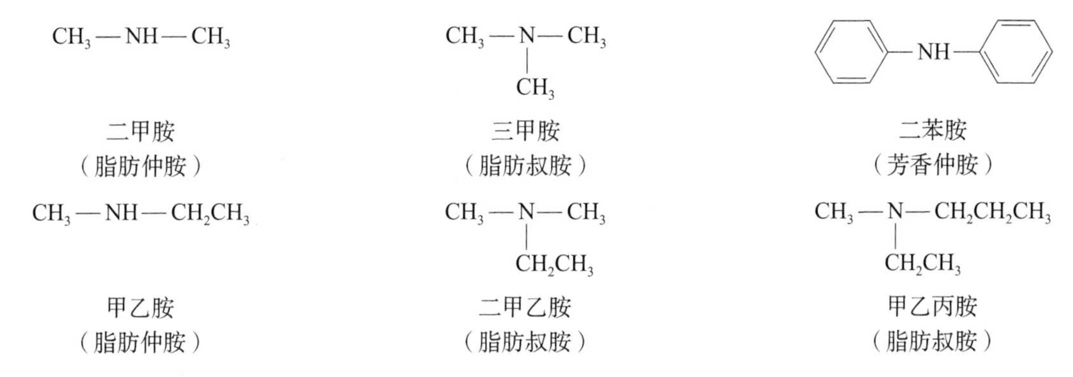

二甲胺（脂肪仲胺）　　三甲胺（脂肪叔胺）　　二苯胺（芳香仲胺）

甲乙胺（脂肪仲胺）　　二甲乙胺（脂肪叔胺）　　甲乙丙胺（脂肪叔胺）

3. 氮原子上连有脂肪烃基的芳香仲胺和叔胺的命名　在芳香胺中，如果氮原子上连有脂肪烃基时，命名时以芳香胺作为母体，烃基作为取代基并在烃基的名称前加符号“*N*-”或“*N*，*N*-”以表示烃基与氮相连。例如：

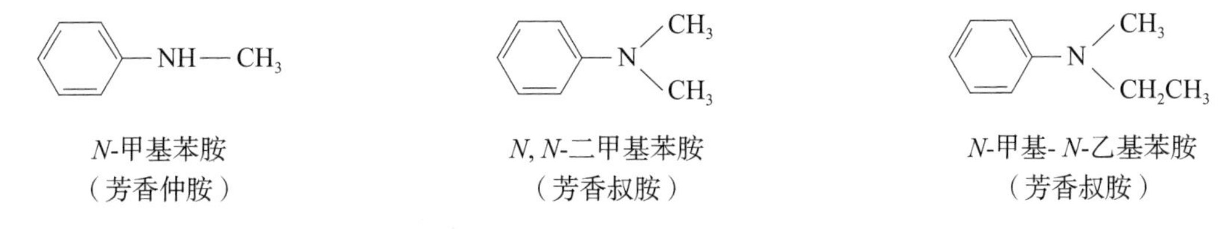

*N*-甲基苯胺（芳香仲胺）　　*N*, *N*-二甲基苯胺（芳香叔胺）　　*N*-甲基-*N*-乙基苯胺（芳香叔胺）

4. 复杂胺的命名　以烃为母体，氨基作为取代基。例如：

2-氨基丁烷　　2-甲基-4-氨基戊烷

## 二、胺的物理性质

低级脂肪胺中的甲胺、二甲胺、三甲胺和乙胺等，在常温下为无色气体，丙胺至十一胺是易挥发性液体，能溶于水（与水形成氢键），有氨的刺激性气味，三甲胺有鱼腥味，高级脂肪胺为无臭固体，不溶于水。

芳香胺是无色高沸点的液体或低熔点的固体，毒性较大，如苯胺可以通过消化道、呼吸道或经皮肤渗入吸收而引起中毒，$\beta$-萘胺与联苯胺具有强致癌作用。因此，使用芳香胺时应做好防护以避免中毒。

## 三、胺的化学性质

胺与氨分子中都有含孤对电子的氮原子，它们的化学性质相似。胺的主要化学性质如下所示：

(Ar)R—N̈(H)(H)
- 氮上孤对电子 → 碱性
- N—H → 酰化、磺酰化反应
- (Ar)R → 芳环取代反应、氧化反应

**1. 胺的碱性** 与氨分子相似，胺分子也易接受水中的氢离子，使水溶液呈弱碱性。

$$NH_3 + H_2O \rightleftharpoons NH_4^+ + OH^-$$
$$RNH_2 + H_2O \rightleftharpoons RNH_3^+ + OH^-$$

水溶液中，不同胺的碱性强弱顺序的一般规律如下：

脂肪胺（仲胺>伯胺>叔胺）>氨>芳香胺（芳香伯胺>芳香仲胺>芳香叔胺）

**2. 胺的成盐反应** 胺具有弱碱性，能与强酸发生中和反应生成稳定的可溶性盐，该盐溶液与强碱作用时，胺又能重新游离析出。实验室中，常利用这一性质来分离和提纯胺类化合物。例如：

$$CH_3-NH_2 \xrightarrow{HCl} CH_3-NH_3^+Cl^-\ (或CH_3-NH_2\cdot HCl) \xrightarrow{NaOH} CH_3-NH_2$$

$$C_6H_5-NH_2 \xrightarrow{HCl} C_6H_5-NH_3^+Cl^-\ (或C_6H_5-NH_2\cdot HCl) \xrightarrow{NaOH} C_6H_5-NH_2$$

不溶于水　　　　溶于水　　　　不溶于水

**3. 胺的酰化反应** 伯胺、仲胺能与酰卤、酸酐反应生成酰胺，反应的实质是胺分子中氮原子上的氢被酰基所取代。叔胺氮上没有氢原子，所以不能发生酰基化反应。

$$C_6H_5-NH_2 + CH_3-\overset{O}{\overset{\|}{C}}-Cl \longrightarrow C_6H_5-NH-\overset{O}{\overset{\|}{C}}-CH_3 + HCl$$

苯胺（伯胺）　　乙酰氯　　乙酰苯胺

$$C_6H_5-NH-CH_3 + (CH_3CO)_2O \longrightarrow C_6H_5-N(CH_3)-CO-CH_3 + HO-CO-CH_3$$

*N*-甲基苯胺（仲胺）　乙酸酐　*N*-甲基乙酰苯胺　乙酸

由于酰胺在酸或碱的催化下水解能除去酰基生成氨基，所以在有机合成中常用酰基化反应来保护氨基。例如，对氨基苯甲酸的合成路线。

$$p\text{-}CH_3C_6H_4NH_2 \xrightarrow{(CH_3CO)_2O} p\text{-}CH_3C_6H_4NHCOCH_3 \xrightarrow{KMnO_4} p\text{-}HOOCC_6H_4NHCOCH_3 \xrightarrow[H_2O]{H^+} p\text{-}HOOCC_6H_4NH_2$$

对甲基苯胺　对乙酰氨基甲苯　对乙酰氨基苯甲酸　对氨基苯甲酸

**链 接**　酰化反应在药物合成上的应用

利用酰化反应可以在药物分子的芳氨基上引入酰基，不仅可降低药物的毒性，还可以提高药物的药效。例如，在对氨基苯酚分子中引入酰基可制得对羟基乙酰苯胺，它是一种很好的解热镇痛药，药物名称为对乙酰氨基酚。

$$HO-C_6H_4-NH-CO-CH_3$$

对羟基乙酰苯胺（对乙酰氨基酚）

4. 胺的磺酰化反应　伯胺或仲胺氮原子上的氢被苯磺酰氯或对甲苯磺酰氯等磺酰化试剂中的磺酰基（$R-SO_2-$）取代而生成相应的苯磺酰胺的反应，称为**兴斯堡**（Hinsberg）**反应**，反应须在氢氧化钠或氢氧化钾溶液中进行。例如：

$$C_6H_5-SO_2Cl + H_2N-CH_3 \xrightarrow{NaOH} C_6H_5-SO_2-NH-CH_3\downarrow + HCl$$

苯磺酰氯　伯胺　苯磺酰伯胺

$$C_6H_5-SO_2Cl + HN(CH_3)_2 \xrightarrow{NaOH} C_6H_5-SO_2-N(CH_3)_2\downarrow + HCl$$

苯磺酰氯　仲胺　苯磺酰仲胺

苯磺酰伯胺氮原子上的氢受磺酸基影响，具有弱酸性，能与氢氧化钠作用生成盐而溶解于碱性溶液中；苯磺酰仲胺氮原子上无氢原子，不与氢氧化钠发生成盐反应，呈固体析出；叔胺氮原子无氢原子不能与磺酰氯反应。因此可利用兴斯堡反应来分离和鉴别伯、仲、叔胺。

5. 胺与亚硝酸反应　胺与亚硝酸都能发生反应，不同的胺与亚硝酸反应的产物也不相同。叔胺与亚硝酸反应的产物较复杂，这里只讨论伯胺和仲胺与亚硝酸的反应。反应时，由于亚硝酸不稳定，易分解，所以一般用亚硝酸钠与盐酸作用生成亚硝酸。

（1）脂肪伯胺的反应　脂肪伯胺与亚硝酸反应，定量放出氮气，同时生成醇、烯烃等混合物。因此可根据产生的氮气的体积测定伯胺的含量。该反应也常用于氨基酸和多肽的定量分析。

$$R-NH_2 \xrightarrow{NaNO_2+HCl} RCl + ROH + \text{烯} + N_2\uparrow$$

链 接　氨基酸类药品的检测

在室温下氨基酸能与亚硝酸反应，生成氮气，通过在标准条件下测定生成的氮气的体积，就可计算出氨基酸的含量。该方法称为范斯莱克氨基氮测定法。利用这一方法可对氨基酸类药品进行检测。

（2）芳香伯胺的反应　芳香伯胺与亚硝酸在低温（0～5℃）及强酸（如 HCl）水溶液中反应，生成芳香重氮盐。该反应称为**重氮化反应**。该反应能够定量进行，在药物分析中，用于定量分析药物含量；重氮盐不稳定，加热时能水解为酚类并定量放出氮气。

$$C_6H_5-NH_2 \xrightarrow[0\sim5℃]{NaNO_2+HCl} C_6H_5-N_2^+Cl^- \xrightarrow[\triangle]{H_2O} C_6H_5-OH + N_2\uparrow + HCl$$

重氮盐

（3）仲胺的反应　脂肪仲胺和芳香仲胺都能与亚硝酸反应生成黄色油状液体 *N*-亚硝基胺。例如：

$$CH_3CH_2-NH-CH_2CH_3 \xrightarrow{NaNO_2+HCl} CH_3CH_2-N(CH_2CH_3)-N=O + H_2O$$

二乙胺　　　　*N*-亚硝基二乙胺

$$C_6H_5-NH-CH_3 \xrightarrow{NaNO_2+HCl} C_6H_5-N(CH_3)-N=O + H_2O$$

*N*-甲基苯胺　　　　*N*-亚硝基-*N*-甲基苯胺

链 接　亚硝酸盐与癌症

亚硝基胺是一类致癌性很强的化学物质，可诱发动物多种器官的癌症。食品防腐剂中的亚硝酸盐以及天然存在的硝酸盐还原为亚硝酸盐后，能在胃肠道与仲胺生成亚硝基胺，所以，亚硝酸盐、硝酸盐和能发生亚硝基化的胺类化合物进入人体后，将对人体的健康构成潜在的威胁。为了保证食品安全，保障公众身体健康和生命安全，《中华人民共和国食品安全法》规定，乳制品中亚硝酸盐含量不得高于 0.2mg/kg，肉制品中亚硝酸盐的残留量不得超过 0.03g/kg。

## 四、季铵盐和季铵碱

1. 季铵盐和季铵碱的结构与性质　“铵”盐是指 $NH_4^+$ 或其中的氢原子被取代而形成的含氮的离子型化合物，如：

$NH_4^+Cl^-$ 氯化铵　$[(CH_3)NH_3]^+Cl^-$ 氯化甲铵　$[(CH_3)_2NH_2]^+Cl^-$ 氯化二甲铵

$[(CH_3)_4N]^+OH^-$ 氢氧化四甲铵　$[(CH_3)_2N(C_2H_5)_2]^+OH^-$ 氢氧化二甲基二乙铵

氮原子上连有四个烃基的离子型化合物称为季铵类化合物，季铵类化合物分为季铵盐和季铵碱。根据以上概念，填写表 6-2。

**表 6-2　季铵盐和季铵碱结构辨析**

| 项目 | 参照物 | 季铵盐 | 参照物 | 季铵碱 |
|---|---|---|---|---|
| 案例 | 氯化铵 | 氯化四甲铵 | 氢氧化铵 | 氢氧化四甲铵 |
| 分子式或结构简式 | $NH_4^+Cl^-$ | | $NH_4^+OH^-$ | |
| 结构简式通式 | — | | — | |

**季铵盐**可以看作是铵盐中的四个氢原子全部被烃基取代后所生成的化合物，属于离子化合物，具有类似于盐的性质，一般为晶体，易溶于水，不溶于乙醚等非极性溶剂。在自然界中存在的季铵盐一般都具有生物活性，季铵盐主要作为阳离子表面活性剂，具有去污、杀菌、消毒等功效；有些季铵盐也可用作医药、农药以及化学反应中的相转移催化剂等。

**季铵碱**可以看作是氢氧化铵（$NH_4OH$）分子中铵上的四个氢全部被烃基取代后所生成的化合物。分子结构中的四个烃基可以相同，也可以不同。季铵碱也属于离子型化合物，一般为结晶性固体，易溶于水，不溶于有机溶剂，具有强碱性，碱性与氢氧化钠相当。

2. 季铵盐和季铵碱的命名　其命名方法与“铵”的无机盐、无机碱的命名相似，在“铵”字前加上每个烃基的名称即可。例如，$NH_4Br$ 命名为溴化铵，则：

$[(CH_3)_4N]^+Br^-$ 溴化四甲铵　$[(CH_3CH_2)_3N(CH_3)]^+Cl^-$ 氯化甲基三乙基铵

$[(CH_3)_4N]^+OH^-$ 氢氧化四甲铵　$[(CH_3)N(C_2H_5)_3]^+OH^-$ 氢氧化甲基三乙基铵

## 五、医学上常见的胺类有机化合物

1. 苯胺（$C_6H_5$—$NH_2$）　是最简单的芳香胺，最初从煤焦油中分离得到，又称阿尼林油。纯净的苯胺是无色油状液体，有特殊气味，熔点是 –6.2℃，沸点为 184℃，微溶于水，易溶于有机溶剂中。苯胺有剧毒，吸入苯胺蒸气或经皮肤吸收都会使人中毒，当苯胺在空气中浓度达到百万分之一时，会使人在几个小时后出现中毒症状，表现为头晕、皮肤惨白和四肢无力。苯胺是合成药物和染料的一种重要原料，在农药工业上用于生产许多杀虫剂、杀菌剂等；在医药上可作为磺胺药的原料；在染料工业中是最重要的中间体之一。此外还用作炸药中的稳定剂、汽油中的防爆剂等。

苯胺与溴水反应，立即生成 2, 4, 6- 三溴苯胺白色沉淀。反应式如下：

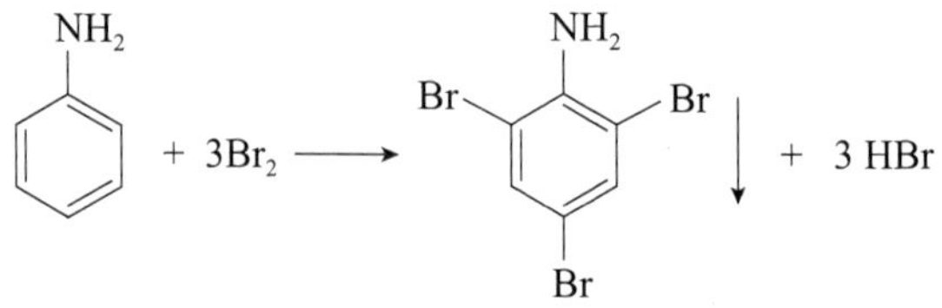

$$C_6H_5NH_2 + 3Br_2 \longrightarrow 2,4,6\text{-}Br_3C_6H_2NH_2 \downarrow + 3HBr$$

此反应非常灵敏且能定量进行，因此可用于苯胺的鉴别和定量分析。

2. 乙二胺和 EDTA　乙二胺（$H_2NCH_2CH_2NH_2$）是最简单的二元胺，又称为 1, 2-二氨基乙烷。它是无色黏稠液体，易溶于水和乙醇。乙二胺为强碱，与酸能发生成盐反应。

乙二胺是一种重要的试剂和化工原料，可用作环氧树脂的固化剂，也广泛用于制造药物、乳化剂、离子交换树脂及农药等。例如，分析化学中常用的配位滴定剂就是以乙二胺为原料生成的乙二胺四乙酸二钠，简称为 EDTA 或 EDTA 二钠盐。EDTA 能与大多数金属离子形成稳定的配合物，在药物分析中常用于金属离子的含量测定。乙二胺四乙酸二钠（EDTA-$Na_2$）和乙二胺四乙酸二钾（EDTA-$K_2$）是临床检验工作中最常用的抗凝剂之一。

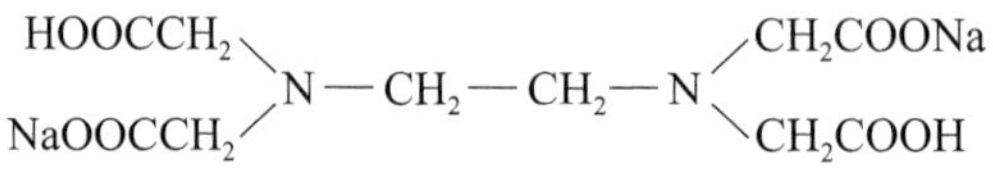

$$(HOOCCH_2)(NaOOCCH_2)N-CH_2-CH_2-N(CH_2COONa)(CH_2COOH)$$

乙二胺四乙酸二钠（EDTA-$Na_2$）

3. 胆碱和乙酰胆碱　胆碱（$HOCH_2CH_2N^+(CH_3)_3Cl^-$）是人体中存在的一种季铵碱，化学名为氢氧化三甲基 -2- 羟基乙胺。因其最初是在胆汁中被发现而得名，其结构如下所示：

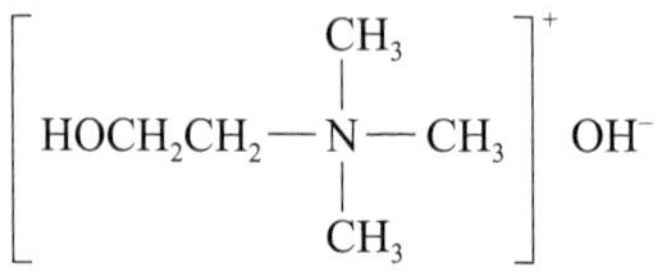

$$[HOCH_2CH_2-N(CH_3)_3]^+ OH^-$$

氢氧化三甲基-2-羟基乙胺（胆碱）

胆碱在人体内与脂肪代谢相关，临床上可用来治疗肝炎、肝中毒等疾病。另外，在各种细胞中胆碱也常以结合状态存在。胆碱与乙酰基反应的产物称为乙酰胆碱，是一种具有显著生理作用的神经传导物质。

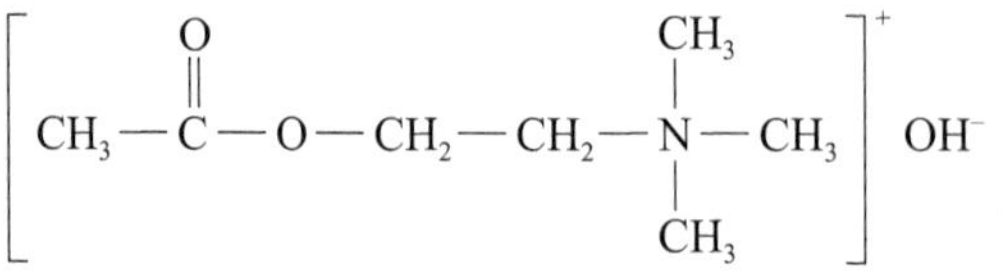

$$[CH_3-\overset{O}{\overset{\|}{C}}-O-CH_2-CH_2-N(CH_3)_3]^+ OH^-$$

乙酰胆碱

# 第 2 节 酰胺类有机化合物

## 一、酰胺的结构特征与命名

案例 6-2

一位在医院被抢救的女子，呈现出眩晕、乏力、意识模糊不清等中毒症状，抢救成功后，经询问得知该女子因误服了过量的巴比妥类药物，才出现中毒症状。巴比妥类药物属于酰胺类药物，在临床上常用作镇静、催眠类药物，使用不当会出现中毒症状。

问题：1. 什么是酰胺类物质？

2. 酰胺的官能团是什么？

### （一）酰胺的结构

从结构上看，酰胺是$NH_3$或胺分子中N上的H被酰基（$R-\overset{O}{\overset{\|}{C}}-$）取代后所生成的产物。也可以看作是羧酸分子中羧基的羟基被氨基（$-NH_2$）或（$-NHR$、$-NR_2$）所取代后生成的化合物。其结构通式如下：

$$R-\overset{O}{\overset{\|}{C}}-NH_2 \qquad R-\overset{O}{\overset{\|}{C}}-NHR_1 \qquad R-\overset{O}{\overset{\|}{C}}-N\begin{matrix}R_1\\R_2\end{matrix}$$

酰胺　　*N*-取代酰胺　　*N*, *N*-取代酰胺

其中R可以代表H原子、脂肪烃基或芳烃基；$R_1$、$R_2$代表烃基，它们与R可以相同，也可以不同。

### （二）酰胺的命名

1. 简单酰胺的命名　氮原子上没有烃基的简单酰胺，可根据氨基（$-NH_2$）上所连的酰基名称来命名，称为“某酰胺”。例如：

$$H-\overset{O}{\overset{\|}{C}}-NH_2 \qquad CH_3-\overset{O}{\overset{\|}{C}}-NH_2 \qquad C_6H_5-\overset{O}{\overset{\|}{C}}-NH_2 \qquad CH_3-\overset{O}{\overset{\|}{C}}-NH-C_6H_5$$

甲酰胺　　乙酰胺　　苯甲酰胺　　乙酰苯胺

2. 氮原子上连有烃基的酰胺的命名　将烃基的名称写在某酰胺之前，并在烃基前加“*N*-”或“*N*，*N*-”以表示烃基连在氮原子上。例如：

$$CH_3-\overset{O}{\overset{\|}{C}}-NH-CH_3 \qquad CH_3-\overset{O}{\overset{\|}{C}}-N\begin{matrix}CH_3\\CH_2CH_3\end{matrix} \qquad CH_3-\overset{O}{\overset{\|}{C}}-N\begin{matrix}CH_2CH_3\\CH_2CH_3\end{matrix}$$

*N*-甲基乙酰胺　　*N*-甲基-*N*-乙基乙酰胺　　*N*, *N*-二乙基乙酰胺

$$C_6H_5-\overset{O}{\overset{\|}{C}}-NH-CH_3 \qquad C_6H_5-\overset{O}{\overset{\|}{C}}-\underset{}{\overset{CH_3}{\overset{|}{N}}}-CH_3$$

*N*-甲基苯甲酰胺　　*N*, *N*-二甲基苯甲酰胺

## 二、酰胺的物理性质

酰胺中除甲酰胺外均为良好结晶体，有固定的熔点。酰胺能与水形成分子间氢键，所以低级酰胺可溶于水。其中 *N*，*N*- 二甲基甲酰胺（DMF）能与水、多数无机溶液以及许多的有机溶剂混溶，是一种性能优良的非质子极性溶剂。

## 三、酰胺的化学性质

1. 水解反应　酰胺是近中性的化合物，在酸、碱或酶的作用下发生水解反应，生成羧酸（盐）或铵、胺（氨气）。

$$R-\overset{\overset{\Large O}{\|}}{C}-NH_2 + H_2O \begin{cases} \xrightarrow[\triangle]{HCl} RCOOH + NH_4Cl \\ \xrightarrow[\triangle]{NaOH} RCOONa + NH_3\uparrow \\ \xrightarrow{酶} RCOOH + NH_3\uparrow \end{cases}$$

2. 与亚硝酸反应　酰胺与亚硝酸反应生成相应的羧酸，同时放出氮气。通过测量氮气的体积，可以计算酰胺的含量。

$$R-\overset{\overset{\Large O}{\|}}{C}-NH_2 + HNO_2 \longrightarrow RCOOH + N_2\uparrow + H_2O$$

## 四、重要的酰胺类有机化合物

1. 尿素　尿素简称为脲，结构式为 $H_2N-\overset{\overset{O}{\|}}{C}-NH_2$，从结构上看是碳酸中的两个羟基被 2 个氨基取代后生成的二酰胺，它是哺乳动物对于含氮食物的代谢产物。成年人每天排出的尿液中含有约 30g 的尿素。

药用的尿素注射液，对降低颅内压及眼内压有显著疗效，常用于治疗急性青光眼和脑外伤引起的脑水肿等疾病。

2. 巴比妥　尿素与丙二酰氯（或丙二酸二乙酯）发生反应可生成丙二酰脲。丙二酰脲在水溶液中存在两种结构，即酮式和烯醇式，其结构简式分别如下：

酮式 ⇌ 烯醇式

其烯醇式结构酸性比乙酸还强，故称为**巴比妥酸**。巴比妥酸自身无药学作用，但其亚甲基上的两个氢原子被烃基取代后得到的衍生物具有不同程度的安眠、镇静作用，是一类作用于中枢神经系统的镇静剂，总称巴比妥类药物。巴比妥类药物的结构通式为

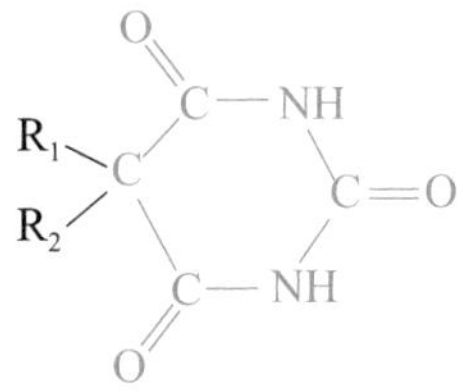

巴比妥类药物通常为白色结晶或结晶性粉末状固体，微溶或难溶于水，易溶于有机溶剂。随着剂量的不同，其药用范围可以从轻度镇静到完全麻醉，还能用作抗焦虑药、抗痉挛药和安眠药。长期使用会导致成瘾。目前常见的巴比妥类药物有巴比妥、苯巴比妥、异戊巴比妥、司可巴比妥、硫喷妥等。

## 自 测 题

### 一、回顾与总结

**胺、酰胺的基本知识**

| 项目 | 内容 |
| --- | --- |
| 胺 | 伯胺结构通式：______；伯胺官能团：______。<br>仲胺结构通式：______；仲胺的官能团：______。<br>叔胺结构通式：______；叔胺的官能团：______。<br>季铵碱通式：______ |
| 酰胺 | 酰胺结构通式：______ 酰胺的官能团：______ |
| 胺的化学性质 | 碱性：胺与强酸发生中和反应，生成：______<br>酰化反应：胺与酰卤、酸酐发生酰化反应，生成：______<br>伯胺、仲胺与苯磺酰氯发生磺酰化反应，生成：______<br>脂肪伯胺与亚硝酸反应，定量放出 ______，同时生成醇、烯烃等混合物<br>芳香伯胺与亚硝酸反应，生成：______<br>脂肪仲胺和芳香仲胺都能与亚硝酸反应生成：______ |
| 酰胺的化学性质 | 酰胺可发生水解反应，生成：______<br>酰胺与亚硝酸反应生成：______，放出 ______ |
| 重要名词 | 胺：______<br>季铵盐：______<br>兴斯堡反应：______ |

## 二、复习与提高

### （一）指出下列物质的官能团类别，并用系统法命名

1. $CH_3CH_2CH_2-NH_2$

2. $CH_3CH_2-NH-CH_2CH_3$

3. $CH_3CH_2-\overset{O}{\overset{\|}{C}}-NH-CH_3$

4. $C_6H_5-NH-CH_2CH_3$

5. $CH_3-\overset{O}{\overset{\|}{C}}-N(CH_2CH_3)_2$

6. $C_6H_5-\overset{O}{\overset{\|}{C}}-NH-CH_2CH_3$

### （二）写出下列化合物的结构式

1. 邻甲基苯胺　　2. 叔丁基胺

3. 甲乙胺　　4. 苯胺

5. 二甲胺　　6. *N*- 甲基乙酰胺

7. 乙酰胺　　8. *N*- 甲基苯甲酰胺

### （三）填空题

1. 能与苯磺酰氯发生反应的胺有 ______________ 和 ______________。

2. 胺和氨相似，其水溶液呈 ______________ 性（填“酸或碱”），其碱性强弱规律是 ______________。

3. 胆碱属于 ______________ 类物质。

4. 从结构上看，酰胺是 _______ 或 _______ 分子中N上的H被 _______ 或 _______ 取代后所生成的产物。也可以看作是羧酸分子中羧基的羟基被 _______ 所取代后生成的化合物。

5. 酰胺呈 _______ 性，尿素属于 _______，简称 _______，其结构式为 _______。

6. 酰胺与 _______ 反应生成相应的羧酸，同时放出 _______。

7. 完成下列化学反应式

（1）$C_6H_5-NH_2 + CH_3-\overset{O}{\overset{\|}{C}}-Cl \longrightarrow$

（2）$C_6H_5-SO_2Cl + NH_2-CH_2CH_3 \xrightarrow{NaOH}$

（3）$C_6H_5-SO_2Cl + H-N(CH_3)_2 \xrightarrow{NaOH}$

（4）$C_6H_5-NH_2 + 3Br_2 \longrightarrow$

（5）$CH_3-\overset{O}{\overset{\|}{C}}-NH_2 + H_2O \xrightarrow[\triangle]{HCl}$

（6）$CH_3CH_2-\overset{O}{\overset{\|}{C}}-NH_2 + HNO_2 \longrightarrow$

8. 用化学方法区分下列化合物

（1）甲胺、二甲胺、三甲胺

（2）二乙胺、乙酰胺、苯胺

### （四）简答题

1. 如何对胺类化合物进行提纯分离？

2. 酰胺的官能团是什么？请写出酰胺的三种结构通式。

3. 写出磺胺类药物的结构通式，并指出其官能团。

## 三、探索与进步

苯扎溴铵是临床上常用于皮肤、黏膜、创面、手术器械和术前消毒的阳离子表面活性剂和消毒剂。以小组形式，查阅资料，编写《苯扎溴铵简介》的小论文，提纲如下：

（1）苯扎溴铵的化学成分、结构式、主要官能团、化合物类别。

（2）苯扎溴铵的临床用途及注意事项。

（彭文毫）

# 第7章 杂环和生物碱类有机化合物

**学习目标**

知识目标：认识杂环化合物和生物碱的结构特点，识记常见的基本杂环结构，了解生物碱的一般通性。

能力目标：能辨识化合物中的杂环物质；能说明尼古丁、麻黄碱等重要的生物碱的作用。

素质目标：学生在学习过程中逐渐形成将生物碱应用于医药领域的实际操作能力，深刻理解中医药在人类健康事业中的关键作用，从而增强民族文化自信，并展现出坚韧不拔的工作能力。

杂环化合物在自然界中广泛分布，品种繁多，数量庞大，并且多数具备生物活性。例如，动物体内的血红素和核酸中的碱基均属于含氮杂环化合物，而青霉素、组氨酸及色氨酸也含有杂环结构。生物碱通常是天然药物中的有效成分，它们通常具备显著的生物活性。本章主要阐述了杂环化合物的分类、命名规则，以及常见的杂环化合物及其在医药领域的应用；同时介绍了生物碱的概念、一般性质，以及常见的生物碱及其在医药领域的应用。

**案例 7-1**

“春风和煦满常山，芍药天麻及牡丹；远志去寻使君子，当归何必问泽兰”。这是我国古人笔下著名的药名四季歌中的春季歌，涉及常山、芍药、天麻、牡丹皮、远志、使君子、当归、泽兰等多味中草药名，浑然天成、极富情趣。

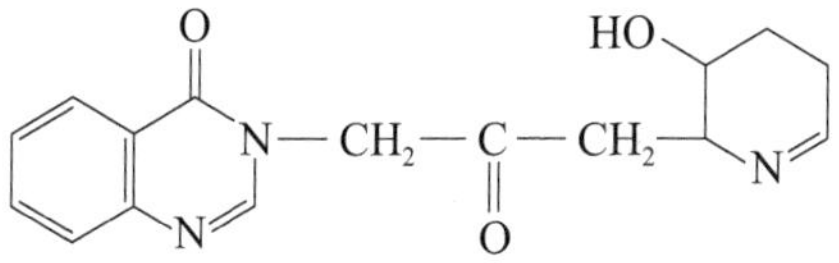

$\beta$-常山碱

在中草药的有效成分中，有一类具有明显生理活性的含氮碱性化合物——生物碱，如存在于中药常山中的$\beta$-常山碱具有抗疟作用等。由于生物碱的结构中大都具有杂环结构，所以在认识生物碱之前，需要先学习杂环化合物的基础知识。

问题：根据$\beta$-常山碱的结构式描述杂环化合物的结构特点，杂环化合物有哪些性质？

## 第1节 杂环类有机化合物

在环状有机化合物中，除了碳原子，构成环状结构的还包括其他类型的原子，这类有机化合物被称为**杂环化合物**。除碳原子外的其他原子被称为杂原子，常见的杂原子有氮、氧和硫等。

本节将着重讨论与芳香环相似，环系比较稳定，具有一定程度芳香性的杂环化合物，其中以五元、六元杂环及其稠杂环化合物为重点。因为这类化合物具有芳香化合物的特点，可统称为芳香杂环化合物，例如：

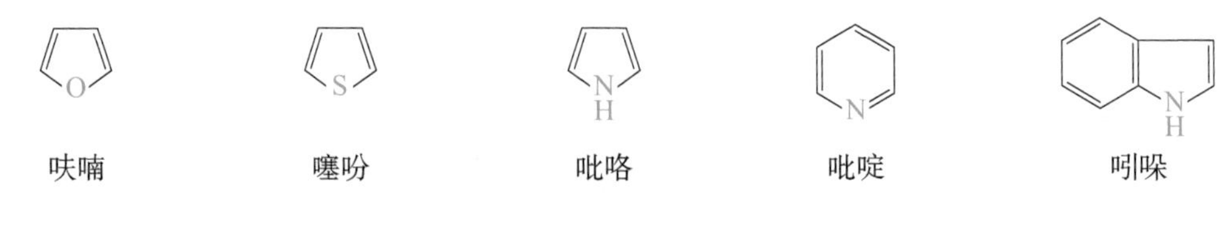


## 一、杂环化合物的分类、命名

### （一）杂环化合物的分类

杂环化合物可分为单杂环和稠杂环两大类。最常见的单杂环是五元杂环和六元杂环。稠杂环是由苯环与单杂环或单杂环与单杂环稠合而成。

### （二）杂环化合物的命名

杂环母核的命名常用音译法，即按英文名称音译成带“口”字旁的同音汉字。下面是常见杂环母核的名称（表7-1）。

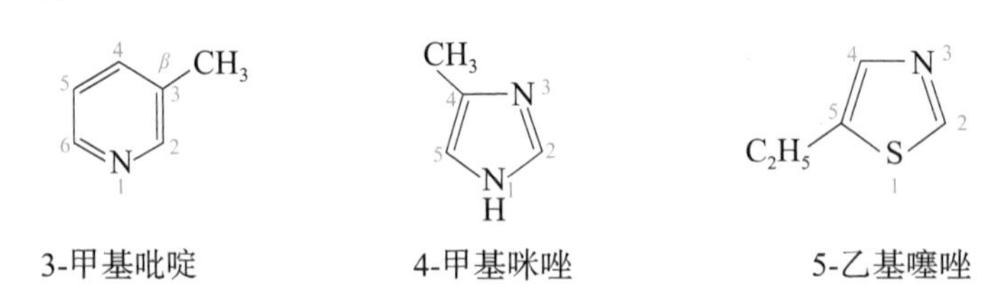


**表7-1 基本杂环化合物**

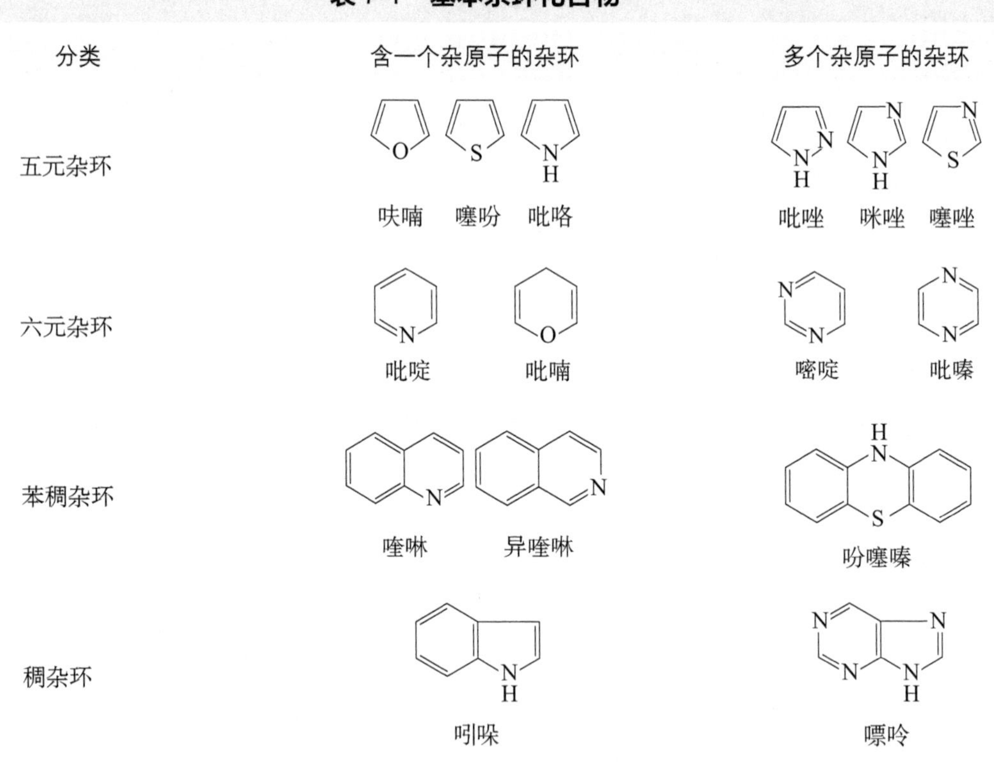

| 分类 | 含一个杂原子的杂环 | 多个杂原子的杂环 |
| --- | --- | --- |
| 五元杂环 | 呋喃 噻吩 吡咯 | 吡唑 咪唑 噻唑 |
| 六元杂环 | 吡啶 吡喃 | 嘧啶 吡嗪 |
| 苯稠杂环 | 喹啉 异喹啉 | 吩噻嗪 |
| 稠杂环 | 吲哚 | 嘌呤 |

## 二、重要的杂环化合物

1. 呋喃（ ） 是最简单的含氧五元杂环化合物，是一种无色易挥发的液体，沸点为

32℃，有氯仿气味，略溶于水，易溶于乙醇、乙醚等有机溶剂，有麻醉和弱刺激作用，极易燃烧，吸入后可引起头痛、头晕、恶心、呼吸衰竭。呋喃蒸气遇盐酸浸润过的松木片呈绿色，可用此反应鉴定呋喃及其低级同系物。呋喃催化氢化生成四氢呋喃，是一种重要的溶剂。

杀菌剂呋喃妥因、抗血吸虫药呋喃丙胺、利尿药呋塞米等都含有呋喃环。

**链 接　呋塞米**

呋塞米是一种白色结晶性粉末，无臭，味微苦，熔点为 220℃，略溶于乙醇，不溶于水。呋塞米具有利尿、降压和调节电解质平衡的作用，因此临床上常用于治疗各类水肿性疾病，如心源性水肿、肾性水肿、急性肺水肿、脑水肿等疾病，还可改善高血压、高血钾、高钙血症的症状。但由于呋塞米可能被滥用于掩盖其他药物的检测，世界反兴奋剂机构将其列为违禁药物。

呋塞米

2. 噻唑（N S）为无色或淡黄色具有腐败臭味的液体，沸点为 116.8℃，微溶于水，溶于乙醇、乙醚等。噻唑具有弱碱性。噻唑是稳定的化合物，在空气中不会自动氧化。噻唑用于合成药物、杀菌剂和染料等。

噻唑的多种衍生物是重要的药物或具有生理活性的物质。例如，青霉素分子中含有一个四氢噻唑的环系；维生素 $B_1$ 分子中的噻唑部分是一个季铵盐的衍生物；重要的抑菌剂磺胺噻唑是 2- 氨基噻唑与对乙酰氨基苯磺酰氯缩合后，再经水解反应得到的产物；抗溃疡药法莫替丁也含有噻唑环。

**链 接　青霉素 G**

青霉素是从青霉菌培养液中提取的药物，为人类首次发现的抗生素。该药物分子中含有一个四氢噻唑的环系。

青霉素的发现者为英国细菌学家弗莱明。1928 年，弗莱明于简陋实验室内研究导致人体发热的葡萄球菌。由于未盖好培养细菌用的培养皿，培养基上附着了一层青霉菌。令弗莱明感到惊讶的是，在青霉菌附近，葡萄球菌竟然消失了。此次偶然发现深深吸引了他，弗莱明进行多次试验，证明青霉素能在数小时内将葡萄球菌全部杀死。

由于青霉素分子中的 *β*- 内酰胺环由 4 个原子组成，环上张力较大，易开环导致该药物失活。青霉素为有机酸性化合物，溶解度较低。因此在临床应用时，常将其制成钠盐或钾盐以提高溶解性。此外，青霉素水溶液在常温下易分解，因此临床上通常采用粉针剂的给药方式。

3. 咪唑（N N H）是一种重要的含氮五元环化合物，具有广泛的应用价值。它呈无色晶体状，熔点为 90～91℃，易溶于水和乙醇，但微溶于苯，难溶于石油醚。此外，咪唑能与强酸生成稳定的盐类化合物。组氨酸及其脱羧反应产物组胺，以及生物碱毛果芸香碱都是咪唑衍生物。含有咪唑环的药物种类繁多，包括抗溃疡药西咪替丁、广谱驱虫药阿苯达唑，以及具有多种药效的甲硝唑、抗真菌药咪康唑、益康唑、酮康唑、克霉唑等。这些药物在临床治疗中发挥着重要作用。

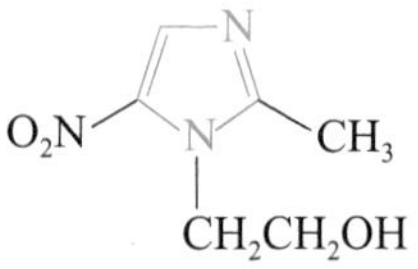

$O_2N$ $CH_3$ $CH_2CH_2OH$

甲硝唑

4. 吡啶（N）是一种无色液体，具有明显恶臭且具有毒性。接触人体易使皮肤烧伤。它的沸点为 115.5℃，能够与水、乙醇、乙醚等物质混溶。吡啶对酸碱及氧化剂具有良好的稳定性，同时还能溶解多数极性和非极性有机化合物，甚至一些无机盐类，因此是一种应用广泛的溶剂。此外，吡啶环还广泛存在于许多重要化合物中，如维生素 PP（包括烟酸和烟酰胺）、维生素 $B_6$（包括吡哆醇、吡哆醛和吡哆胺）、呼吸中枢兴奋药尼可刹米及抗结核病药异烟肼等。

5. 吲哚（NH）为白色晶体，熔点为 53℃，吲哚浓度大时具有强烈的粪臭味，扩散力强而持久，高度稀释的溶液有香味，可以作为香料使用。吲哚能使浸有盐酸的松木片显红色。天然吲哚广泛含于苦橙花油、甜橙油、柠檬油、白柠檬油、柑橘油、柚皮油、茉莉花油等精油中。吲哚的衍生物在自然界分布很广，许多天然化合物的结构中都含有吲哚环，所以吲哚也是一种很重要的杂环化合物。哺乳动物及人脑中思维活动的重要物质 5- 羟色胺、蛋白质的重要组分色氨酸、降压药利血平、消炎解热镇痛药吲哚美辛等都含有吲哚环。

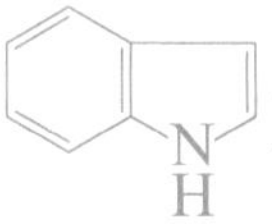

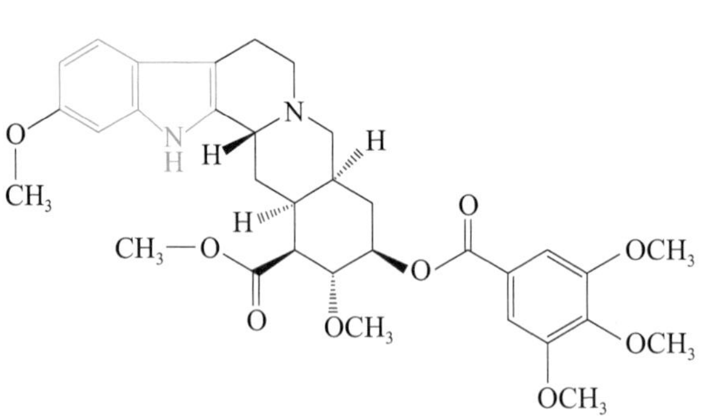

利血平

6. 喹啉与异喹啉　喹啉（N）是无色液体，有特殊气味，沸点 238℃，微溶于水，易溶于乙醇、乙醚等有机溶剂。异喹啉（N）为无色低熔点固体或液体，沸点 243℃，其气味与喹啉完全不同。二者都具有碱性，异喹啉比喹啉碱性更强。天然

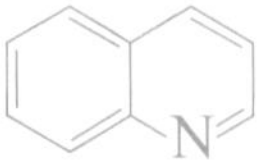

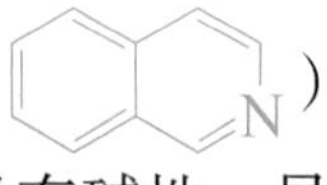

的金鸡纳碱和合成的多种抗疟剂，都是喹啉的衍生物。血管扩张和解痉药罂粟碱、镇痛及催眠药罗通定中都含有异喹啉的结构。

奎宁　　　　罂粟碱

7. 嘧啶（ ）为无色结晶或液体，熔点为 20～22℃，易溶于水，有弱碱性，可与苦味酸、草酸等成盐。嘧啶的衍生物广泛存在于自然界，如核酸组成中的尿嘧啶、胞嘧啶和胸腺嘧啶都含有嘧啶环。

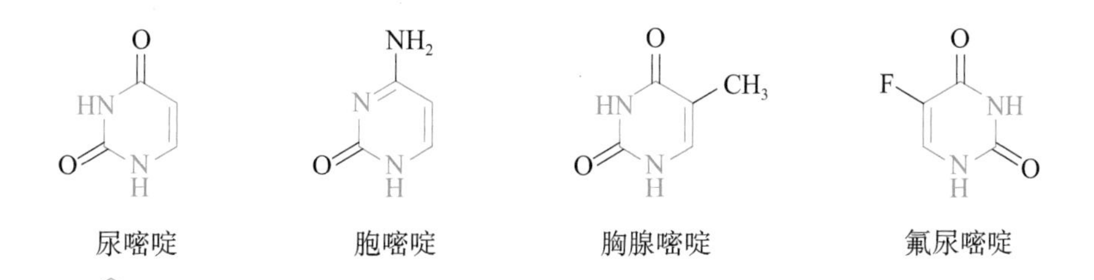

尿嘧啶　　胞嘧啶　　胸腺嘧啶　　氟尿嘧啶

8. 嘌呤（ ）为无色晶体，熔点 214℃，易溶于水，可与强酸或强碱成盐。嘌呤本身并不存在于自然界，但它的衍生物广泛存在于动植物体中。具有合成蛋白质和传递遗传信息作用的核酸（腺嘌呤和鸟嘌呤）和核苷酸、对代谢有重要作用的辅酶 A 及生物代谢产物尿酸中都含有嘌呤的结构。利尿和冠状动脉扩张药可可豆碱、抗嘌呤药巯嘌呤也都含有嘌呤的结构。

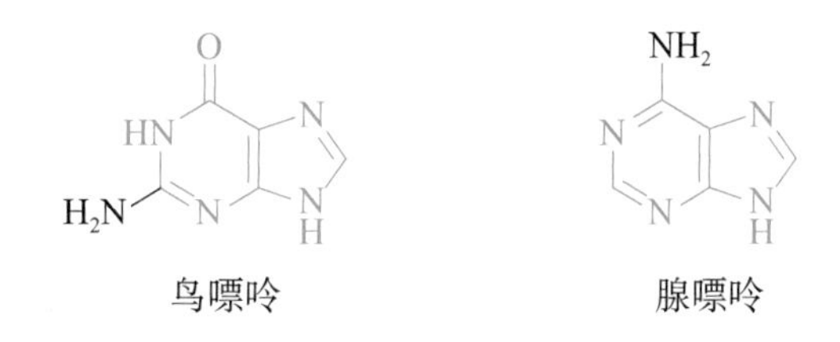

鸟嘌呤　　腺嘌呤

**案例 7-2**

烟民往往都有烟瘾，这是尼古丁长期作用的结果。这是由于尼古丁对中枢神经系统的长期刺激作用所致。尼古丁又称为烟碱，少量使用可以产生兴奋作用，会加快心率，升高血压并降低食欲。但大量使用则会抑制中枢神经系统，可能导致恶心、呕吐、头痛，严重时甚至会危及生命。尼古丁就像其他麻醉剂一样，刚开始吸食时并不适应，会引起胸闷、恶心、头晕等不适，但如果吸烟时间久了，血液中的尼古丁达到一定浓度，反复刺激大脑并使各器官产生依赖性，此时烟瘾就缠身了。若停止吸烟，会暂时出现烦躁、失眠、厌食等所谓的“戒断症状”。

尼古丁

问题：尼古丁属于哪一类化合物？这类化合物有哪些化学性质？

# 第2节 生 物 碱

存在于生物体内，对生物体有强烈生理作用的含氮碱性有机化合物称为生物碱。生物碱能与酸反应生成盐类。生物碱的分子构造多数属于仲胺、叔胺或季铵类，少数为伯胺类。它们的构造中常含有杂环，并且氮原子在环内。很多中草药的有效成分都属于生物碱。例如，麻黄中的平喘成分麻黄碱、黄连中的抗菌消炎成分小檗碱（黄连素）和长春花中的抗癌成分长春新碱等。

生物碱大多数来自植物，少数也来自动物，如肾上腺素等。生物体内生物碱含量一般较低。至今分离出来的生物碱已有数千种，其中用于医药的有近百种。

## 一、生物碱的一般通性

### （一）物理性质

大部分生物碱是无色或白色的结晶性固体，仅有少数为液体，通常无色，味道苦涩。多数不溶或难溶于水，却易溶于有机溶剂，大部分含有不对称碳原子，因此呈现旋光性。

### （二）化学性质

1. 酸碱性　大多数的生物碱有碱性，能与酸成盐而溶解，遇强碱，生物碱则从它的盐中游离出来，利用这一性质可提取或精制生物碱。

$$\underset{\text{（难溶于水）}}{\text{生物碱}} \underset{H^+}{\overset{OH^-}{\rightleftharpoons}} \underset{\text{（易溶于水）}}{\text{生物碱盐}}$$

2. 沉淀反应　大多数生物碱或其盐的水溶液，能与一些试剂生成难溶性的盐或配合物而沉淀。这些试剂称为生物碱沉淀剂。这种沉淀反应可用来鉴别、分离和精制生物碱。常用的生物碱沉淀剂有：碘化汞钾（$K_2[HgI_4]$）（与生物碱作用多生成白色或淡黄色沉淀）、碘化铋钾（$BiI_3 \cdot 4KI$）（与生物碱作用多生成红棕色沉淀）、碘-碘化钾（$KI \cdot I_2$）、鞣酸、苦味酸等。

3. 颜色反应　生物碱与一些试剂反应，呈现出不同的颜色，也可用于鉴别生物碱。例如，1%的钒酸铵-浓硫酸试剂遇吗啡显棕色，遇莨菪碱显红色，遇马钱子碱显血红色，遇奎宁显淡橙色，遇番木鳖碱显蓝紫色。甲醛-浓硫酸试剂遇可待因显蓝色，遇吗啡显紫红色。这些能使生物碱发生颜色反应的试剂称为生物碱显色剂。

## 二、药物中常见的生物碱

1. 莨菪碱　莨菪碱存在于颠茄、莨菪和洋金花等植物中，为白色晶体，味苦。莨菪碱在碱性或加热条件下易消旋，其外消旋体即阿托品，为抗胆碱药。临床上硫酸阿托品用于治疗平滑肌痉挛及胃、十二指肠溃疡等，为急性有机磷农药中毒的特效解毒药。

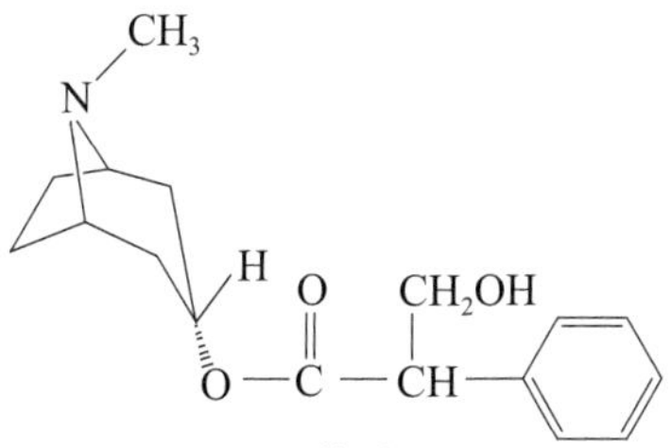

莨菪碱

2. 吗啡、可待因及海洛因　吗啡从阿片中提取而得，为白色晶体，熔点为 254～256℃，味苦，微溶于水。吗啡分子中含有酚羟基，易氧化变质；含有叔胺结构，具有碱性，能与酸成盐，临床常用其盐酸盐。吗啡是强效镇痛药，适用于其他镇痛药无效的急性锐痛，如严重创伤和烧伤，也用于缓解癌症疼痛。连续使用 1 周以上可成瘾，需慎用。可待因的镇痛作用比吗啡弱，也能成瘾，临床用作镇咳药。海洛因是吗啡的乙酰化产物，极易成瘾，从不作为药用，是危害人类健康的毒品之一。

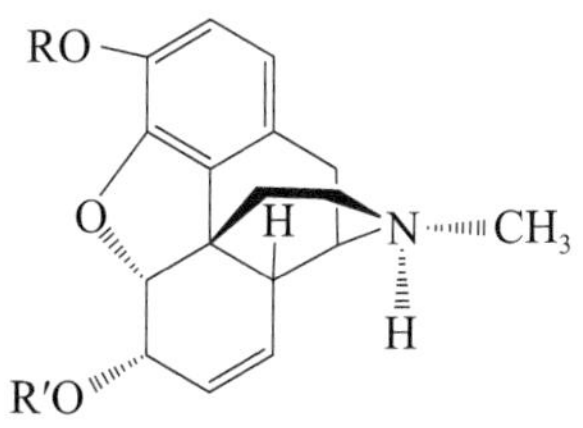

吗啡：R = H，R′= H

可待因：R = $CH_3$，R′= H

海洛因：R =R′=$CH_3CO$

吗啡、可待因及海洛因

3. 麻黄碱　麻黄碱是含于中药麻黄中的一种生物碱，又称麻黄素。一般常用的麻黄碱系指左旋麻黄碱，它与右旋伪麻黄碱互为旋光异构体。

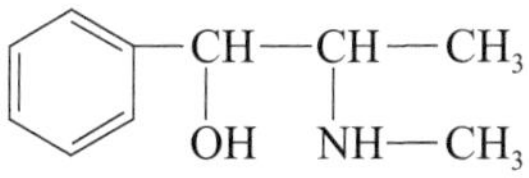

麻黄碱

4. 小檗碱　小檗碱又称黄连素，从黄连、黄柏和三颗针等植物中提取而得，也可人工合成。小檗碱为黄色结晶，熔点 145℃，味极苦，能溶于水；具有抗菌、消炎作用。临床上使用的是其盐酸盐，用于治疗肠道感染和细菌性痢疾等。

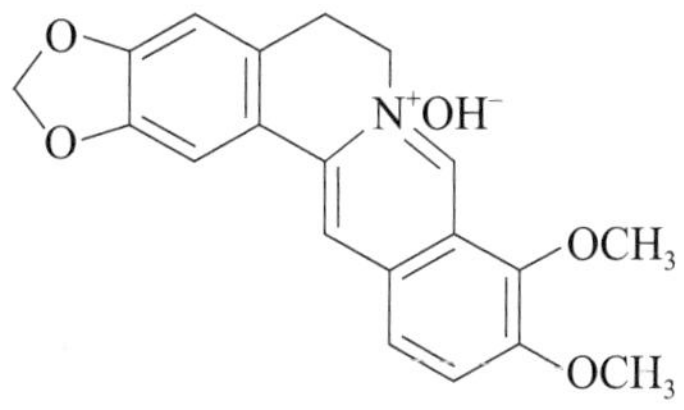

小檗碱

5. 喜树碱　喜树是我国特有的珙桐科植物，喜树碱、羟喜树碱等都是存在于喜树中的生物碱，具有显著的抗癌活性。其中羟喜树碱毒性较小，临床上用于治疗胃癌、肠癌及白血病等。

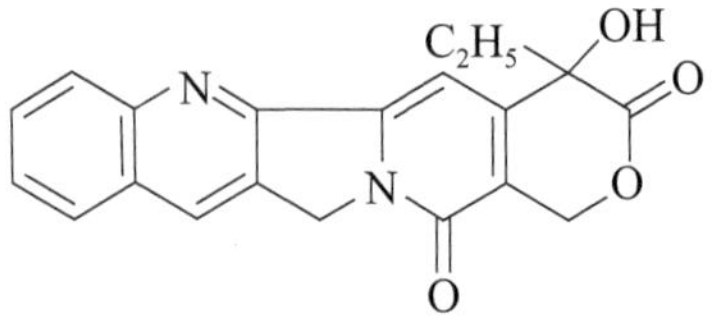

喜树碱

6. 石斛碱　石斛属多种植物的新鲜或干燥茎被收作药用，统称石斛，该属的部分植物被列入国家一级保护植物名录。石斛碱是一种吡咯里西啶衍生物类生物碱，最初是从金钗石斛的茎中提取分离得到的。该成分具有升高血糖、降低血压、减弱心收缩力、抑制呼吸及弱的退热止痛作用。

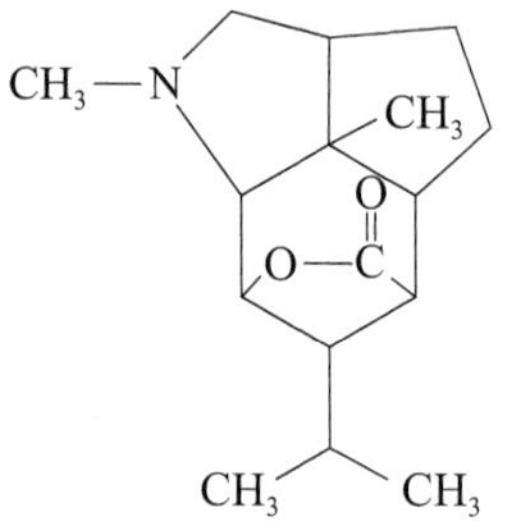

石斛碱

中药石斛早在《神农本草经》中就有记载，并列为上品，有生津、止咳、润喉等功效，价格昂贵。药用的石斛属植物约有 30 多种，如铁皮石斛、金钗石斛、霍山石斛等。

## 自测题

### 一、回顾与总结

**杂环和生物碱类有机化合物基本知识**

| 项目 | 内容 |
| --- | --- |
| 杂环化合物 | 一类含__________化合物，分为单杂环和稠杂环两大类。常见杂原子有__________、__________、__________等。 |
| 生物碱 | 一类有明显______的含______性化合物。 |
| 重要的杂环化合物 | 呋喃、______、噻唑、______、______、吲哚、喹啉、异喹啉、嘧啶、嘌呤等。 |
| 药物中常见的生物碱 | 分别是：______、吗啡、______、小檗碱、喜树碱、______等。 |

### 二、复习与提高

**（一）指出下列物质的官能团名称，并用系统法命名**

1.

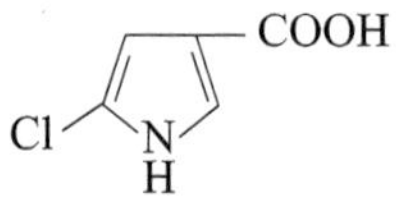

2.

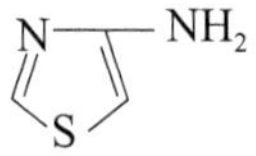

3.

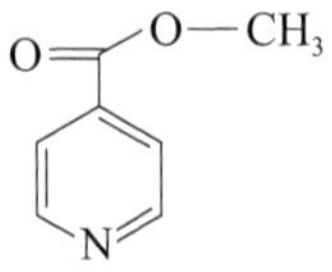

4.

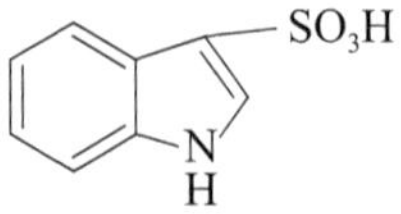

5.

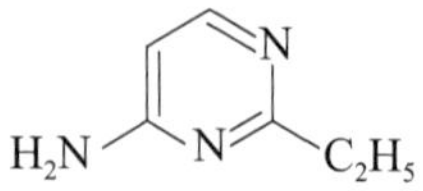

6.

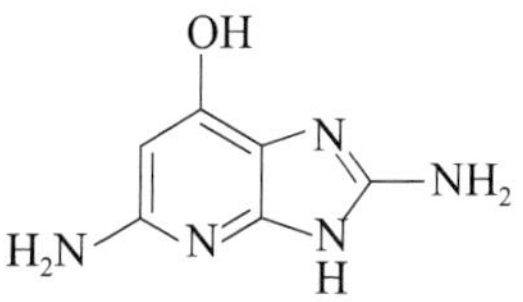

7.

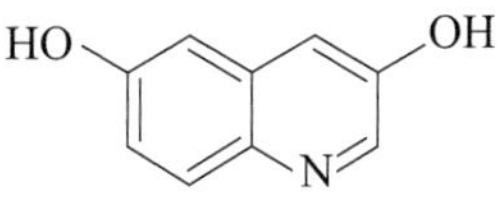

8.

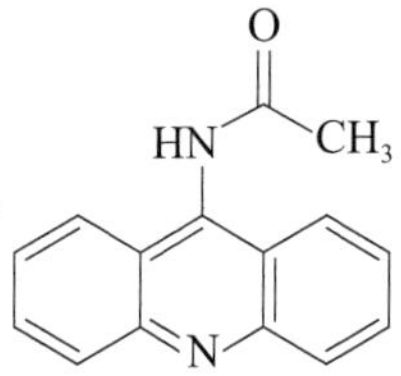

（二）写出下列化合物的结构式

1. 吲哚　　2. 嘌呤

3. 麻黄碱　　4. 小檗碱

（三）填空题

1. 呋喃是一种 ________ 色易挥发的液体，有 ________ 气味，________ 于水，易溶于 ________、________ 等有机溶剂。

2. 石斛碱是一种 ________ 生物类生物碱，最初是从 ________ 的茎中提取分离得到的。该成分具有升 ________、________、减弱心肌收缩力、抑制呼吸及弱的退热止痛作用。

（四）简答题

1. 列举几个含有杂环化合物的药物，以及在医学中的作用。

2. 列举几个常见的生物碱药物，说明它们的生理作用和功效。

3. 根据什么原理提纯生物碱？

4. 青蒿素是从植物黄花蒿中提取出来的，根据生物碱的定义，青蒿素是不是生物碱？

三、探索与进步

以小组为单位，查找资料，撰写研究小论文：

1. 吸烟有害身体健康栏目，宣传尼古丁对身体的危害。建议提纲：

（1）尼古丁分子结构中含有的特殊原子是什么？具有什么样的化学性质？

（2）尼古丁分子对人体有怎样的作用？

（3）尼古丁的主要危害有哪些？

（4）应采取怎样的措施减少尼古丁危害？

2. 中药栏目，宣传中药知识。建议提纲：

（1）黄连、石斛、百合等中药中含有哪些生物碱？

（2）它们的结构、性质和药理作用有哪些？

3. 青霉素栏目，建议提纲：

（1）青霉素简介（发现历史、化学结构、药理作用等）。

（2）我国青霉素化工现状和发展史。

4. 毒品栏目，介绍毒品常识，建议提纲：

（1）根据生物碱的定义，麻醉药品和精神药品是否是生物碱？

（2）查阅资料确认摇头丸、海洛因等毒品的主要成分是什么？

（3）为什么倡导珍爱生命，远离毒品？

（吴雨佳）

# 第 8 章
# 营养和生命类有机化合物

学习目标

知识目标：辨识油脂、卵磷脂及脑磷脂的结构式；辨识葡萄糖、果糖、蔗糖、淀粉、纤维素等常见物质的结构特征；辨识氨基酸、蛋白质的结构特征。掌握脂类、糖类、氨基酸和蛋白质类物质的化学性质，能够书写相应的化学反应式。

能力目标：能够正确使用化学基本仪器，开展脂类、糖类、蛋白质类物质化学性质验证，能够用化学方法鉴别还原性糖、非还原性糖、氨基酸、蛋白质。

素质目标：了解脂类、糖类、蛋白质类物质对于物质代谢和生命健康的意义，逐步具备健康饮食的基本素质。

脂类、糖类、蛋白质、水、无机盐和维生素是维持人体生命的六大营养素，其中脂类、糖类、蛋白质被称为三大能量营养素，除了为人体提供能量之外，还是机体构成成分、组织修复以及生理调节功能的化学物质；核苷酸是遗传的物质基础。本章主要讨论脂类、糖类、蛋白质、核苷酸的结构和化学性质。

## 第 1 节　油　　脂

油脂是油和脂肪的总称，在化学成分上都是高级脂肪酸与甘油所生成的酯，所以油脂属于酯类化合物。油脂广泛存在于动植物体中，是生命重要的物质基础，机体细胞膜、神经组织、激素的构成都离不开油脂。在室温下植物油脂通常呈液态，称为油，如花生油、芝麻油、菜籽油、豆油等；动物油脂通常呈固态，称为脂肪，如猪脂、牛脂、羊脂等。

案例 8-1

张某患癌症后接受放疗，身体消瘦。入院后遵医嘱静脉注射脂肪乳剂 500ml，连续注射 1 周后，患者体重逐渐恢复。

思考与讨论：1. 什么是脂肪？写出脂肪的结构通式。

2. 什么是乳化剂？乳化原理是什么？人体脂肪消化的乳化剂是什么？

### 一、油脂的组成和结构

自然界中的油脂是多种物质的混合物，其主要成分是 1 分子甘油与 3 分子的高级脂肪酸脱水形成的甘油三酯。油脂的结构通式如下：

$$
\begin{array}{l}
CH_2-O-\overset{\overset{\Large O}{\|}}{C}-R_1 \\
| \\
CH\ -O-\overset{\overset{\Large O}{\|}}{C}-R_2 \\
| \\
CH_2-O-\overset{\overset{\Large O}{\|}}{C}-R_3
\end{array}
$$

甘油部分 高级脂肪酸部分

结构式中，$R_1$、$R_2$、$R_3$ 代表脂肪酸的烃基。如果 $R_1$、$R_2$、$R_3$ 相同，这样的油脂称为**单甘油酯**；如果 $R_1$、$R_2$、$R_3$ 不相同，就称为**混甘油酯**。天然油脂大多是混甘油酯的混合物。

组成油脂的高级脂肪酸种类较多，大多数是含偶数碳原子的直链高级脂肪酸，有饱和的，也有不饱和的。其中以含十六个碳原子和十八个碳原子的高级脂肪酸最为常见，例如：

饱和脂肪酸：

软脂酸（十六酸） $C_{15}H_{31}COOH$

硬脂酸（十八酸） $C_{17}H_{35}COOH$

不饱和脂肪酸：

油酸（9- 十八碳烯酸） $C_{17}H_{33}COOH$

亚油酸（9, 12- 十八碳二烯酸） $C_{17}H_{31}COOH$

亚麻酸（9, 12, 15- 十八碳三烯酸） $C_{17}H_{29}COOH$

花生四烯酸（5, 8, 11, 14- 二十碳四烯酸） $C_{19}H_{31}COOH$

油脂中脂肪酸的饱和程度，对油脂的熔点影响很大。由饱和的硬脂酸或软脂酸生成的甘油酯熔点较高，常温下一般呈固态，而由不饱和的脂肪酸生成的甘油酯熔点较低，常温下则呈液态。由于各类油脂中所含的饱和脂肪酸和不饱和脂肪酸的相对量不同，因此，不同油脂具有不同的熔点。

多数高级脂肪酸在人体内都能合成，但是亚油酸、亚麻酸、花生四烯酸等在体内不能合成或合成太少，它们又是维持正常生命活动必不可少的，因此必须由食物来供给，称为**必需脂肪酸**。油脂的营养价值取决于油脂中必需脂肪酸的含量。例如，花生四烯酸是合成体内重要活性物质前列腺素的原料，人体必须从食物中摄取。人体必需脂肪酸主要来源于植物油、坚果、深海鱼油等，在体内有许多重要的生理功能，必需脂肪酸的缺乏会导致生长迟缓、皮疹及肾、肝、神经和视觉疾病。必需脂肪酸是合成胆固醇酯和磷脂的成分，能够降低胆固醇、减少血小板黏附性作用，防止血栓形成，有助于预防冠状动脉粥样硬化心脏病等慢性疾病。

**链接** 二十碳五烯酸和二十二碳六烯酸

从海洋鱼类及甲壳类动物体内的油脂中分离出的二十碳五烯酸（EPA）和二十二碳六烯酸（DHA），具有降低血脂、防治动脉粥样硬化、防治血栓形成等作用，可防治心脑血管疾病，也是大脑所需要的营养物质，被誉为“脑黄金”。

DHA除了能阻止胆固醇在血管壁上的沉积、预防或减轻动脉粥样硬化和冠心病的发生外，更重要的是，DHA对大脑细胞有着极其重要的作用。它占了人脑脂肪的10%，对脑神经传导和突触的生长发育极为有利。核桃油里面含有大量的不饱和脂肪酸，可以在人体内衍生为DHA，人们可适量食用。

## 二、物理性质

油脂的密度比水小，为0.90～0.95g/cm$^3$，难溶于水，易溶于有机溶剂。根据这一性质，工业上常用有机溶剂来提取植物种子里的油。油脂本身也是一种较好的溶剂。因天然油脂是混合物，所以无固定的熔点和沸点。纯净的油脂是无色、无味的，但一般天然油脂中因溶有色素和维生素等而有颜色和气味。

油脂可以发生乳化现象。油脂比水轻，又难溶于水，与水混合则浮于水面上形成两层。若用力振荡油和水的混合体系，油脂则以小油滴形态分散于水中形成一种不稳定的乳浊液，放置后，小油滴相互碰撞又合并成大油滴，最后又分为油脂和水两层。要使油脂分散在水中得到较稳定的乳浊液，必须加入乳化剂（肥皂、洗涤剂、胆汁酸盐等）。

观察图8-1，乳化剂分子具有亲水基和亲油基两部分。例如，肥皂（R—COONa）分子中的“R—”为亲油基，“—COONa”为亲水基，观察上述结构得出，在油和水的混合体系中加入乳化剂时，其亲油基伸向油中，亲水基伸向水中，使油脂小液滴表面形成了一层乳化剂分子的保护膜，防止小油滴相互碰撞而合并，从而形成比较稳定的乳浊液。利用乳化剂使油脂形成比较稳定的乳浊液称为**油脂的乳化**。

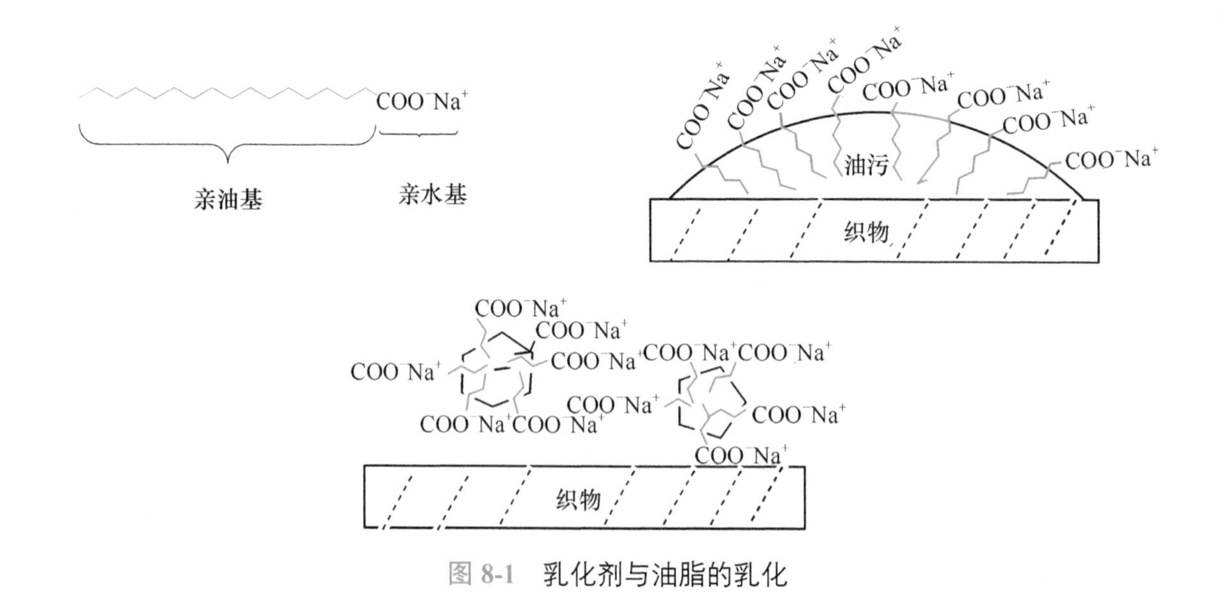


图8-1 乳化剂与油脂的乳化

油脂在小肠内，经胆汁酸盐的乳化，分散成小油滴，从而增大了与脂肪酶的接触面积，有利于油脂的水解、消化和吸收，因此油脂的乳化具有重要的生理意义。

肥皂的去污原理与乳化剂作用相似，主要是高级脂肪酸钠盐的作用。在洗涤过程中，污垢中的油脂跟肥皂接触后，高级脂肪酸钠（R—COONa）分子中的亲油基“—R”就插入油滴内，而易溶于水的亲水基“—COONa”伸在油滴外面，插入水中。这样油滴就被肥皂分子包围起来，$—COO^-$ 位于颗粒表面，再经过反复摩擦、振动，大的油滴分散成小的油珠，最后脱离被洗的纤维织品而分散到水中形成乳浊液，从而达到去污的目的。

## 三、化学性质

油脂是具有复合官能团的化合物。首先，油脂是酯类，因此有酯的化学性质，可发生水解反应；其次，油脂中的不饱和脂肪酸包含双键等官能团，因此具有不饱和烃的化学性质，如加成反应等。

1. 油脂的水解　油脂和酯一样，在酸或酶的作用下发生水解反应，生成甘油和相应的高级脂肪酸。例如，甘油三硬脂酸酯完全水解后，生成 1 分子甘油和 3 分子硬脂酸。油脂在不完全水解时，可生成脂肪酸、甘油二酯或甘油一酯。油脂水解生成的甘油、脂肪酸、甘油二酯或甘油一酯在体内均可被吸收并代谢。

如果油脂在碱性溶液中水解时，生成的高级脂肪酸又与碱反应生成高级脂肪酸盐。例如，甘油三硬脂酸酯在碱性溶液中，水解方程式为：

$$\begin{array}{l} CH_2-O-\overset{\overset{\displaystyle O}{\|}}{C}-C_{17}H_{35} \\ | \\ CH-O-\overset{\overset{\displaystyle O}{\|}}{C}-C_{17}H_{35} \\ | \\ CH_2-O-\overset{\overset{\displaystyle O}{\|}}{C}-C_{17}H_{35} \end{array} + 3NaOH \longrightarrow \begin{array}{l} CH_2-OH \\ | \\ CH-OH \\ | \\ CH_2-OH \end{array} + 3C_{17}H_{35}COONa$$

甘油三硬脂酸酯　　　甘油　　硬脂酸钠（肥皂主要成分）

硬脂酸钠是肥皂的有效成分，工业上利用这一反应原理来制肥皂。所以油脂在碱性条件下的水解反应又称为**皂化反应**。高级脂肪酸盐通常称为肥皂，由高级脂肪酸钠盐组成的肥皂，称为钠肥皂，又称硬肥皂，就是日常生活中用的普通肥皂。由高级脂肪酸钾盐组成的肥皂，称为钾肥皂，又称软肥皂。由于软肥皂对人体皮肤、黏膜刺激性小，医药上常用作灌肠剂或乳化剂。

2. 油脂的氢化　含有不饱和脂肪酸成分的油脂，其分子中含有双键，所以能在一定条件下与氢气发生加成反应。例如，甘油三油酸酯通过加氢变成甘油三硬脂酸酯。化学反应方程式为：

$$\begin{array}{l} CH_2-O-\overset{O}{\overset{\|}{C}}-C_{17}H_{33} \\ | \\ CH-O-\overset{O}{\overset{\|}{C}}-C_{17}H_{33} \\ | \\ CH_2-O-\overset{O}{\overset{\|}{C}}-C_{17}H_{33} \end{array} + 3H_2 \xrightarrow{Ni} \begin{array}{l} CH_2-O-\overset{O}{\overset{\|}{C}}-C_{17}H_{35} \\ | \\ CH-O-\overset{O}{\overset{\|}{C}}-C_{17}H_{35} \\ | \\ CH_2-O-\overset{O}{\overset{\|}{C}}-C_{17}H_{35} \end{array}$$

甘油三油酸酯　　　　　　　　甘油三硬脂酸酯

液态油中的不饱和脂肪酸通过加氢变成饱和脂肪酸，提高了饱和度，可使液态的油变成固态的脂肪。液态油通过加氢变成固态脂肪的过程称为**油脂的氢化**，又称**油脂的硬化**。通过加氢而得到的固态油脂，称为硬化油。硬化油不易被空气氧化变质，便于运输和保存，可用于制造肥皂、脂肪酸、甘油、人造黄油等。人造奶油的主要成分就是氢化的植物油。

3. 油脂的酸败　油脂放置过久易被空气中氧气氧化，逐渐变质而产生难闻的气味，这种变化称为**油脂的酸败**。酸败的原因是油脂在光、热、水、氧气、微生物等因素的作用下，发生了水解反应、氧化反应等，生成了有挥发性且有难闻气味的低级醛、酮、脂肪酸的混合物。油脂酸败后产生对人体健康有害的物质，因而不能食用。为防止油脂的酸败，应将油脂保存在密闭容器中，而且要避光、低温存放，也可添加少量适当的抗氧化剂（如维生素 E）。

## 四、油脂的意义

油脂是人体中重要的营养物质，它不仅给人体提供热量，而且它的代谢产物可以合成细胞的主要成分卵磷脂和固醇等。正常人体脂类含量为体重的 14%～19%，肥胖者可达到体重的 30% 以上。绝大部分油脂储存于脂肪组织细胞中，分布在腹腔、皮下、肌纤维间及脏器周围。油脂是一类重要的有机化合物，在生理上具有很重要的意义。

1. 机体能量的重要来源　油脂是动物体内储存和供给能量的重要物质之一。人体所需总热量的 20%～30% 由脂肪氧化来提供，1g 脂肪氧化产生约 38kJ 的能量，是糖类物质的 2 倍。人体在饥饿或禁食时，脂肪就成为机体所需能量的主要来源。

2. 生物膜的组成部分　脂蛋白主要由脂类和蛋白质组成，是构成生物膜的成分，对维持细胞正常功能起重要作用。

3. 保持体温、保护脏器　脂肪不易导热，分布于皮下的脂肪可以防止热量散失而保持体温。一般肥胖的人比瘦小的人在夏天更怕热、在冬天更抗冻，就是体内脂肪多的缘故。分布于脏器周围的脂肪可对撞击起到缓冲作用而保护内脏。

4. 参与生物代谢　油脂能促进脂溶性维生素的吸收、代谢，并与多种激素的生成及神经介质的传递等有密切关系。

油脂还被广泛应用于制药工业中，如麻油可用作膏药的基质原料，且麻油药性清凉，有消炎、镇痛等作用。蓖麻油一般用作导泻剂。

# 第 2 节　类　　脂

类脂是存在于生物体内、性质类似于油脂的有机化合物。重要的类脂有**磷脂**和**甾醇（固醇）**。

## 一、磷脂的结构特点

磷脂广泛存在于动植物组织中，主要存于脑、神经组织、骨髓、心、肝、肾等器官中，在蛋黄、植物的种子及胚芽中，磷脂的含量也很丰富。

磷脂是含磷的脂肪酸甘油酯，结构和性质都与油脂相似。磷脂完全水解后可以生成甘油、脂肪酸、磷酸、含氮有机碱四种物质。根据含氮有机碱的不同，磷脂可分为卵磷脂（磷脂酰胆碱）和脑磷脂（磷脂酰胆胺）。

### （一）卵磷脂

卵磷脂因最初从蛋黄中发现，且含量丰富而得名。其结构式如下：

```
       O
       ‖
R1 — C — O — CH2
       O      |
       ‖      |
R2 — C — O — CH
              |         O
              |         ‖
             CH2 — O — P — O — CH2CH2N+(CH3)OH−
                        |
                        OH
```

高级脂肪酸部分　甘油部分　磷酸部分　胆碱部分

1 分子卵磷脂完全水解后可以生成 1 分子甘油、2 分子脂肪酸、1 分子磷酸和 1 分子胆碱。卵磷脂为白色蜡状固体，难溶于水，易溶于乙醚和乙醇。卵磷脂不稳定，在空气中变为黄色或褐色。卵磷脂中胆碱部分能促进脂肪在人体内的代谢，防止脂肪在肝脏中大量积存，因此卵磷脂常用作抗脂肪肝的药物。

### （二）脑磷脂

脑磷脂因在脑组织中含量较多而得名，并与卵磷脂共存于动物的组织中。结构式如下：

```
       O
       ‖
R1 — C — O — CH2
       O      |
       ‖      |
R2 — C — O — CH
              |         O
              |         ‖
             CH2 — O — P — O — CH2CH2NH2
                        |
                        OH
```

高级脂肪酸部分　甘油部分　磷酸部分　胆胺部分

脑磷脂为无色固体，难溶于水和丙酮，微溶于乙醇。脑磷脂很不稳定，在空气中易氧化成棕黑色，可用作抗氧化剂。脑磷脂存在于血小板中，与血液的凝固有关，其中能促进血液凝固的凝血激酶就是由脑磷脂和蛋白质组成的。

## 二、甾醇的结构特点

甾醇又称固醇，广泛存在于动植物组织中，其在结构上都含有一个环戊烷多氢菲的骨架。$C_3$ 上连有羟基。因此甾醇是一类含有一个环戊烷多氢菲骨架、结构复杂的脂环醇。环戊烷多氢菲及甾醇的基本结构如下：

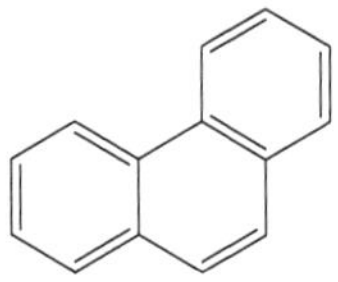

菲 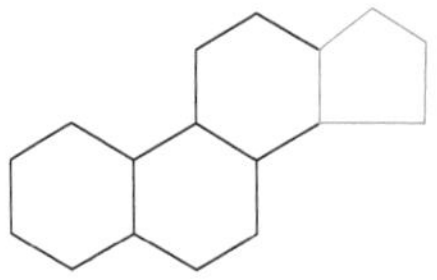　　环戊烷多氢菲 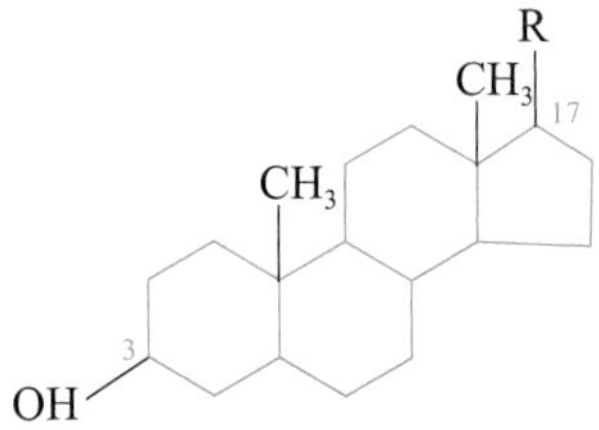　　甾醇的基本结构

甾醇的“甾”上的三条折线表示甾醇上的两个甲基和一个烃基，“田”则形象地表示了环戊烷多氢菲的结构。各种甾醇在结构上的差别主要是 $C_{17}$ 上连接的烃基（—R）不同，以及环上的双键数目和位置不同。其中最重要的甾醇是胆甾醇，又称**胆固醇**。

## 三、常见的类脂

### （一）胆甾醇

胆甾醇是一种无色或略带黄色的蜡状固体，难溶于水，易溶于热乙醇、乙醚和氯仿等有机溶剂。胆甾醇常与油脂共存但不能皂化。胆甾醇在体内常与脂肪酸结合成胆甾醇酯，两者共存于血液中。在人体中，胆甾醇代谢发生障碍时，血液中的胆甾醇含量就会增加，胆甾醇和胆甾醇酯沉积于血管壁，从而引起动脉粥样硬化，造成高血压。胆汁中胆甾醇的沉积会形成胆结石，胆结石可引起剧烈疼痛，阻塞正常胆汁液流动，引起黄疸。

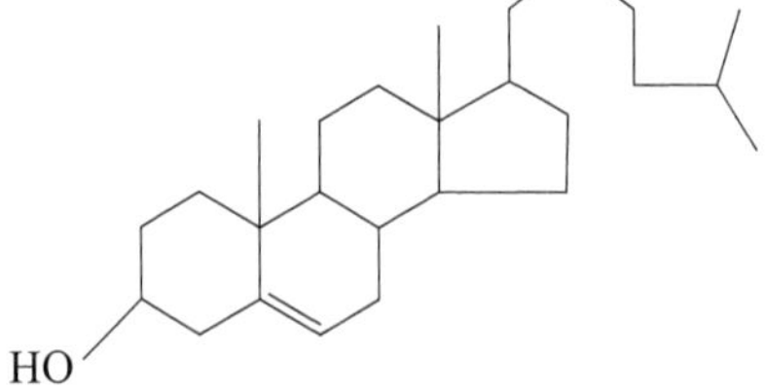

甾醇（胆固醇）的结构

**链接　血脂与动脉粥样硬化**

血脂包括甘油三酯、磷脂、胆甾醇和胆甾醇酯及游离脂肪酸等。血脂代谢异常可使机体内血脂含量过高。血脂长期超标，将会逐渐沉积于血管壁上，引起不同程度的血管阻塞，从而导致局部组织缺血，严重的甚至会引起脑卒中、冠心病等。因此，血脂代谢异常是导致动脉粥样硬化的重要因素。

### （二）7- 去氢胆甾醇和麦角甾醇

7- 去氢胆甾醇是动物甾醇，与胆固醇在结构上有一定的差异。在结肠黏膜细胞内，胆固醇经酶催化氧化成 7- 去氢胆甾醇；麦角甾醇是植物甾醇，存在于酵母和某些植物当中。甾醇类中的 7- 去氢胆甾醇和麦角甾醇等在阳光作用下可转变成各种维生素 D。

胆甾醇在体内还可以转变成多种重要的物质，如胆汁酸（如胆酸）、肾上腺皮质激素（如氢化可的松）、性激素（如睾酮、黄体酮）等，它们都是具有重要生理功能的物质。

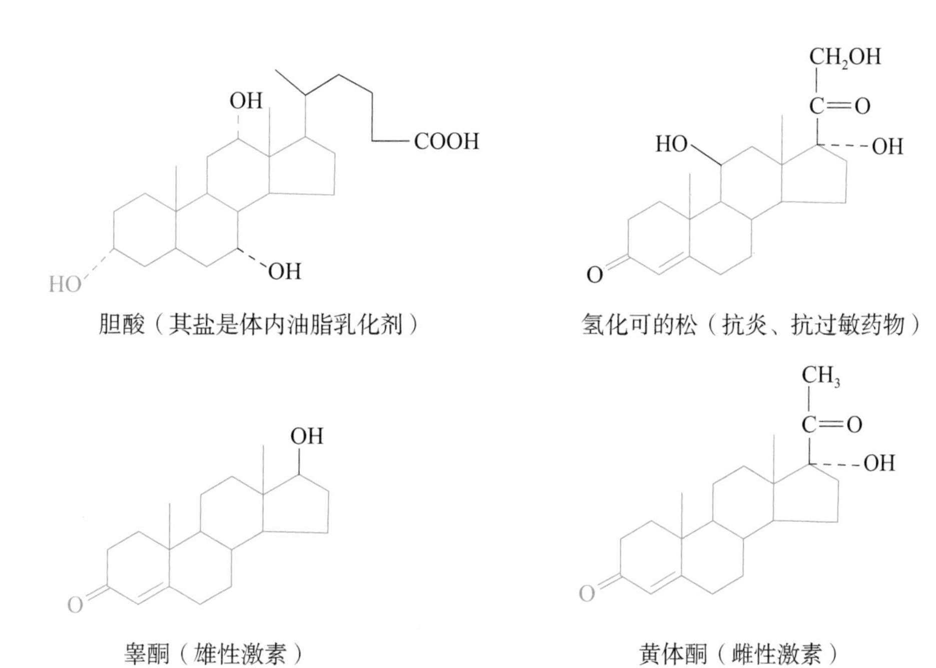


胆酸（其盐是体内油脂乳化剂）　　氢化可的松（抗炎、抗过敏药物）

睾酮（雄性激素）　　黄体酮（雌性激素）

## 第 3 节 糖　　类

糖类是广泛存在于自然界中的一类重要有机化合物，也是人类生命活动必需的营养物质之一。生物体内都含有糖类，如人体血液中的葡萄糖、哺乳动物乳汁中的乳糖、肝和肌肉中的糖原、植物细胞壁内的纤维素、粮食作物中的淀粉都属于糖类有机化合物。此外，许多糖类化合物还具有特殊的生理功能，如肝素具有抗凝血作用。

**案例 8-2**

张大爷自述最近多饮、多尿、多食，身体却越来越瘦，四肢乏力。医院检测空腹血糖浓度为 16.7mmol/L，诊断为糖尿病。医生给他开了一些治疗药并叮嘱平时要注意饮食，嘱咐他今后一定要少吃糖，注意饮食均衡，在保证总热量的前提下，必须要严格控制每餐米、面等主食的摄入量，以防止体内血糖的升高。

问题：1. 为什么医生要求控制每餐米、面等主食的摄入量？它们与糖有什么关系？

2. 糖的结构是怎么样的？有哪些化学性质？

糖类最早被称为“碳水化合物”，这是因为糖类由碳、氢、氧三种元素组成，并且大多数糖类中氢原子、氧原子的个数比为 2∶1，恰如水的组成，可用通式 $C_n(H_2O)_m$ 表示。

然而，随着科学的发展，研究人员发现鼠李糖（$C_6H_{12}O_5$）、脱氧核糖（$C_5H_{10}O_4$）等糖类化合物中氢、氧个数之比不是 2 ∶ 1，而有些化合物如甲醛（$CH_2O$）、乙酸（$C_2H_4O_2$）等也符合 $C_n(H_2O)_m$ 通式，但不属于糖类，因此碳水化合物这个名称并不恰当，但因沿用已久，有些书上仍在应用。

从化学结构上看，**糖类**是多羟基醛、多羟基酮或它们的脱水缩合物。根据水解情况，糖类一般分为单糖、低聚糖和多糖。

不能水解的糖称为**单糖**，如葡萄糖、果糖；水解后生成 2～10 个单糖分子的糖称为**低聚糖**，根据单糖数目，又可分为双糖、三糖等，其中最重要的是双糖，如蔗糖、麦芽糖；水解后能成 10 个以上单糖分子的糖称为**多糖**，如淀粉、糖原、纤维素。

## 一、单　糖

单糖一般含有 3～6 个碳原子，按分子中所含碳原子数目可分为丙糖、丁糖、戊糖和己糖。

从结构上可分为醛糖和酮糖，多羟基醛称为**醛糖**，多羟基酮称为**酮糖**。与医药关系密切的单糖有葡萄糖、果糖、核糖、脱氧核糖、半乳糖和氨基糖等。其中具有代表性的是葡萄糖和果糖。

### （一）单糖的结构

**1. 葡萄糖的结构**　葡萄糖的结构分为开链式结构、氧环式结构。

（1）开链式结构　葡萄糖的分子式为 $C_6H_{12}O_6$，属**己醛糖**，为直链的五羟基己醛，其中 2, 3, 4, 5 号碳原子是手性碳原子。手性碳原子中与羟甲基（$-CH_2-OH$，即 —C(H)(H)—OH）相连的手性碳原子（即 $C_5$）的羟基在右边的，属于 *D*- 型，在左边的，属于 *L*- 型。天然存在的葡萄糖是 *D*-葡萄糖，其结构式为：

```
 H—¹C═O
    |
 H—²C*—OH
    |
HO—³C*—H
    |
 H—⁴C*—OH
    |
 H—⁵C*—OH
    |
   ⁶CH₂OH
```

*D*-葡萄糖

（2）氧环式结构　葡萄糖分子中既含有醛基，又含有羟基。$C_5$ 上的羟基与 $C_1$ 的醛基之间可发生加成反应，生成环状的半缩醛，产生的羟基被称为**苷羟基**。葡萄糖的环状结构是由 1 个氧和 5 个碳形成的六元环，与含氧六元杂环吡喃相似，因此称为**吡喃型葡萄糖**。

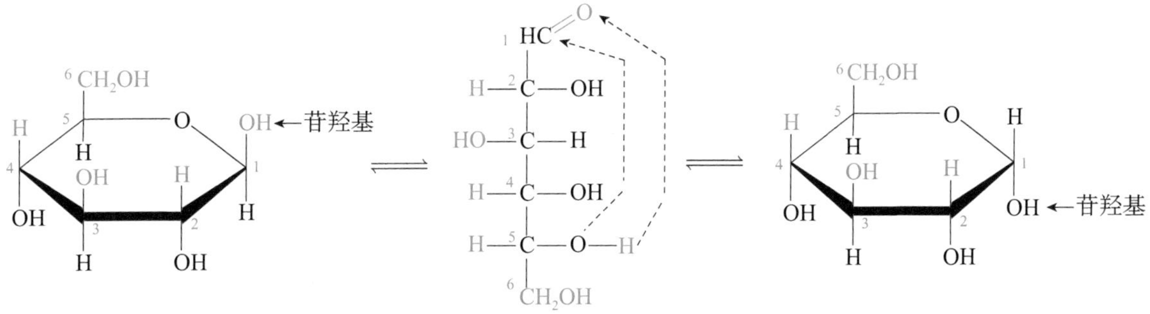

β-D-吡喃葡萄糖（64%）　　D-葡萄糖（开链式，0.01%）　　α-D-吡喃葡萄糖（36%）

上图中的吡喃葡萄糖结构，是把吡喃环（ 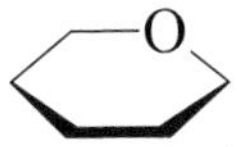 ）当作平面，把连在环上面的基团写在环的上面或下面，以表示其空间位置，这样的环状结构式称为**哈沃斯投影式**（Haworth projection）。

开链式葡萄糖转化为吡喃葡萄糖时，通常将开链式结构中的左边原子（即 $C_6$）写在吡喃环的上侧，苷羟基与 $C_6$ 的羟甲基（$-\overset{H}{\underset{H}{C}}-OH$）同侧的，即在吡喃环上面的称为 ***β*- 型葡萄糖**，约占总含量的 64%，是葡萄糖的主要构型；苷羟基与 $C_6$ 的羟甲基（$-\overset{H}{\underset{H}{C}}-OH$）异侧的，即在吡喃环下面的，称为 ***α*- 型葡萄糖**，约占总含量的 36%，开链式结构仅占约 0.01%。这两种异构体在溶液中可以通过开链式结构互相转换，形成一个平衡体系。

2. 果糖的结构

（1）开链式结构　果糖的分子式为 $C_6H_{12}O_6$，是己酮糖，与葡萄糖互为同分异构体，其开链式分子中 $C_2$ 是酮基，其余 5 个碳原子上各连有 1 个羟基，除 $C_1$ 外，$C_3$、$C_4$、$C_5$ 上羟基的空间位置与葡萄糖相同。天然果糖均是 *D*- 果糖。

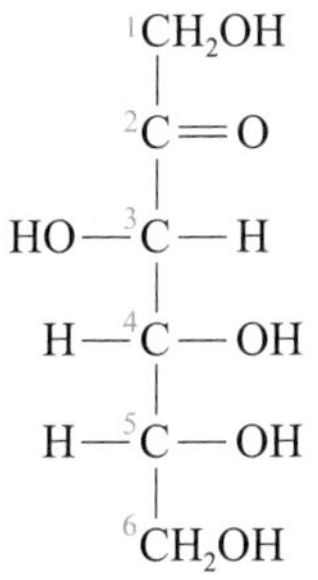

$$
\begin{array}{c}
{}^{1}CH_2OH \\
| \\
{}^{2}C=O \\
| \\
HO-{}^{3}C-H \\
| \\
H-{}^{4}C-OH \\
| \\
H-{}^{5}C-OH \\
| \\
{}^{6}CH_2OH
\end{array}
$$

（2）氧环式结构　由于果糖分子中与酮基相邻的碳原子上都有羟基，酮基的活泼性提高，可分别与 $C_5$ 或 $C_6$ 上的羟基作用生成环状半缩酮。果糖以游离态存在时，主要以六元环（吡喃型）形式存在；当果糖以结合态存在时，则以五元环（呋喃型）的形式存在。与葡萄糖相似，氧环式果糖的结构也有 *α* 型和 *β* 型两种。

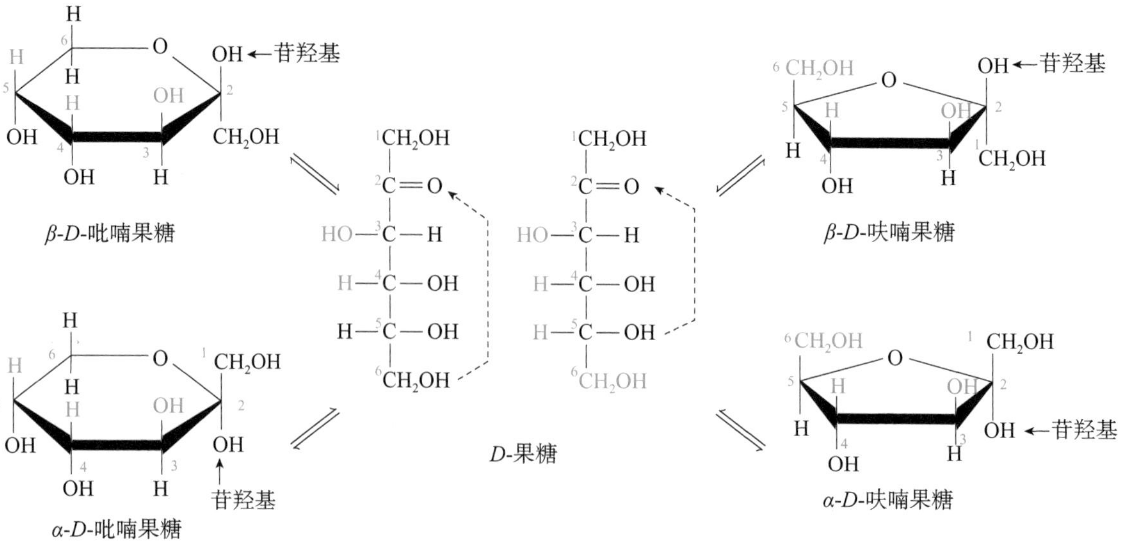

β-*D*-吡喃果糖　*D*-果糖　β-*D*-呋喃果糖

α-*D*-吡喃果糖　α-*D*-呋喃果糖

3\. 核糖和脱氧核糖的结构　核糖的分子式为 $C_5H_{10}O_5$，脱氧核糖的分子式为 $C_5H_{10}O_4$，它们都是戊醛糖。在结构上，核糖的 $C_2$ 上有 1 个羟基，脱氧核糖的 $C_2$ 上则没有羟基，只有 2 个氢原子，即脱氧核糖可以看作是核糖脱去 $C_2$ 上的羟基氧原子而成的。

（1）开链式结构　核糖和脱氧核糖的开链式结构如下：

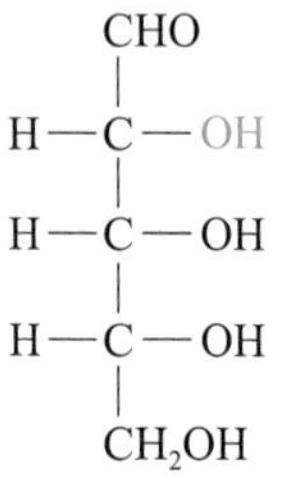

核糖 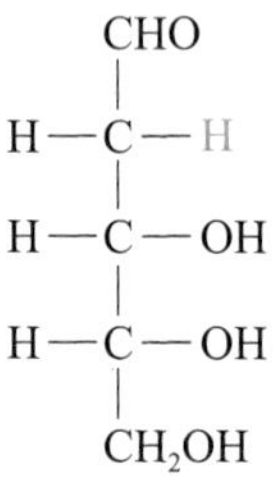　脱氧核糖

（2）氧环式结构　核糖的哈沃斯投影式，表示如下：

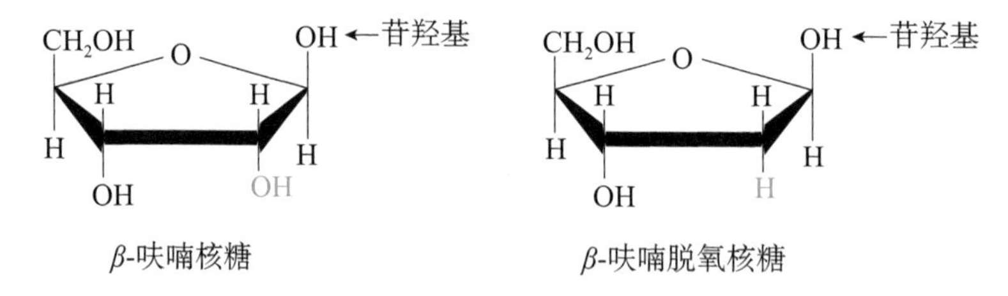


β-呋喃核糖　β-呋喃脱氧核糖

## （二）物理性质

单糖都是无色晶体，具有吸湿性，易溶于水，难溶于乙醇等有机溶剂。单糖味甘，不同的单糖甜度不同，单糖（除丙酮糖外）都具有旋光性，溶于水时出现变旋现象。

## （三）化学性质

单糖分子中含有羟基和醛基（或者酮基），是复合官能团的化合物，其化学性质由羟基、醛基决定。由于多羟基酮的酮基受到羟基的影响，其性质与多羟基醛相似。

1\. 氧化反应　无论是醛糖还是酮糖，单糖分子中都可以被弱氧化剂托伦试剂、本尼迪克特试剂氧化。

（1）银镜反应　托伦试剂是硝酸银与适量的氨水配成的溶液，其主要成分银氨配离子具有弱氧化性，能被单糖还原生成单质银，产生银镜现象。因此该反应称为银镜反应。其化学反应方程式为

$$CH_2OH(CHOH)_4CHO + 2Ag(NH_3)_2OH \xrightarrow{水浴} CH_2OH(CHOH)_4COONH_4 + 2Ag\downarrow + 3NH_3\uparrow + H_2O$$

（2）与本尼迪克特试剂反应　本尼迪克特试剂是硫酸铜、碳酸钠和柠檬酸钠配制而成的碱性溶液，其主要成分是铜离子和柠檬酸根离子形成的配合物，能被单糖还原成砖红色的氧化亚铜（$Cu_2O$）沉淀。在临床上，常用这一反应来检验糖尿病患者尿中是否含有葡萄糖。其化学反应方程式为

$$2CH_2OH(CHOH)_4CHO + 3Cu(OH)_2 \longrightarrow [CH_2OH(CHOH)_4COO]_2Cu + Cu_2O\downarrow + 3H_2O$$

凡能被托伦试剂、本尼迪克特试剂氧化的糖称为还原性糖，反之称为非还原性糖，单糖都是还原性糖。

2. 成苷反应　单糖环状结构的苷羟基较活泼，能够与另一含羟基的化合物（如醇和酚等）脱去一分子的水生成糖苷（简称苷），此反应称为**成苷反应**。例如，葡萄糖与甲醇在干燥的 HCl 气体的催化作用下，脱去一分子的水，生成葡萄糖甲苷。

糖苷是由糖和非糖部分通过苷键连接而成的一类化合物，相当于缩醛。糖的部分称为糖苷基，非糖部分称为配糖基，糖苷基和配糖基之间由氧原子连接而成的键称为**糖苷键**（或**苷键**）。糖苷不具有还原性。

糖苷广泛存在于植物体中，且大多数具有生物活性，是许多中草药的有效成分之一。皂苷是一类特殊的糖苷，人参、远志、桔梗、甘草、知母和柴胡等中草药的主要有效成分都含有皂苷。

3. 成酯反应　单糖分子中的羟基能与酸发生反应生成酯，人体内的葡萄糖在酶的作用下，分子中 $C_1$、$C_6$ 上的羟基可以分别或同时与磷酸发生酯化反应，生成葡萄糖 -1- 磷酸酯、葡萄糖 -6- 磷酸酯和葡萄糖 -1, 6- 二磷酸酯，在生物化学中，它们常被称为 1- 磷酸葡萄糖、6- 磷酸葡萄糖和 1, 6- 二磷酸葡萄糖。

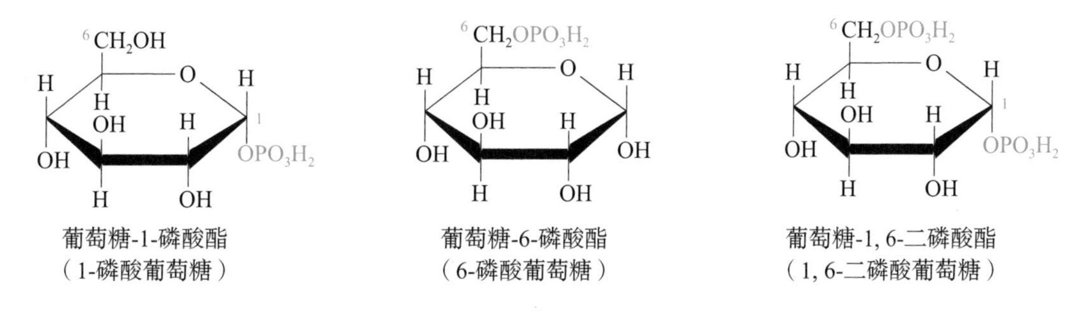

葡萄糖-1-磷酸酯（1-磷酸葡萄糖）　葡萄糖-6-磷酸酯（6-磷酸葡萄糖）　葡萄糖-1, 6-二磷酸酯（1, 6-二磷酸葡萄糖）

人体中的化学反应中，单糖的磷酸酯是体内许多代谢过程的中间产物，在生命过程中具有非常重要的意义。

（四）医学中常见的单糖

1. 葡萄糖　葡萄糖是自然界分布最广的单糖，它是无色或白色结晶性粉末，有甜味。工业上用水解淀粉的方法来制取葡萄糖。

葡萄糖是人类重要的营养物质，是人体所需能量的主要来源。人类脑的功能完全依赖于葡萄糖分解过程产生的能量，在单位时间内需要恒定的葡萄糖供给，因此膳食中必须及时供给易分解成葡萄糖的糖类化合物。在医药上葡萄糖作为营养剂，50g/L（5%）的葡萄糖溶液是临床输液时常用的等渗溶液，并有强心、利尿和解毒作用。在制药、食品工业中，葡萄糖是重要原料。

人体血液中的葡萄糖称为**血糖**，正常人空腹时血糖的含量为 3.9～6.1mmol/L；尿液中的葡萄糖称尿糖，糖尿病患者的尿糖含量随病情的轻重而不同。

2. 果糖　果糖是无色结晶，味很甜，易溶于水，可溶于乙醇和乙醚，熔点为 104℃。其水溶液具有旋光性，并且是左旋体，因此又称为左旋糖。

果糖是天然糖中最甜的糖，甜度为蔗糖的 1.3～1.8 倍。果糖常以游离态存在于蜂蜜和水果汁中，以结合态存在于蔗糖中。

果糖在体内能与磷酸作用生成磷酸酯，人体内代谢的重要中间产物 1, 6- 二磷酸果糖是高能营养性药物，有增强细胞活力和保护细胞的功能，可作为心肌梗死及各类休克的辅助药物。

3. 核糖和脱氧核糖　核糖是核糖核酸（RNA）的重要组成部分。脱氧核糖是脱氧核糖核酸（DNA）的重要组成部分。RNA 参与蛋白质和酶的生物合成，DNA 是传送遗传密码的要素，它们是人类生命活动中非常重要的物质。

## 二、双　糖

双糖是由两个单糖分子脱水缩合而成。常见的双糖有蔗糖、麦芽糖和乳糖，它们的分子式均为 $C_{12}H_{22}O_{11}$，互为同分异构体。

（一）蔗糖

1. 蔗糖的结构特征　日常生活中食用的红糖、白糖、冰糖等主要成分都是蔗糖，可以从甘蔗和甜菜中提取。蔗糖是由 1 分子 *α*- 吡喃葡萄糖 $C_1$ 的羟基与 1 分子 *β*- 呋喃果糖 $C_2$ 上的羟基脱去 1 分子水缩合而成的糖苷。蔗糖的哈沃斯投影式为

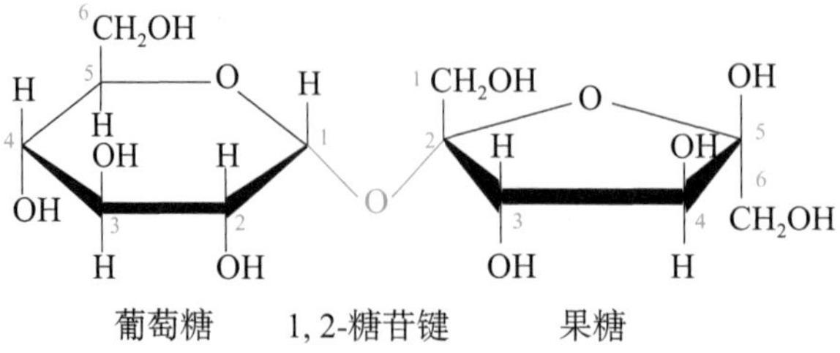

葡萄糖　1, 2-糖苷键　果糖

蔗糖分子结构

2. 蔗糖的性质　纯净的蔗糖是白色晶体，熔点为 186℃，味甜，甜度仅次于果糖，易溶于水而难溶于乙醇。

由于蔗糖分子中没有苷羟基，无还原性，属于非还原性双糖，不能与托伦试剂、本尼迪克特试剂等弱氧化剂发生氧化反应，也不能发生成苷反应。在酸或酶的作用下，水解生成葡萄糖和果糖。

蔗糖水解后生成的等量的葡萄糖与果糖的混合物称为转化糖。转化糖因为含有果糖，所以甜度比蔗糖大。蔗糖富有营养，主要供食用。

案例 8-3

蔗糖由于具有极大的吸湿性和溶解性，因此能形成高度浓缩的高渗透压溶液，对微生物有抑制作用，利用此性质，食品工业将蔗糖大规模用于果脯、果酱的生产，医药上将其用作防腐剂和抗氧化剂。

问题：1. 市场上常见的白糖、黑糖、红糖、冰糖等糖的异同点是什么？

2. 为什么果脯等不容易腐烂？

（二）麦芽糖

麦芽糖在自然界以游离态存在的很少，主要存在于发芽的谷粒尤其是麦芽中，因此得名。淀粉可在淀粉酶的作用下水解生成麦芽糖。

1. 麦芽糖的结构特征　麦芽糖是由 2 分子葡萄糖脱去 1 分子水缩合而成的，2 个葡萄糖分子之间通过 $\alpha$-1, 4- 糖苷键相结合。麦芽糖的哈沃斯投影式为

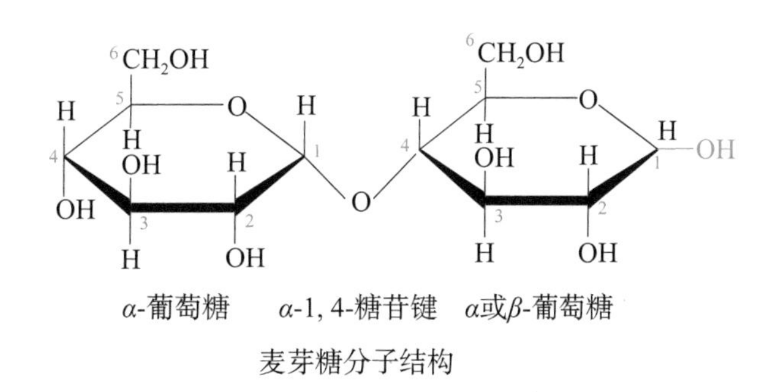


麦芽糖分子结构

2. 麦芽糖的性质　麦芽糖为白色晶体，易溶于水，有甜味，甜度约为蔗糖的 1/3，是饴糖的主要成分，有营养价值，可用作糖果及细菌的培养基。

麦芽糖分子中有一个苷羟基，具有还原性，是**还原性双糖**，它能与托伦试剂、本尼迪克特试剂作用，也能发生成苷反应和成酯反应。

麦芽糖是淀粉水解的中间产物。在酸或酶的作用下，1 分子麦芽糖能水解生成 2 分子葡萄糖。

$$\text{麦芽糖} + H_2O \xrightarrow{H^+\text{或酶}} \text{葡萄糖} + \text{葡萄糖}$$

（三）乳糖

乳糖因存在于哺乳动物的乳汁中而得名，牛乳中含 40～50g/L，人乳中含 60～70g/L。乳糖是奶酪工业的副产品。

1. 乳糖的结构特征　乳糖分子是由 1 分子 $\beta$- 半乳糖 $C_1$ 上的羟基与另一分子 $\alpha$- 吡喃葡萄糖 $C_4$ 上的羟基脱去 1 分子水缩合而成的。乳糖的哈沃斯投影式为

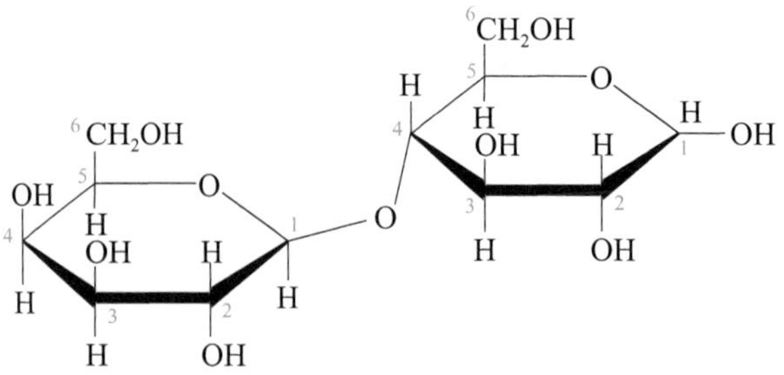

$\beta$-半乳糖　$\beta$-1, 4-糖苷键　$\alpha$或$\beta$-葡萄糖

乳糖的分子结构

2. 乳糖的性质　乳糖是白色粉末，有甜味但甜度较小，在水中溶解度小，吸湿性小，医药上常用作散剂、片剂的填充剂。

乳糖分子中有一个游离的苷羟基，因此具有还原性，能与托伦试剂、本尼迪克特试剂作用，也能发生成苷反应和成酯反应。

在酸或酶的作用下，乳糖能水解生成 1 分子 $\beta$- 半乳糖和 1 分子葡萄糖。

$$\text{乳糖} + H_2O \xrightarrow{H^+\text{或酶}} \text{半乳糖} + \text{葡萄糖}$$

**链 接**　乳糖的营养价值与儿童奶粉配方

乳糖的甜度相当于蔗糖的 1/6～1/5，可分为 $\alpha$- 乳糖水解物和 $\alpha$- 乳糖。乳糖对幼儿智力发育非常重要，可以提供儿童大脑发育所需要的营养。同时乳糖在肠道中可以促进双歧杆菌的生长，有利于杀灭致病菌，抑制肠道内异常发酵造成的中毒现象。乳糖还可以促进膳食中钙等物质的吸收，从而预防小儿佝偻病、中老年骨质疏松。

2023 年 2 月 22 日，婴幼儿配方奶粉的新国标正式实施。新标准对碳水化合物的比例作了规定，比如 2 段奶粉将不再允许使用果糖和蔗糖作为碳水化合物来源，应该首选乳糖；3 段奶粉也明确要求乳糖含量应占糖类（碳水化合物）的 50% 以上。

## 三、多　糖

多糖是由多个单糖分子间脱水缩合，通过苷键连接而成的天然高分子化合物。可用通式（$C_6H_{10}O_5$）$_n$ 来表示，它们不是纯净物，而是混合物。多糖广泛存在于动植物体内，与人类关系最密切的多糖有淀粉、糖原和纤维素等。还有一些多糖如糖胺聚糖、血型物质等，具有复杂多样的生理功能，在生物体内起着重要的作用。

根据组成多糖的单元是否相同，可将多糖分为匀多糖和杂多糖。**匀多糖**是由相同的单糖脱水缩合而成的多糖，如淀粉、糖原、纤维素等。**杂多糖**是指由不同的单糖脱水缩合而成的多糖，如硫酸软骨素、肝素、$\alpha$- 球蛋白等。

多糖没有甜味，大多数不溶于水，少数溶于水而形成胶体溶液。因多糖分子中的苷羟基几乎都被结合成氧苷键，所以多糖无还原性，属于非还原性糖，不能与本尼迪克特

试剂、托伦试剂等弱氧化剂发生氧化反应。在酸或酶的作用下，多糖能够水解，最终产物为单糖。生活中和医药卫生领域中常见的多糖如下。

### （一）淀粉

淀粉是绿色植物光合作用的主要产物，是植物储存营养物质的一种形式。它广泛存在于植物的种子和块茎中，如大米中淀粉的含量约为 80%，小麦中淀粉的含量约为 70%，是人类最主要的食物。

组成淀粉的基本单元是 $\alpha$- 葡萄糖。天然淀粉是无色无味的白色粉状物，根据结构不同，淀粉可分为直链淀粉和支链淀粉。图 8-2 和图 8-3 分别为直链淀粉和支链淀粉的结构。淀粉中直链淀粉约占 20%，支链淀粉约占 80%。直链淀粉存在于淀粉的内层，一般由数百到数千个 $\alpha$- 葡萄糖单元组成，葡萄糖单元之间是 $\alpha$-1, 4- 糖苷键，在热水中有一定的溶解度，不成糊状，所以又称可溶性淀粉。支链淀粉存在于淀粉外层，组成淀粉的皮质，一般由数千到数万个 $\alpha$- 葡萄糖单元组成，链中的葡萄糖单元之间是以 $\alpha$-1, 4- 糖苷键结合，链与链之间以 $\alpha$-1, 6- 糖苷键相连接，在热水中膨胀而成糊状。糯米之所以黏性较强，就是因为含支链淀粉较多。

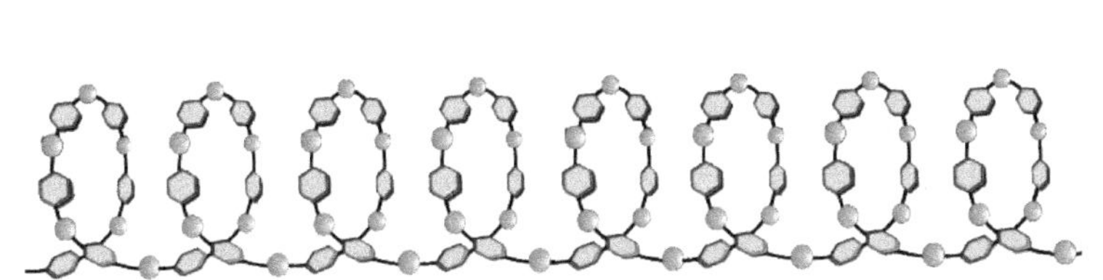

图 8-2　直链淀粉结构

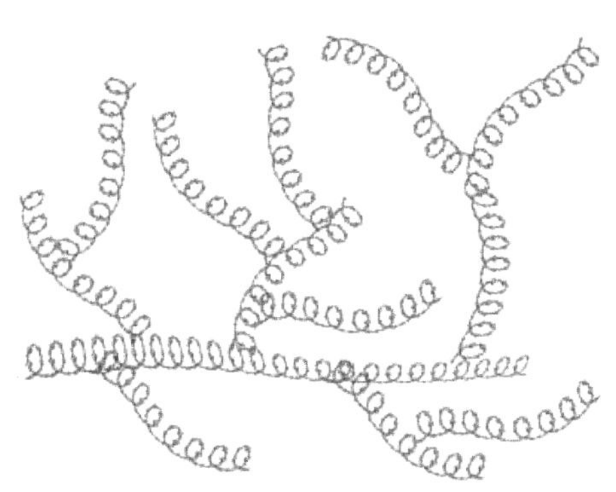

图 8-3　支链淀粉结构

直链淀粉遇碘显深蓝色，这个反应十分灵敏，加热蓝色即消失，冷却后又复现蓝色。支链淀粉与碘作用显蓝紫色。

淀粉在酸或酶的作用下，通过一系列水解，最后得到葡萄糖。

$$\underset{\text{淀粉}}{(C_6H_{10}O_5)_n} \xrightarrow{\text{水}} \underset{\text{糊精}}{(C_6H_{10}O_5)_m} \xrightarrow{\text{水}} \underset{\text{麦芽糖}}{C_{12}H_{22}O_{11}} \xrightarrow{\text{水}} \underset{\text{葡萄糖}}{C_6H_{12}O_6}$$

淀粉是发酵工业、制药工业的重要原料，在药物制剂中用作赋形剂。

### （二）糖原

糖原是人和动物体内储存葡萄糖的一种多糖，又称肝糖或动物淀粉，属匀多糖。存在于肝脏中的糖原称肝糖原，存在于肌肉中的糖原称肌糖原。

糖原的组成单元是 $\alpha$- 葡萄糖，结构与支链淀粉相似，但支链更多、更稠密、分子量更大，各支链点之间的间隔大约是 5 个或 6 个葡萄糖单元。

糖原是无定形粉末，不溶于冷水，溶于热水形成透明胶体溶液，与碘作用显红棕色。

糖原水解的最终产物是 α- 葡萄糖。

糖原在体内的储存对维持人体血糖浓度的相对稳定性具有重要的调节作用。当血糖浓度升高时，多余的葡萄糖就聚合成糖原储存于肝内；当血糖浓度降低时，肝糖原就分解成葡萄糖进入血液，以保持血糖浓度正常。肌糖原是肌肉收缩和运动所需的主要能源。

### （三）非淀粉多糖

非淀粉多糖又称不可利用多糖，是不能被人体消化吸收的糖类，包括纤维素、半纤维素、果胶等。非淀粉多糖的结构与直链淀粉相似。

纤维素是自然界分布最广的多糖，其组成单元是 β- 葡萄糖，即葡萄糖以 β-1, 4- 糖苷键结合。它是构成植物细胞壁的基础物质。木材中含纤维素 50%～70%，棉花是含纤维素最多的物质，含量高达 98%。

纯粹的纤维素是白色的固体，不溶于水，较难水解。在高温下和无机酸共热，方能水解成葡萄糖。食草动物依靠消化道内微生物分泌的纤维素水解酶能把纤维素水解成葡萄糖，所以食草动物可以草为食，而人没有这种功能，因此纤维素不能直接被人消化利用。

**链接** 膳食纤维简介

膳食纤维可分为可溶性膳食纤维和不溶性膳食纤维。可溶性膳食纤维包括果胶、树胶、黏质和少量半纤维素，可吸水膨胀，并能被肠道微生物分解。它具有吸水、黏滞作用和结合胆汁酸作用，具有防止胆结石形成、预防结肠癌、防止能量过剩和肥胖等作用。不溶性膳食纤维主要包括纤维素、大部分半纤维素和木质素，不溶于水，也不能被肠道微生物分解。木质素具有较强结合胆汁酸的作用，并将其排出体外，因此有降血脂的作用。多吃蔬菜、水果以保持摄入一定量的膳食纤维对人类健康是有益的。

在药物制剂中，纤维素经处理后可用作片剂的黏合剂、填充剂、崩解剂、润滑剂和良好的赋形剂。

果胶是聚半乳糖醛酸，组成和结构较复杂。苹果、柑橘、柠檬、柚子等的果皮中果胶含量约为 30%，是果胶的最丰富来源。饮食中摄入果胶，可促进粪便中脂肪、中性类固醇及胆汁的排泄。增加中性类固醇的排泄，有利于降低与性激素有关癌症的发病率。

## 第 4 节　生命的物质基础——蛋白质

蛋白质广泛存在于生物体内，是一切细胞的重要组成成分，动物的肌肉、皮肤、发、毛、蹄、角等的主要成分都是蛋白质，约占人体除水外剩余质量的一半。人体一切重要的生命现象和生理功能，都与蛋白质密切相关，如在生物新陈代谢中起催化作用的酶，起调节作用的激素，运输氧气的血红蛋白，以及引起疾病的细菌、病毒，抵抗疾病的抗体等，都含有蛋白质。机体的运动、消化、生长、遗传和繁殖等都与蛋白质、核酸密切相关。蛋白质和核酸被称为生命的物质基础。

## 一、氨　基　酸

**案例 8-4**

临床上使用的缩宫素（催产素）是一种多肽。1953 年，美国生化学家文森特·迪·维尼奥第一次人工合成了它，并因此获得了 1955 年的诺贝尔化学奖。催产素的氨基酸组成及排列顺序可缩写为：

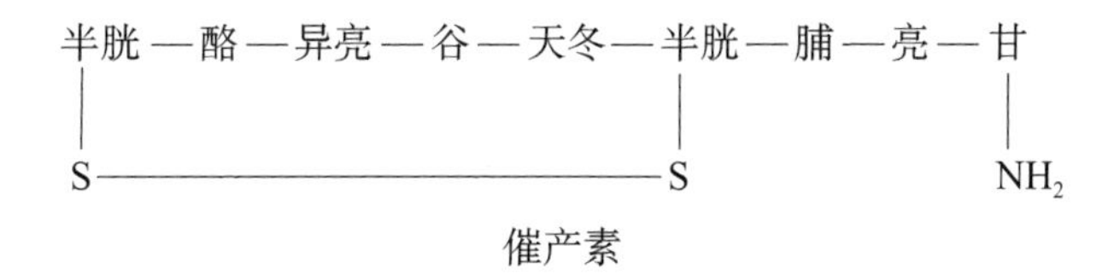


催产素

催产素是一种哺乳动物激素，男女都会分泌。当一个人的催产素水平升高时，即便是对完全陌生的人也会变得更加慷慨，更加有爱心，因此催产素被戏称为“爱情激素”或“道德分子”。

问题：1. 什么是氨基酸？氨基酸的结构是怎样的？

2. 催产素是由多少个氨基酸，通过何种化学键形成的？其中有多少个肽键？

氨基酸在自然界主要以多肽或蛋白质的形式存在于动植物体内，游离态的氨基酸在自然界存在很少。氨基酸是构成蛋白质的基本单位。

### （一）氨基酸的结构特征

氨基酸是一类既含有羧基又含有氨基的有机化合物。氨基酸的官能团包括羧基（—COOH）和氨基（$—NH_2$），羧基是酸性基团，氨基是碱性基团。氨基连在 *α* 碳上的为 *α*-氨基酸。天然氨基酸均为 *α*- 氨基酸。

*α*- 氨基酸的结构通式：

$$\mathrm{R-\overset{\alpha}{C}H(NH_2)-\overset{O}{\overset{\|}{C}}-OH}$$

氨基酸的结构通式

### （二）常见氨基酸

已经发现的天然氨基酸有 300 多种，其中人体所需的氨基酸约有 22 种。表 8-1 中列出的氨基酸是一些重要的 *α*- 氨基酸。

**表 8-1　重要的 *α*- 氨基酸**

| 名称 | 结构式 | 字母代号 | 等电点 |
|---|---|---|---|
| 甘氨酸（*α*- 氨基乙酸） | $CH_2(NH_2)—COOH$ | G | 5.97 |
| 丙氨酸（*α*- 氨基丙酸） | $CH_3—CH(NH_2)—COOH$ | A | 6.00 |

续表

| 名称 | 结构式 | 字母代号 | 等电点 |
| --- | --- | --- | --- |
| * 缬氨酸（α- 氨基异戊酸） | $H_3C-CH(CH_3)-CH(NH_2)-COOH$ | V | 5.96 |
| * 亮氨酸（α- 氨基异己酸） | $H_3C-CH(CH_3)-CH_2-CH(NH_2)-COOH$ | L | 6.02 |
| * 异亮氨酸（β- 甲基 -α- 氨基戊酸） | $CH_3-CH_2-CH(CH_3)-CH(NH_2)-COOH$ | I | 5.98 |
| * 苏氨酸（β- 羟基 -α- 氨基丁酸） | $CH_3-CH(OH)-CH(NH_2)-COOH$ | T | 6.53 |
| * 甲硫氨酸（γ- 甲硫基 -α- 氨基丁酸）（蛋氨酸） | $CH_3-S-CH_2-CH_2-CH(NH_2)-COOH$ | M | 5.74 |
| 半胱氨酸（β- 巯基 -α- 氨基丙酸） | $CH_2(SH)-CH(NH_2)-COOH$ | C | 5.07 |
| 谷氨酸（α- 氨基戊二酸） | $HOOC-CH_2-CH_2-CH(NH_2)-COOH$ | E | 3.22 |
| * 赖氨酸（α，ε- 二氨基己酸） | $CH_2(NH_2)-(CH_2)_3-CH(NH_2)-COOH$ | K | 9.74 |
| 精氨酸（δ- 胍基 -α- 氨基戊酸） | $NH_2-C(=NH)-NH-(CH_2)_3-CH(NH_2)-COOH$ | R | 10.76 |
| * 苯丙氨酸（β- 苯基 -α- 氨基丙酸） | $C_6H_5-CH_2-CH(NH_2)-COOH$ | F | 5.48 |
| 酪氨酸（β- 对羟苯基 -α- 氨基丙酸） | $HO-C_6H_4-CH_2-CH(NH_2)-COOH$ | Y | 5.66 |
| 脯氨酸（α- 羧基四氢吡咯） | （四氢吡咯环，N-H，2 位连 COOH） | P | 6.30 |
| * 色氨酸（β-3- 吲哚 -α- 氨基丙酸） | （吲哚-3-基）$-CH_2-CH(NH_2)-COOH$ | W | 5.89 |

注：表中标有 * 号的为必需氨基酸，即在人体内不能合成，必须由食物供给的氨基酸

**链接　必需氨基酸的来源**

构成蛋白质的氨基酸有20多种，其中有9种（缬氨酸、组氨酸、赖氨酸、甲硫氨酸、亮氨酸、异亮氨酸、苏氨酸、苯丙氨酸和色氨酸）是人体不能合成的，需要从食物中摄取，称为必需氨基酸。通常，谷类食品比较缺乏赖氨酸，色氨酸较多，而豆类食品富含赖氨酸，色氨酸较少，两种食品混食，可以互相取长补短，满足人类需要。

### （三）氨基酸的分类

1. 根据分子中烃基的不同，把氨基酸分为脂肪族氨基酸、芳香族氨基酸和杂环氨基酸。

2. 根据分子中所含的羧基和氨基的相对数目，把氨基酸分为中性氨基酸（一羧基一氨基）、酸性氨基酸（二羧基一氨基）、碱性氨基酸（一羧基二氨基）。

### （四）氨基酸的命名

氨基酸通常按其来源或性质采用俗名。例如，天冬氨酸最初是从植物天门冬的幼苗中发现而得名，甘氨酸因具有甜味而得名。

氨基酸的系统命名法与羟基酸相同，即以羧酸为母体，氨基当作取代基来命名，称为“氨基某酸”，氨基的位置习惯用希腊字母来标明。例如：

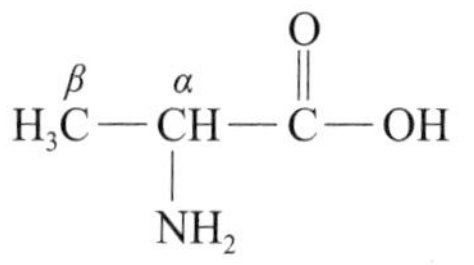

$$\overset{\beta}{H_3C}-\underset{NH_2}{\overset{\alpha}{CH}}-\overset{O}{\overset{\|}{C}}-OH$$

α-氨基酸

$$HOOC-\overset{\gamma}{CH_2}-\overset{\beta}{CH_2}-\underset{NH_2}{\overset{\alpha}{CH}}-COOH$$

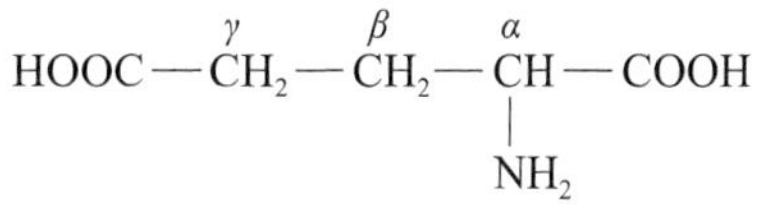

α-氨基戊二酸

### （五）氨基酸的性质

1. 物理性质　氨基酸都是无色晶体，熔点较高，在230℃以上，大多没有确切的熔点，熔融时分解并放出 $CO_2$。氨基酸大多能溶于强酸和强碱溶液中，除胱氨酸、酪氨酸外，均溶于水；除脯氨酸和羟脯氨酸外，均难溶于乙醇和乙醚。各种 *α*- 氨基酸的钠盐、钙盐都溶于水。谷氨酸的钠盐因有鲜味，用作味精的主要成分。

2. 化学性质　氨基酸分子是有复合官能团的化合物，其分子中的官能团是氨基（$-NH_2$）和羧基（$-COOH$），因此，其化学性质主要由这两个基团决定。

（1）两性电离和等电点　氨基酸分子中含有酸性的羧基和碱性的氨基，是两性化合物。氨基酸是两性电解质，溶于水时羧基给出质子形成阴离子即酸式电离，氨基接受质子形成阳离子即碱式电离。所以氨基酸既能跟酸反应，又能跟碱反应，生成盐。例如：

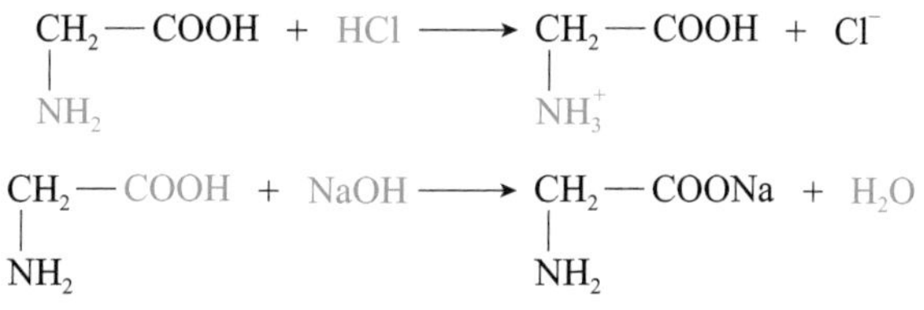

$$\underset{NH_2}{CH_2}-COOH + HCl \longrightarrow \underset{NH_3^+}{CH_2}-COOH + Cl^-$$

$$\underset{NH_2}{CH_2}-COOH + NaOH \longrightarrow \underset{NH_2}{CH_2}-COONa + H_2O$$

氨基酸分子内的氨基与羧基之间也可相互作用，氨基能接受由羧基上电离出的氢离子，而成为两性离子（内盐）。

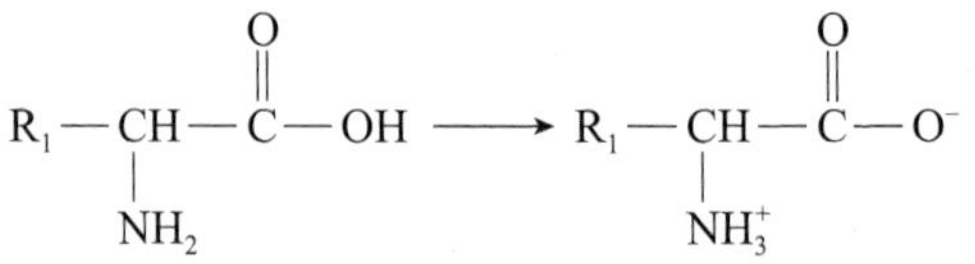

$$R_1-\underset{NH_2}{\underset{|}{CH}}-\overset{O}{\overset{\|}{C}}-OH \longrightarrow R_1-\underset{NH_3^+}{\underset{|}{CH}}-\overset{O}{\overset{\|}{C}}-O^-$$

两性离子（分子内盐）

这种内盐形态的离子同时带有正电荷与负电荷，称为两性离子。

氨基酸在溶液中所带电荷，由溶液的 pH 来决定。在某一特定 pH 时，氨基酸主要以两性离子的形式存在，其所带正、负电荷相等，处于等电状态，这个 pH 被称为该氨基酸的等电点，用 pI 表示。pI 是氨基酸的重要常数之一，在等电点时氨基酸溶解度最小，可以利用调节等电点的方法纯化氨基酸混合物。

氨基酸在酸碱性溶液中的变化，可表示如下：

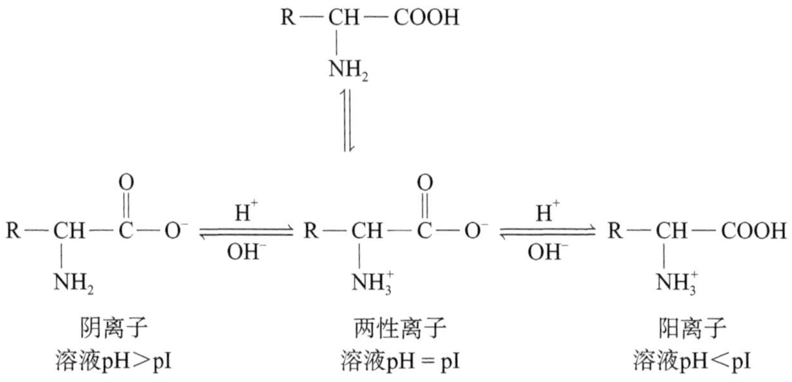

$$R-\underset{NH_2}{\underset{|}{CH}}-COOH$$

$$\Updownarrow$$

$$R-\underset{NH_2}{\underset{|}{CH}}-\overset{O}{\overset{\|}{C}}-O^- \underset{OH^-}{\overset{H^+}{\rightleftharpoons}} R-\underset{NH_3^+}{\underset{|}{CH}}-\overset{O}{\overset{\|}{C}}-O^- \underset{OH^-}{\overset{H^+}{\rightleftharpoons}} R-\underset{NH_3^+}{\underset{|}{CH}}-COOH$$

阴离子　　　　两性离子　　　　阳离子

溶液pH＞pI　　溶液pH = pI　　溶液pH＜pI

（2）成肽反应　两个 α- 氨基酸分子，在酸或酶存在的条件下，受热脱水生成二肽。例如：

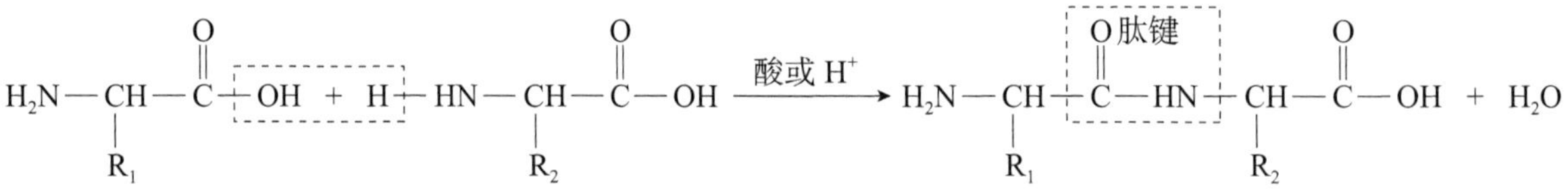

$$H_2N-\underset{R_1}{\underset{|}{CH}}-\overset{O}{\overset{\|}{C}}-OH + H-HN-\underset{R_2}{\underset{|}{CH}}-\overset{O}{\overset{\|}{C}}-OH \xrightarrow{\text{酸或}H^+} H_2N-\underset{R_1}{\underset{|}{CH}}-\overset{O}{\overset{\|}{C}}-HN-\underset{R_2}{\underset{|}{CH}}-\overset{O}{\overset{\|}{C}}-OH + H_2O$$

（肽键：$\overset{O}{\overset{\|}{C}}-HN$）

二肽分子中的酰胺键（$-\overset{O}{\overset{\|}{C}}-\overset{H}{\overset{|}{N}}-$）结构，称为肽键。二肽分子中的末端还可以再和另一个氨基酸分子继续脱水以肽键结合，生成三肽。以此类推，可以生成四肽、五肽……，不同的氨基酸分子通过多个肽键连接起来，形成多肽。例如：

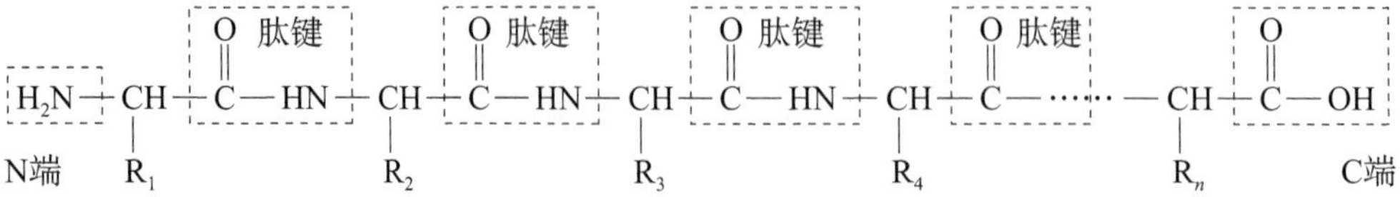

$$H_2N-\underset{R_1}{\underset{|}{CH}}-\overset{O}{\overset{\|}{C}}-HN-\underset{R_2}{\underset{|}{CH}}-\overset{O}{\overset{\|}{C}}-HN-\underset{R_3}{\underset{|}{CH}}-\overset{O}{\overset{\|}{C}}-HN-\underset{R_4}{\underset{|}{CH}}-\overset{O}{\overset{\|}{C}}-\cdots\cdots-\underset{R_n}{\underset{|}{CH}}-\overset{O}{\overset{\|}{C}}-OH$$

N端　肽键　肽键　肽键　肽键　C端

多肽

所以肽是由两个或两个以上氨基酸分子脱水后以肽键连接的化合物。肽链中每个氨基酸单位通常称作氨基酸残基。肽链中具有游离氨基的一端，称作 N 端，通常写在左边；具有游离羧基的一端，称作 C 端，通常写在右边。多种氨基酸分子按不同的顺序以肽键相互结合，可以形成千上万种具有不同理化性质和生物活性的多肽链。分子量在 10 000 以上的，并具有一定空间结构的多肽，称为蛋白质。

（3）茚三酮反应　α- 氨基酸与茚三酮水溶液一起加热，能生成蓝紫色的化合物。这个反应非常灵敏，是鉴别 α- 氨基酸常用的方法之一。

## 二、蛋　白　质

蛋白质占人体质量的 16.3%。人体内蛋白质的种类很多，性质、功能各异，但都是由 20 多种氨基酸按不同比例组合而成的，并在体内不断进行代谢与更新。

**案例 8-5**

豆浆、豆腐等都是由黄豆加工而成的豆制食品，属于优质蛋白。由于其营养丰富、物美价廉，深受人们的喜爱，大豆（俗称黄豆）中的蛋白质含量很高，占 35%～40%。中国营养学会建议：成人每天摄入蛋白质 70～90g，相当于 3100ml 的豆浆。不同的食用方法对蛋白质的吸收差异很大，其中将黄豆做成豆腐或豆浆食用，其消化率可达 90% 以上！豆浆不仅营养丰富，而且还有清肺化痰、降血压、降血脂的药用价值。研究表明：糖尿病患者每天饮一杯淡豆浆，可以控制血糖升高。

问题：1. 大豆制作成豆浆、豆腐等过程是利用了蛋白质的哪些性质？

2. 调查某一家庭日常三餐中蛋白质的摄入情况，并提出合理膳食建议。

### （一）蛋白质的元素组成

蛋白质虽然种类繁多、结构复杂，但其组成元素并不多，由 α- 氨基酸的组成元素可知，组成蛋白质的主要元素是 C、H、O、N 四种元素，多数蛋白质含 S 元素，其近似含量见表 8-2。有些蛋白质还含有 P、Fe、Mn、Zn、Ca、Cu、Mg 等元素。

**表 8-2　蛋白质组成元素的近似含量**

| 蛋白质中存在的元素 | 近似含量（%） | 蛋白质中存在的元素 | 近似含量（%） |
|---|---|---|---|
| C | 50 | 多数含 S | 0～3 |
| H | 7 | 一些含 P | 0～3 |
| O | 23 | 少数含 Fe、Mn、Zn、Ca、Cu、Mg | 微量 |
| N | 16 | | |

生物体中的 N 元素几乎都存在于蛋白质中，称为蛋白氮，且含量近似恒定，即 100g 蛋白质含有 16g N，1g N 存在于 6.25g 蛋白质中，这个 6.25 称为蛋白质系数，化学分析中可测定生物体中的 N 含量来计算蛋白质的含量。

**案例 8-6**

三聚氰胺是一种低毒的化工原料，分子式为 $C_3N_6H_6$，三聚氰胺分子中含氮量高达 66.6%。动物实验结果表明，三聚氰胺在动物体内代谢会影响泌尿系统，长期饮用三聚氰胺的牛奶会造成婴幼儿肾结石。

问题：为什么在奶粉中添加三聚氰胺可以提高蛋白质检测数值？

### （二）蛋白质的结构

任何一种蛋白质分子在天然状态下均具有独特而稳定的结构，这是蛋白质分子结构中最显著的特征。各种蛋白质的特殊功能和活性不仅取决于多肽链的氨基酸的种类、数目和排列顺序，还与其特定的空间结构密切相关。蛋白质结构的复杂性难以想象，目前都通过模型方式来认识。

1. 一级结构　蛋白质的一级结构又称基本结构。它是指蛋白质分子中 α- 氨基酸的连接顺序。不同的蛋白质其一级结构是不同的，它是决定蛋白质特异性的主要原因。肽键在多肽链中是连接 α- 氨基酸残基的主要化学键，因此在蛋白质结构中称为主键。

2. 空间结构　空间结构决定蛋白质特有的生物学活性。蛋白质的空间结构包括二级结构、三级结构和四级结构。蛋白质各级结构的形态和关系如图 8-4 所示。蛋白质分子中的多肽链一般不是全部以松散的线状存在，而是部分卷曲盘旋或折叠，或整条多肽链卷曲成螺旋状，蛋白质分子的这种螺旋或者折叠结构称为蛋白质的二级结构。氢键在维持蛋白质的二级结构中起重要作用。此外，蛋白质分子还依靠离子键、二硫键（—S—S—）、酯键（$-\overset{\overset{\displaystyle O}{\|}}{C}-O-$）、氢键、静电引力、范德瓦耳斯力等作用力以一定的方式进一步折叠、扭曲，形成更复杂的三级结构。四级结构指 2 个及以上的三级结构（又称亚基）的缔合体。

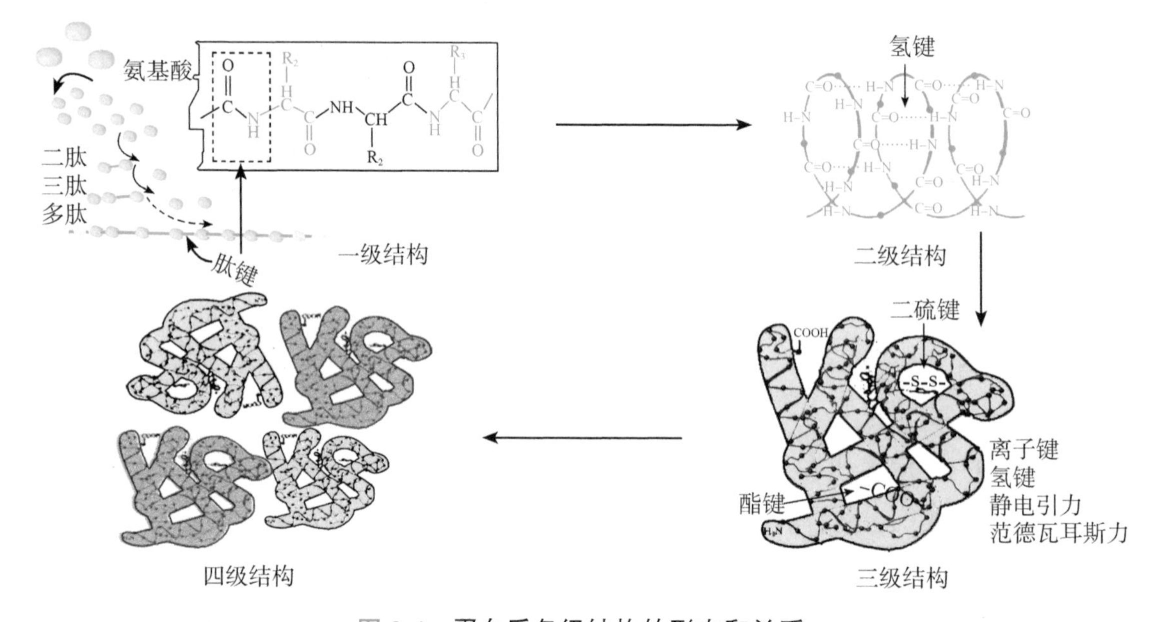


图 8-4　蛋白质各级结构的形态和关系

### （三）蛋白质的性质

蛋白质的多肽链是多个氨基酸脱水形成的，在多肽链的两端还存在着自由的氨基和羧基，而且链中也有酸性或碱性基团。因此蛋白质和氨基酸一样，也是两性物质，既能和酸反应，又能和碱反应。除此之外，蛋白质还具有自身的特性。

1. 蛋白质的两性电离、等电点　在强酸性溶液中，蛋白质分子以阳离子形式存在，在强碱性溶液中以阴离子形式存在，只有在适宜的 pH 时，蛋白质分子才以两性离子的形式存在（分子中正负电荷相等），在电场中既不向正极移动，也不向负极移动，这时溶液的 pH 称为该蛋白质的等电点（pI）。

不同的蛋白质等电点不同，许多蛋白质的等电点接近于 5，人体中几种蛋白质的等电点见表 8-3，它们一般与体液中的 $K^+$、$Na^+$、$Ca^{2+}$、$Mg^{2+}$ 等离子结合成盐。在等电点时，蛋白质的黏度、渗透压等最小，分子呈电中性，因此，易沉淀析出，溶解度最小。

**表 8-3　几种蛋白质的等电点**

| 蛋白质名称 | 等电点 pI | 蛋白质名称 | 等电点 pI |
|---|---|---|---|
| 脲酶 | 5.0 | 血清蛋白 | 4.7 |
| 胃蛋白酶 | 1.0 | 血清球蛋白 | 5.4 |
| 酪蛋白 | 4.6 | 鱼精蛋白 | 12.0 |
| 胰岛素 | 5.3 | 血红蛋白 | 6.7 |
| 卵清蛋白 | 4.6 | 肌球蛋白 | 7.0 |

例如，以 $H_2N—P—COOH$ 代表蛋白质分子，蛋白质在不同酸碱条件下的电离情况如下：

$$\underset{NH_2}{\underset{|}{P}}—COOH$$

$$\Updownarrow$$

$$\underset{\substack{\text{阴离子}\\ \text{溶液pH}>\text{pI}}}{\underset{NH_2}{\underset{|}{P}}—\overset{O}{\overset{\|}{C}}—O^-} \underset{OH^-}{\overset{H^+}{\rightleftharpoons}} \underset{\substack{\text{两性离子}\\ \text{溶液pH}=\text{pI}}}{\underset{NH_3^+}{\underset{|}{P}}—\overset{O}{\overset{\|}{C}}—O^-} \underset{OH^-}{\overset{H^+}{\rightleftharpoons}} \underset{\substack{\text{阳离子}\\ \text{溶液pH}<\text{pI}}}{\underset{NH_3^+}{\underset{|}{P}}—COOH}$$

血清中各种蛋白质的 pI 大多小于 7.0，将蛋白质置于 pH=8.6 的缓冲溶液中，它们都电离成阴离子，置于电场的负极端，在电场中均向正极移动。由于血清中各种蛋白质的等电点不同，在同一 pH 溶液中它们所带的电荷量不同。另外，各种蛋白质的分子量、分子形状也有差异，因此，在同一电场中泳动的速度不同。蛋白质分子量小、带电荷多者，泳动速度快；分子量大而带电荷少者，泳动速度较慢。目前在临床诊断上已广泛应用电泳法分离血清中的蛋白质。

2. 蛋白质的盐析　同胶体溶液相似，因为蛋白质分子带有相同电荷而且分子表面有一层水化膜，所以蛋白质溶液相对稳定。向蛋白质溶液加电解质［如 $(NH_4)_2SO_4$、$Na_2SO_4$］到一定浓度时，蛋白质沉淀析出，这个作用称为盐析。盐析作用是由于加入的盐离子强烈地水化，使蛋白质的水化膜遭到破坏；同时，盐类带相反电荷的离子对蛋白质的电荷也会产生吸附放电，从而降低蛋白质溶液的稳定性，使蛋白质沉淀析出。

这样析出的蛋白质仍可溶解在水中，而不影响原来蛋白质的性质。所以盐析是一个可逆的过程。利用这个性质，可以采用多次盐析的方法来分离、提纯蛋白质。

**链接**　全血的分离原理

不同蛋白质盐析时所需盐析浓度不同，因此可以用不同浓度的盐溶液，使不同的蛋白质分段析出，予以分离，这种方法称为分段盐析。例如，全血中的球蛋白在半饱和 $(NH_4)_2SO_4$ 溶液中即可析出，而血浆蛋白却要在饱和 $(NH_4)_2SO_4$ 溶液中才能析出。因此可以用逐渐增大盐溶液浓度的方法，使不同的蛋白质从溶液中分段析出，从而得以分离。医学上为患者输的“成分血”即是用此法制成。

3. 蛋白质的变性　蛋白质在某些物理因素（如加热、高压、超声波、紫外线、X 射线）或化学因素（如强酸、强碱、重金属盐、乙醇、苯酚等）影响下，空间结构发生改变，使其理化性质和生物活性随之改变的作用，称为蛋白质的变性。

蛋白质变性后，溶解度减小，容易凝固沉淀，不能重新溶解于水中；同时也失去了生理活性。例如，酶经变性后不再具有催化活性。

**链接**　中国人工全合成牛胰岛素，一段永被铭记的历史

1965 年 9 月 17 日清晨，当杜雨苍喊出看到结晶时，整个实验室沸腾了。距离成功仅剩最后一步，还需要将结晶配成剂量后在小白鼠身上检验活性。龚岳亭先生回忆说：“当小白鼠开始抽筋乱跳的时候，实验室在场的人都欢呼起来，情不自禁地拥抱庆祝，那实在是一个激动的时刻。”自此，人工合成牛胰岛素研究圆满完成。

中国人工牛胰岛素的合成得到了国际同行们的承认，这项重大的科学成果，为造福人类、保障生命健康做出了巨大贡献。参与该项目的科学家们不仅有满腔的热情，还有严谨、大无畏的科学探索精神，一步一个脚印，在艰苦的环境下扎扎实实攀上了那座科学高峰。我们为他们点赞。

4. 蛋白质的水解　蛋白质在酸、碱溶液中加热或在酶的催化下，能水解为分子量较小的肽类化合物。最终逐步水解得到各种氨基酸。

蛋白质→脲（初解蛋白质）→胨（消化蛋白质）→多肽→二肽→ $\alpha$- 氨基酸

食物中的蛋白质在人体内各种蛋白酶的作用下水解成各种氨基酸，氨基酸被肠壁吸收进入血液，再在体内重新合成人体所需要的蛋白质。传统食品臭豆腐和豆腐乳，就是大豆蛋白在微生物作用下水解为分子量较小的肽类化合物及氨基酸。

5. 显色反应

（1）缩二脲反应　蛋白质在强碱性溶液中与硫酸铜溶液作用，显紫色或紫红色。因

为蛋白质分子中含有许多肽键，所以能发生缩二脲反应，并且蛋白质的含量越多，产生的颜色也越深。医学上利用这个反应来测定血清蛋白质的总量及其中白蛋白和球蛋白的含量。

黄蛋白反应：含有苯环的蛋白质遇浓硝酸立即变成黄色，再加氨水后又变为橙色的反应称为黄蛋白反应。酪氨酸、苯丙氨酸、色氨酸是含有苯环的氨基酸，这些氨基酸和含有这些氨基酸的蛋白质都可以发生黄蛋白反应。例如，人的皮肤、指甲遇到浓硝酸会变成黄色，这就是黄蛋白反应。

（2）茚三酮反应　所有蛋白质分子中都含有 *α*- 氨基酸残基，故都可发生茚三酮反应，生成蓝紫色化合物。利用茚三酮反应也可以鉴别蛋白质。

蛋白质是人类必需的营养物质，成年人每天要摄取 60～80g 蛋白质，才能满足生理需要，保证身体健康。肉、蛋、鱼、奶等食物富含必需氨基酸构成的蛋白质，是人体必需氨基酸的主要来源。人类从食物中摄取的蛋白质，在胃液的胃蛋白酶和胰液的胰蛋白酶作用下，经过水解生成氨基酸。氨基酸被人体吸收后，重新结合成人体所需要的各种蛋白质。人体内各种组织的蛋白质也在不断地分解，最后主要生成尿素排出体外。

## 第 5 节　遗传的物质基础——核酸

核酸是一种存在于生物体内的结构复杂、具有重要的生理功能、酸性的高分子化合物；最初是从细胞核中分离得到的，所以称为核酸。核酸在生物体的生命过程如生长发育、繁殖、遗传和变异中都起着非常重要的作用。

### 一、核酸的分子组成

核酸和蛋白质一样，是结构复杂的高分子化合物。较小分子的核酸如转移核糖核酸（tRNA）多由 76～84 个核苷酸组成，分子量约为 25 000。较大的核酸分子由几万个核苷酸组成，分子量可高达数百万。核酸逐步水解，可表示如下：

核酸 ⟶ 核苷酸 ⟶ { 磷酸；核苷 ⟶ { 碱基 { 嘌呤碱；嘧啶碱 }；戊糖（核糖或脱氧核糖） } }

由上述可知，核酸是由核苷酸构成的，核苷酸又是由核苷和磷酸组成，核苷则由碱基与戊糖组成。形成核酸时，单核苷酸之间是以核糖或脱氧核糖的 3′ 位羟基和 5′ 位羟基通过磷酸二酯键相连接的，这就是核酸的一级结构。一般认为无论是核糖核酸（RNA）或脱氧核糖核酸（DNA）分子都无支链结构。图 8-5 表示多聚脱氧核酸链的一段结构和 DNA 的结构模式，在缩写式中 A、G、C、T 分别代表腺嘌呤、鸟嘌呤、胞嘧啶、胸腺嘧啶四种碱基。

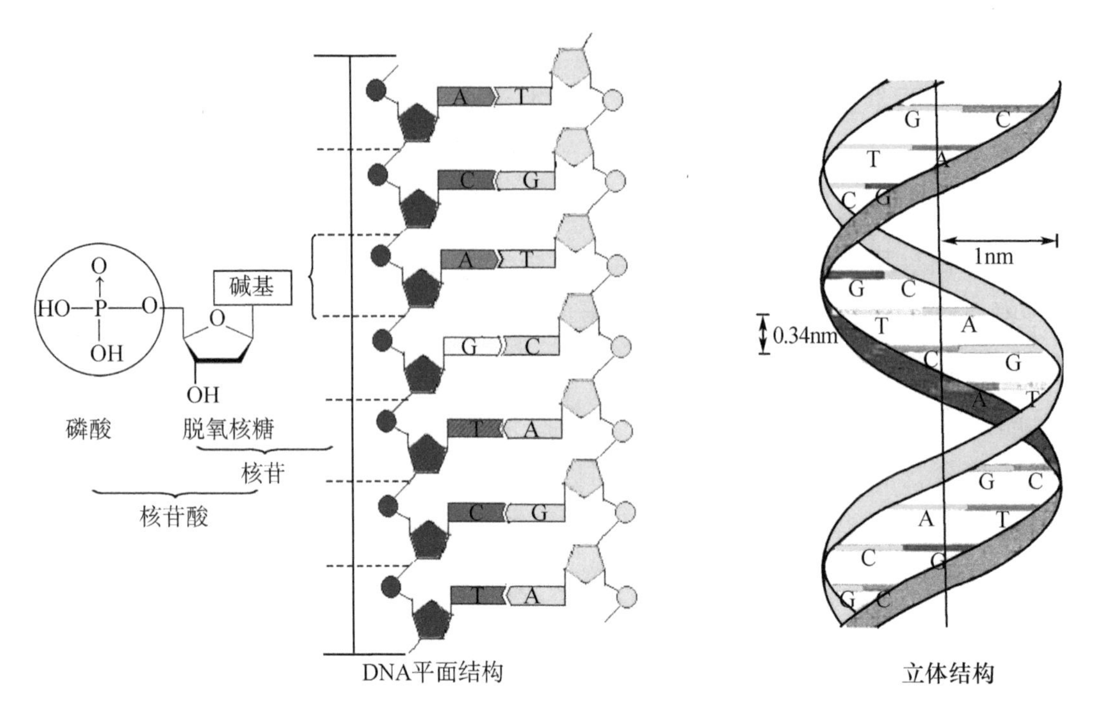


图 8-5 多聚脱氧核酸链的一段结构和 DNA 的结构模式

DNA 与 RNA 的化学结构有一定的区别。DNA 是由脱氧核苷酸的单体聚合而成的聚合体，DNA 的单体称为脱氧核苷酸，每一种脱氧核苷酸由三个部分所组成：一分子含氮碱基、一分子五碳糖（脱氧核糖）和一分子磷酸根。单个的核苷酸连成一条链，两条核苷酸链按一定的顺序排列，然后再扭成“麻花”样，就构成 DNA 的分子结构。DNA 是遗传物质。RNA 参与遗传信息的表达过程。

RNA 是由核糖核苷酸单体聚合而成的聚合体，是没有分支的长链。RNA 在结构上与 DNA 相似，在组成上脱氧核糖由核糖替代，4 个碱基中，胸腺嘧啶（T）由尿嘧啶（U）替代。RNA 分子量比 DNA 小，但在大多数细胞中比 DNA 丰富。RNA 主要有 3 类，即信使 RNA（mRNA）、核糖体 RNA（rRNA）和转移 RNA（tRNA）。这 3 类 RNA 分子都是单链，但具有不同的分子量、结构和功能。

DNA 由含 A、T、C、G 四种碱基的脱氧核糖核酸构成，RNA 由含 A、U、C、G 四种碱基的核糖核酸构成。核酸分子中的核苷酸按一定顺序排列。单体核苷酸的种类虽不多，但可因各种核苷酸的数目、比例和排列顺序的不同而构成各种不同的核酸大分子。

核酸分子中核苷酸的排列顺序是与核酸的生理功能相联系的。任何核苷酸排列顺序的改变，都将引起其生物学性质（如遗传）的变异。

## 二、核苷酸的分子组成

核苷酸是核苷的磷酸酯，是组成核酸的基本单位。根据所含戊糖不同，分为核糖核苷酸和脱氧核糖核苷酸。

在核苷酸的分子中，磷酸结合在戊糖的 5′ 位上，如图 8-6 所示。

1979 年，我国科学工作者成功地人工合成了由 41 个核苷酸组成的核糖核酸半分子。1981 年又人工合成了具有生物活性的酵母丙氨酸转移核糖核酸，不仅为天然核糖核酸的人工合成打开了通路，而且对进一步研究核糖核酸的结构与功能的关系，开展遗传工程以及病毒、肿瘤等的研究具有重要的意义。

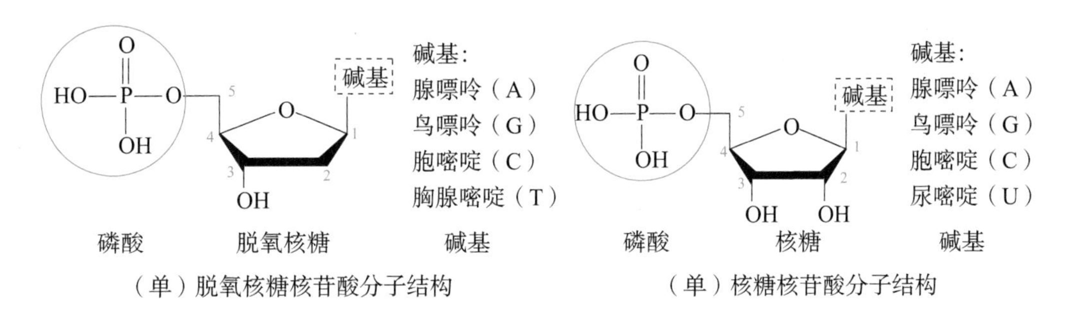


图 8-6 单脱氧核糖核苷酸和单核糖核苷酸

**链 接 DNA 结构的发现**

1953 年，美国化学家鲍林发表了关于 DNA 三链模型的研究报告，这种模型被称为 α 螺旋。沃森与威尔金斯、富兰克林等讨论了鲍林的模型。威尔金斯出示了富兰克林在 2 年前拍下的 DNA 的 X 射线衍射照片，沃森看出了 DNA 的内部是一种螺旋形的结构，他立即产生了一种新概念：DNA 不是三链结构而应该是双链结构。他们继续循着这个思路深入探讨，极力将有关这方面的研究成果集中起来。根据各方面对 DNA 研究的信息与自己的研究和分析，沃森和克里克得出一个共识：即 DNA 是一种双链螺旋结构。这真是一个激动人心的发现！沃森和克里克立即行动，马上在实验室中联手开始搭建 DNA 双螺旋模型。他们夜以继日，废寝忘食，终于将他们想象中的美丽无比的 DNA 模型搭建成功了。

沃森、克里克的这个模型正确地反映出 DNA 的分子结构。此后，遗传学的历史和生物学的历史都从细胞阶段进入了分子阶段。

由于沃森、克里克和威尔金斯在 DNA 分子研究方面的卓越贡献，他们分享了 1962 年的诺贝尔生理学或医学奖。

## 自 测 题

### 一、回顾与总结

#### （一）油脂的基本知识

| 项目 | 内容 |
| --- | --- |
| 概念 | 油脂是______和______的总称。油脂实质就是高级脂肪酸甘油______。类脂是存在于生物体内，______类似于油脂的一类化合物。 |
| 组成 | 油脂可以看成是由________与________脱水生成的酯。<br>重要的类脂有________脂和________。<br>磷脂是含磷的脂肪酸甘油酯。重要的磷脂有________脂和________脂。<br>甾醇是一类含有一个________骨架结构复杂的脂环醇。重要的甾醇有________、________、________等。 |

续表

| 项目 | 内容 |
| --- | --- |
| 化学性质 | 磷脂由 ______、______、______、______ 四种物质组成。<br>含氮有机碱是 ______ 的为卵磷脂；含氮有机碱是 ______ 的为脑磷脂。<br>油脂的主要化学性质有：______、______、______、______。 |

## （二）糖类的基本知识

| 糖类 | | 组成与结构 | 还原性 | 水解及产物 |
| --- | --- | --- | --- | --- |
| 单糖 | 葡萄糖 | 多羟基 ______，分子式：______。 | ________ 性糖，能与托伦试剂发生氧化反应，产生银镜，与本尼迪克特试剂发生氧化反应，生成 ________ 色的 ________ 沉淀。后者常常用于血糖或者尿糖检测。 | 不能水解 |
| | 果糖 | 多羟基 ______，分子式：______。 | | |
| | 核糖 | 多羟基 ______，分子式：______。 | | |
| | 脱氧核糖 | 多羟基 ______，分子式：______。 | | |
| 双糖 | 蔗糖 | 1 分子 ______ 糖和 1 分子 ______ 糖脱水而成。无 ______ 羟基。 | 无苷羟基，属于 ______ 糖，______ 与托伦试剂和本尼迪克特试剂作用。 | 能水解，产物是：______ |
| | 麦芽糖 | 由两分子的 ______ 糖（______ 键）脱水缩合而成。 | 属于 ______ 糖，能与 ______ 试剂和 ______ 试剂发生氧化反应，分别产生 ______ 和 ______ 色的沉淀。 | 能水解，产物是：______ |
| | 乳糖 | 1 分子的 ______ 糖和 1 分子的 ______ 糖（______ 键）脱水缩合而成。 | 蔗糖、麦芽糖、乳糖的分子式是 ______。它们互为 ______ 体。 | 能水解，产物是：______ |
| 多糖 | 淀粉 | 由许多分子的 *α*- 葡萄糖 ______ 而成。 | 属于 ______ 糖，不能与托伦试剂和本尼迪克特试剂作用。 | 能水解，终产物是 ______ |
| | 糖原 | 由许多分子的 *α*- 葡萄糖 ______ 而成。存在于动物的 ______ 和 ______ 中。 | 属于 ______ 糖，不能与托伦试剂和本尼迪克特试剂作用。 | 能水解，终产物是 ______ |
| | 纤维素 | 由许多分子的 *β*- 葡萄糖 ______ 而成。 | 属于 ______ 糖，不能与托伦试剂和本尼迪克特试剂作用。 | 能水解，终产物是 ______ |

## （三）氨基酸、蛋白质的基本性质

| 项目 | 内容 |
| --- | --- |
| 氨基酸的结构 | 氨基酸的官能团：____________ 和 ____________；结构通式是：____________。 |
| 氨基酸的分类 | 酸性氨基酸：__________ 主要有：______________________________。<br>碱性氨基酸：__________ 主要有：______________________________。<br>中性氨基酸：__________ 主要有：______________________________。<br>根据分子中烃基的不同，把氨基酸分为 ______ 氨基酸、______ 氨基酸、______ 氨基酸。 |
| 氨基酸的化学性质 | 1. 等电点：______________________________。<br>2. 成肽反应：______________________________。<br>3. 肽键是指：______________________________。<br>4. 茚三酮反应：氨基酸与茚三酮反应产生 ____________________ 色的物质。 |

续表

| 项目 | 内容 |
| --- | --- |
| 蛋白质的组成 | 主要元素有 ____________________；蛋白质系数：____________________。 |
| 蛋白质的结构 | 基本结构为一级结构：____________________。<br>主要化学键：____________________。<br>二级结构：____________________。<br>主要化学键：____________________。<br>三级结构：____________________。<br>主要化学键：____________________。<br>四级结构：____________________。 |
| 蛋白质的理化性质 | 1. 蛋白质的两性电离：分子中的残基有碱性的 ________ 和酸性的 ________ 基，是产生两性电离的原因。<br>蛋白质的等电点：____________________。<br>2. 变性：____________________。<br>3. 盐析：____________________。<br>4. 水解：____________________。<br>5. 蛋白质的显色反应：____________________。<br>缩二脲反应：____________________。<br>黄蛋白反应：____________________。<br>茚三酮反应：____________________。 |

## 二、复习与提高

### （一）写出下列化合物的结构式或名称

1. 环戊烷多氢菲的结构
2. 甾醇的基本结构
3. 油脂的结构通式
4. 甘油三硬脂酸酯
5. 葡萄糖的开链式结构
6. 氨基酸的结构通式

### （二）填空题

1. 人体正常生命活动所必需的三大能量物质是 ______、______、______。其中油脂是 ______ 和 ______ 的总称。常见必需脂肪酸有 ______、______、______。
2. 皂化反应：____________________。
3. 油脂的氢化：____________________。
4. 油脂酸败的原因是在 ______、______、______、______、______ 等因素的作用下，发生了 ______ 反应、______ 反应等。
5. 乳化剂分子具有 ______ 和 ______ 两部分。利用 ______ 使油脂形成比较稳定的 ______ 的作用，称为油脂的乳化。
6. 各种甾醇在结构上的差别，主要是 $C_{17}$ 上连接的 ______ 不同，以及环上的双键 ______ 和 ______ 不同。经常晒太阳，可以使皮肤中的 ______ 转化为 ______，后者具有抗佝偻病的作用。
7. 胆甾醇又名 ______，在体内常与脂肪酸结合成 ______，两者共存于血液中。在人体中，胆甾醇代谢发生障碍时，血液中的胆甾醇含量就会增加，______ 和 ______ 沉积于血管壁是造成动脉硬化的原因之一。
8. 从化学结构上糖类化合物是 ______ 或 ______，以及它的脱水缩合物。
9. 根据水解情况，糖类化合物可分为 ______ 糖、______ 糖和 ______ 糖三类。
10. 血液中的 ______ 称为血糖，正常人的血

糖含量范围为 ______mmol/L。临床上常用 ______ 试剂来检查尿液中的葡萄糖。

11. 淀粉遇碘显 ______ 色，糖原遇碘显 ______ 色。糖原分为 ______ 和 ______。
12. 常见的双糖有 ______、______ 和 ______。
13. 糖苷由 ______ 和 ______ 两部分组成。糖苷中 ______ 基与 ______ 基之间是通过 ______ 键结合的。蔗糖和多糖分子中没有苷羟基，所以它们属于 ______ 糖，不能与托伦试剂、本尼迪克特试剂作用。
14. 天然淀粉由 ______ 淀粉和 ______ 淀粉组成。淀粉在酸或酶的作用下能水解生成 ______。
15. 葡萄糖和果糖的分子式均为 ______，它们互为 ______；蔗糖、麦芽糖和乳糖三者的分子式均为 ______，它们互为 ______。
16. 本尼迪克特试剂可被单糖还原生成 ______ 色的 ______ 沉淀。在临床上，常用这一反应来检验尿糖。
17. 组成蛋白质的基本结构单位是 ______，其分子中既含有酸性的 ______ 基，又含有碱性的 ______ 基，属于 ______ 化合物。氨基酸溶于水时，能进行 ______ 电离和 ______ 电离。
18. 核酸的基本组成单位是 ______，它是由 ______ 和 ______ 通过 ______ 相连而成的化合物。
19. 脱氧核糖核酸在糖环 ______ 位置不带羟基。
20. 核酸是由 ______ 聚合而成的 ______ 化合物，是所有生物 ______ 的携带者。根据核苷酸分子中 ______ 的类型，将核酸分为DNA（简称: ______）和 RNA（简称：______）两大类。
21. 脱氧核糖核苷酸由：______ 酸、______ 糖，______、______、______、______ 四种碱基构成。核糖核苷酸由：______ 酸、______ 糖，______、______、______、______ 四种碱基构成。

**（三）简答题**

1. 油脂分子中有哪些官能团？它们决定了油脂的哪些性质？
2. 淀粉、纤维素和糖原是否互为同分异构体？
3. 如何检验糖尿病患者尿液中的葡萄糖？
4. 为什么医院里可以用高温蒸煮、照射紫外线、在伤口处涂抹乙醇溶液等方法来消毒杀菌？
5. 为什么生物实验室用甲醛溶液保存动物标本？
6. 误食重金属盐中毒时，应该怎样处理？
7. 说出 DNA、RNA 分步水解生成物和最终生成物。

**（四）利用化学性质鉴别下列物质**

1. 果糖、蔗糖
2. 淀粉、葡萄糖、蔗糖
3. 蛋白质、丙氨酸和葡萄糖
4. 苯丙氨酸、甘氨酸

**（五）完成下列反应**

1. 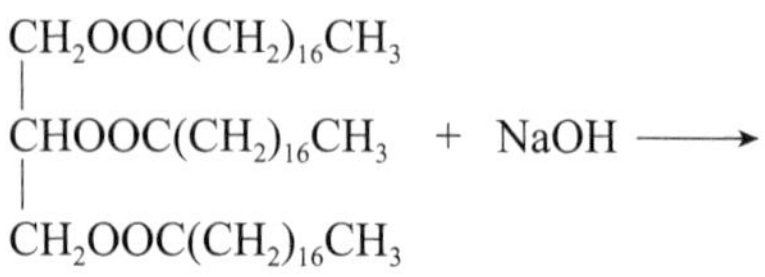 $\begin{array}{l} CH_2OOC(CH_2)_{16}CH_3 \\ | \\ CHOOC(CH_2)_{16}CH_3 \\ | \\ CH_2OOC(CH_2)_{16}CH_3 \end{array} + NaOH \longrightarrow$

2. $\begin{array}{l} CH_3—CH—COOH \\ \quad\quad\ | \\ \quad\quad NH_2 \end{array} + NaOH \longrightarrow$

3. $\begin{array}{l} CH_2—COOH \\ | \\ NH_2 \end{array} + HCl \longrightarrow$

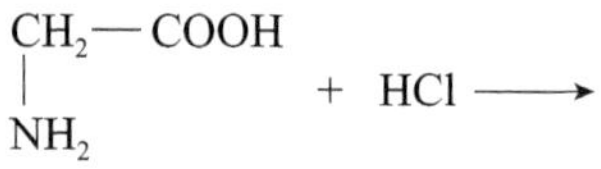

4. 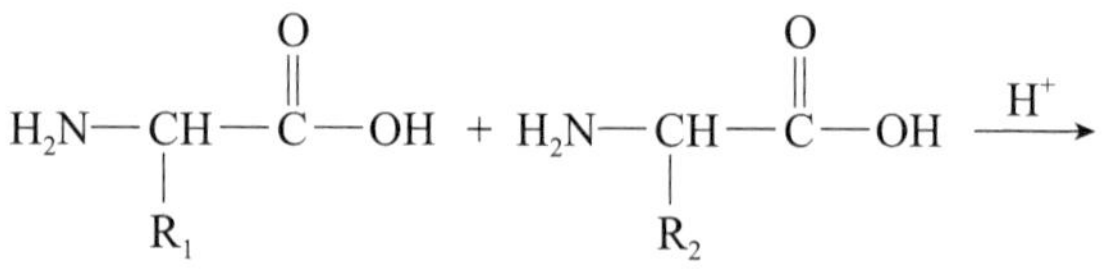 $H_2N—\underset{R_1}{\underset{|}{CH}}—\overset{O}{\overset{\|}{C}}—OH + H_2N—\underset{R_2}{\underset{|}{CH}}—\overset{O}{\overset{\|}{C}}—OH \xrightarrow{H^+}$

## 三、探索与进步

以班级为单位，学习委员、课代表负责安排全班各小组，分工合作查阅资料，编写手抄报，主要栏目为：

1. 胆固醇栏目，以胆固醇的“功”与“过”为主题。建议提纲：胆固醇结构、性状、化学性质；胆固醇的生理作用；正确认识胆固醇的“功”与“过”。
2. 以糖、脂肪、蛋白质三大能量物质为栏目：以“糖”栏目为例，建议提纲：糖的定义，化学结构特征，种类、来源；糖的营养价值；医学中的糖指标等。

（陈　倩　黄映飞　刘　敏　孙雪林）

# 第 9 章 合成高分子化合物

学习目标

知识目标：掌握合成高分子化合物的概念，掌握加聚反应和缩聚反应的概念。

能力目标：能够辨识聚合物的单体、链节等；辨识塑料、纤维和橡胶等常见合成高分子化合物，了解其应用。

素质目标：了解高分子化合物的特点及在生产生活中的应用；培养学生的环保意识。

高分子化合物是指分子量在 10 000 以上的大分子化合物，又称为高聚物或聚合物。存在于自然界中的高分子化合物称为**天然高分子化合物**，如纤维素、淀粉、蛋白质、天然橡胶等；由人工合成的高分子化合物称为**合成高分子化合物**，如普通塑料（聚乙烯、聚丙烯、聚氯乙烯等）、合成橡胶、合成纤维、酚醛树脂等。

案例 9-1

观察汽车结构会发现，轮胎的材质是橡胶，灯壳、转向盘等的材质是塑料，座位的布料可能是人造纤维或者合成纤维。据统计，一台小轿车使用的合成高分子化合物塑料重量已经占到小轿车重量的 5%。这说明高分子材料已成为重要的基础材料之一。

问题：什么是高分子材料？什么是橡胶、塑料、合成纤维？

## 第 1 节　合成高分子化合物的主要反应

### 一、加聚反应

聚乙烯是一种常用塑料，是由乙烯小分子在一定条件下通过加聚反应得到的高分子化合物，结构呈线型，这个反应实质上是多个乙烯分子之间通过加成反应聚合成的高分子化合物。

$$n\,CH_2{=}CH_2 \xrightarrow{\text{聚合}} \left[CH_2{-}CH_2\right]_n\ (\text{聚乙烯})$$

单体（$n\,CH_2{=}CH_2$）　链节（$CH_2{-}CH_2$）　聚合度（$n$）

在特定条件（催化剂、温度、压力）下，烯烃分子中的 π 键断裂，同类分子间可相互彼此加成生成高分子化合物（聚合物），这种由小分子结合成大分子的过程称为

**加聚反应**。能够进行加聚反应，并构成高分子化合物的基本结构单位的小分子被称为**单体**。

高分子化合物中化学组成相同、可重复的最小单位称为**链节**，链节是重复结构单元，聚乙烯的链节为$—CH_2—CH_2—$。高分子化合物中含有的链节的数目称为**聚合度**，通常用“$n$”表示。

对高分子化合物进行命名时，在单体名字前面加上“聚”，如聚乙烯、聚丙烯，说明它们分别是由乙烯、丙烯聚合而成的高分子化合物。

## 二、缩聚反应

羧酸和醇在一定条件下生成酯，如乙酸与乙醇在硫酸催化下生成乙酸乙酯。

$$CH_3\overset{\overset{O}{\|}}{C}—OH + HO—CH_2CH_3 \xrightarrow[\triangle]{H_2SO_4} CH_3\overset{\overset{O}{\|}}{C}—O—CH_2CH_3 + H_2O$$

可见，酯化反应的本质是羧酸的羧基和醇的羟基脱水生成酯键。因此，依据酯化反应的原理，人们常采用具有特殊结构的羧酸和醇通过缩聚反应合成高分子化合物，如利用己二酸与乙二醇制备聚酯。

$$n\,HO—\overset{\overset{O}{\|}}{C}(CH_2)_4\overset{\overset{O}{\|}}{C}—OH + n\,HOCH_2CH_2OH \xrightarrow{催化剂} HO\!\left[\overset{\overset{O}{\|}}{C}(CH_2)_4\overset{\overset{O}{\|}}{C}OCH_2CH_2\right]_n\!OH + (2n-1)H_2O$$

**缩聚反应**又称为缩合聚合反应，是指在生成聚合物的同时，一般伴随有小分子副产物（如$H_2O$等）的生成。缩聚反应与加聚反应不同的是，缩聚反应的单体应至少含有两个官能团。含两个官能团的单体缩聚后生成的缩合聚合物呈现为线型结构。例如，合成纤维锦纶-66是由己二酸$HOOC(CH_2)_4COOH$与己二胺$H_2N(CH_2)_4NH_2$通过缩聚反应合成的线型结构聚合物。

## 三、高分子化合物的分类

1. 按高分子化合物的结构分类　高分子化合物按结构特性不同分为线型结构（包括带支链的线型结构）和体型结构，如图9-1所示。它们的结构特性、性质区别、代表性化合物见表9-1。

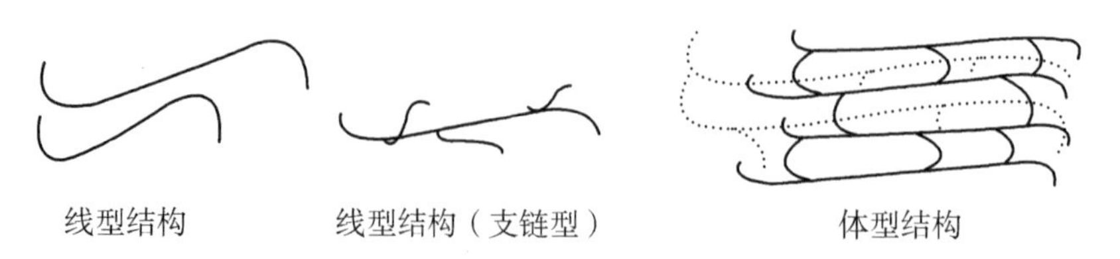


图9-1　合成高分子化合物空间结构示意图

**表 9-1　线型高分子化合物和体型高分子化合物的比较**

| 结构类型 | 结构特性 | 性质区别 | 代表物 |
| --- | --- | --- | --- |
| 线型 | 分子中的原子以共价键相互结合成一条很长的卷曲状态的分子链 | 具有弹性、可塑性，在溶剂中能溶解，加热能熔融，硬度和脆性较小 | 聚乙烯<br>聚氯乙烯 |
| 体型 | 分子链与分子链之间通过许多化学键交联起来，形成具有三维空间结构的网状结构 | 没有弹性和可塑性，不能溶解和熔融，硬度和脆性大 | 酚醛树脂 |

2. 按高分子化合物的材料特性分类　高分子化合物按照材料特性不同可分为橡胶、塑料和化学纤维三类。

橡胶的特性是弹性。主要用于制作具有弹性要求的产品，如汽车轮胎、小皮球等。

塑料根据其受热后表现的特性，可分为热塑性和热固性两大类。**热塑性塑料**受热时软化，可以塑成一定形状，并且能多次重复加热塑制，如聚乙烯、聚氯乙烯、纤维素塑料等。**热固性塑料**加工成型后，加热不会软化，在溶剂中也不会溶解，如酚醛树脂、环氧树脂等。

化学纤维分为人造纤维和合成纤维两种。人造纤维是由天然纤维经化学处理而得到的产品，如黏胶纤维；合成纤维是由合成的高分子制成的纤维，如涤纶、尼龙。

## 第 2 节　高分子化合物的特性

高分子化合物由于分子大，分子量高，表现出低分子化合物所没有的性质，这对它的实际应用具有重要意义。

1. 溶解性　线型高分子化合物一般可溶解在适当的溶剂中。具有网状结构的体型高分子化合物一般不易溶解，有的只能被溶剂溶胀而不溶解。

2. 机械强度　机械强度是指材料受力作用时，其单位面积上所能承受的最大负荷。高分子化合物由于其分子链具有线型和网状结构，分子中的原子数目又非常多，因此分子间作用力较大，具有良好的机械强度。若分子中含有—COOH、$—NH_2$、—OH、$—\overset{\overset{\large O}{\|}}{C}—NH—$等极性基团，分子间能形成更多的氢键，分子间的引力更大，机械强度更高。某些高分子化合物可代替一些金属，制成多种机械零件，有的比金属强度还大。

3. 柔性与弹性　线型高分子的主链很长，链上的原子和原子间以 σ 键结合，能自由旋转，使得高分子化合物中的每个链节的相对位置可以不断变化，这种性能称高分子链的**柔性**。有柔性的高分子能卷曲收缩成团，施加外力时分子可被拉伸，消除外力，分子又恢复原来的形状，所以一些高分子化合物具有弹性。柔性越大，弹性就越好。橡胶是弹性最好的高分子化合物之一。

4. 可塑性　将线型高分子化合物加热到一定温度将逐渐软化，最后达到黏稠流动状态，将其放在模子里压制成特定的形状，再冷却至室温，其形状依然保持不变。高分子化合物的这种特性称为**可塑性**，日常生活中的塑料制品就是这样压制成型的。根据不同高分子材料的性能，控制预热及模塑的时间，可得到各种性能良好的产品，常见的塑料如聚乙烯、聚苯乙烯等都是可塑性的高分子化合物。

5. 结晶性　这一类高分子化合物在开始固化时，由于主链太长，不能完全沿着主链整齐地排列，所以不能完全成为晶态。高分子化合物中整齐排列的区域是**结晶区**，卷曲而相互扭结的区域是**非结晶区**，在一个高分子化合物的链上可以存在若干个结晶区和非结晶区，如图 9-2 所示。整个高分子化合物中结晶区所占的百分比称为**结晶度**，结晶度高的高分子化合物，机械强度和熔点高，溶解和溶胀的倾向小。

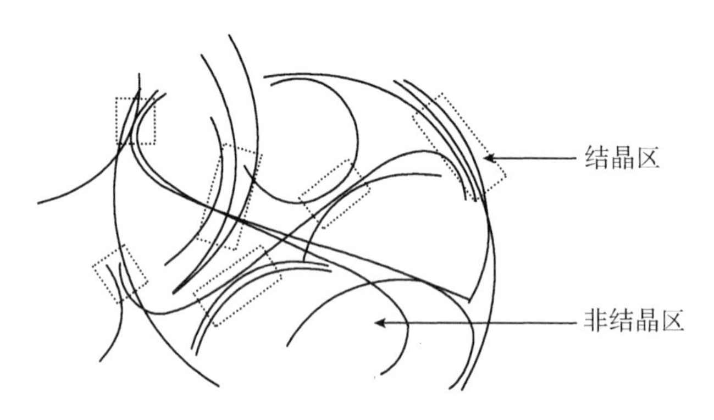


图 9-2　高分子化合物中的结晶区和非结晶区

高分子化合物的结晶区有一定的机械强度，非结晶区可以卷曲扭结，具有这种性质的高分子可以拉成抗张强度大而有弹性的细丝，如尼龙、涤纶等合成纤维，是集合了许多结晶区和非结晶区的大分子群，所以相当坚韧而又能卷缩扭曲且富有弹性。

6. 绝缘性　高分子化合物中的原子彼此以共价键结合，一般情况下不电离，有良好的绝缘性能，是良好的电绝缘材料，用于包裹电缆、电线，制成各种电器设备的零件等。

链 接　药用高分子材料必备的基本特征

药用高分子材料在药物制剂中主要作为药物制剂的辅料；作为生物黏着性材料；用作药物产品的包装材料等。常用的药物高分子材料有聚丙烯酸（PAA）、聚乙烯醇（PVA）、聚乙二醇（PEG）、聚乙烯吡咯烷酮（PVP）等。

药用高分子材料的使用对象是生物体，必须具备以下基本特征。

1. 无毒、无致癌性、无抗原性　药用高分子材料或其产物应无毒、无致癌性、无抗原性。

2. 相容、载药和释药能力　药用高分子材料或其产物应具有良好的生物相容能力，不会引起炎症和组织变异反应，同时具有适宜的载药能力和释药能力。

3. 稳定性、水溶性、持久性、机械性　药用高分子材料在消毒时不会因受热或接触消毒剂等而发生物理、化学变化；体内包埋及注射的药用高分子材料必须是水溶性的、可降解的、能被人体吸收或排出体外、不会引起血栓、具有一定持久性等；为适应制剂加工成型的要求，还需具备适宜的分子量和物理机械性能。

7. 老化　高分子化合物在光、热、高能射线等物理因素和氧、水、酸、碱等化学因素的作用下会发生老化。一方面大分子之间互相交联形成体型结构，使高分子化合物变硬变脆，失去弹性；另一方面大分子主链裂解，链变短，分子量变小，使高分子化合物变软、变黏，失去机械强度。这两个过程几乎同时发生。高分子化合物由于主链的交联和裂解而失去弹性、可塑性和机械强度的过程称为**老化**。

## 第3节　常见的高分子化合物

塑料、纤维和橡胶是合成高分子化合物中产量最大的，它们与国民经济、人民生活关系密切，故称为“三大合成材料”。

### 一、塑　　料

塑料是以合成树脂或天然树脂为基料，加入增塑剂、稳定剂、着色剂等添加剂，在一定条件下塑制而成的固体材料或制品。其中树脂为主要成分，占塑料总质量的40%～100%。塑料具有柔韧性和刚性的特点，而不具有橡胶的高弹性，一般也不具有纤维分子链的取向排列和晶型结构。

聚乙烯、聚氯乙烯等是常用的热塑性塑料，酚醛树脂、环氧树脂等是常用的热固性塑料。

1. 聚乙烯　聚乙烯是常见的合成高分子化合物，具有极其广泛的用途。根据生产条件不同，可以合成两种性能不同的聚乙烯产品，即低密度聚乙烯（LDPE）和高密度聚乙烯（HDPE）。

**低密度聚乙烯**的特性是分子量较低，密度也低（0.91～0.93g/cm$^3$），主链上带有长短不一的支链，熔融温度为105～115℃。它是在150～300MPa，170～200℃的温度下，并在引发剂的作用下使乙烯发生加聚反应而得到，因此又称为**高压聚乙烯**。主要用于制造食品包装膜、农用膜、电线电缆护套等。

**高密度聚乙烯**的特性是分子量较高（2 500 000），密度较高（0.94～0.96g/cm$^3$），熔融温度为131～137℃。由于它是在较低压力下，在催化剂的作用下使乙烯发生加聚反应生成的聚乙烯，故又称为**低压聚乙烯**。主要用于制造各种瓶、罐、薄膜、编织袋窄丝等。

2. 酚醛树脂　酚醛树脂是用酚类（如苯酚）与醛类（如甲醛）在酸或碱的催化下相互缩合而成的高分子化合物。

在酸催化下，等物质的量的苯酚与甲醛反应，苯酚邻位或对位的氢原子与甲醛的羰基加成生成羟甲基苯酚，然后羟甲基苯酚之间相互脱水缩合成线型结构高分子。

$$C_6H_5OH + H-\overset{\overset{O}{\|}}{C}-H \xrightarrow{H^+} o\text{-}HOC_6H_4CH_2OH$$

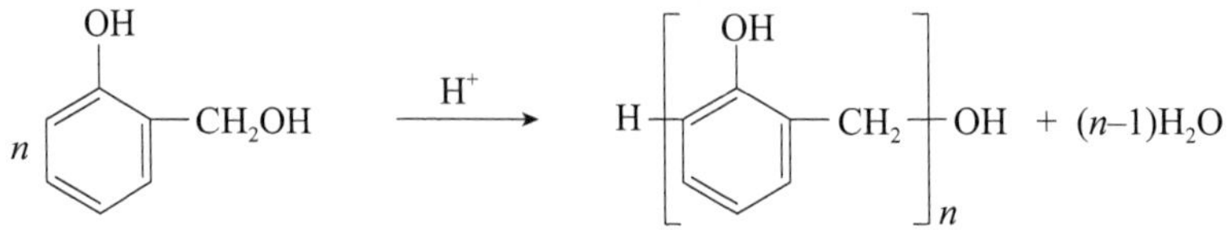

$$n\ \text{HOC}_6\text{H}_4\text{CH}_2\text{OH} \xrightarrow{H^+} \text{H}\text{-}\!\left[\text{C}_6\text{H}_3(\text{OH})\text{-CH}_2\right]_n\!\text{-OH} + (n-1)\text{H}_2\text{O}$$

在碱催化下，等物质的量的甲醛与苯酚或过量的甲醛与苯酚反应，生成羟甲基苯酚、2, 4- 二羟甲基苯酚、2, 4, 6- 三羟甲基苯酚等，然后加热继续反应，就可以生成网状结构的酚醛树脂。

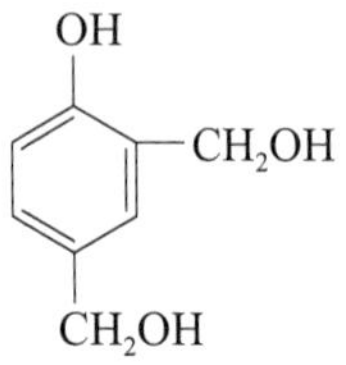

OH, $CH_2OH$, $CH_2OH$

2, 4-二羟甲基苯酚

OH, $HOCH_2$, $CH_2OH$, $CH_2OH$

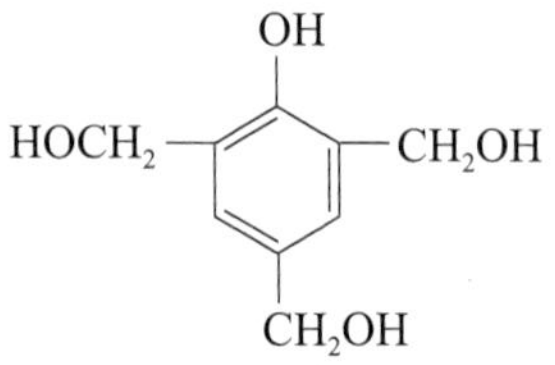

2, 4, 6-三羟甲基苯酚

具有网状结构的高分子受热后不能软化或熔融，一般也不溶于任何溶剂。酚醛树脂主要用作绝缘、隔热、难燃、隔音器材和复合材料。例如，做烹饪器具的手柄，一些电器与汽车部件，导弹头部、返回式卫星和宇宙飞船外壳等的烧蚀材料。

## 二、纤　维

纤维是指聚合物经过一定的机械加工（牵引、拉伸、定型）后形成细而柔软的丝状材料。纤维具有弹性模量大、塑性变形小、强度高等特点。棉花、羊毛、丝、麻等属于天然纤维。化学纤维根据所用的原料不同可分为人造纤维和合成纤维两类。人造纤维是利用天然高分子物质如木浆、短棉绒等为原料，经过化学加工处理而制成的黏胶纤维。合成纤维是利用石油、天然气、煤和农副产品作原料制成单体，经加聚反应或缩聚反应合成得到的，合成纤维都是线型高分子化合物。

合成纤维由于性能优异、原料来源丰富、价格便宜、用途广泛、生产不受气候等自然条件的限制，得到了非常迅速的发展。涤纶、锦纶、腈纶、丙纶、维纶和氯纶被称为合成纤维的“六大纶”，它们具有强度高、弹性好、耐腐蚀、不缩水、质轻保暖等优点。合成纤维做成的服装挺括不皱，但在透气性、吸湿性等方面不如天然纤维。可以通过两类纤维混合纺制，使它们的性能互补而加以改善。

合成纤维除了改善人们的穿着材料外，还被广泛用于工农业生产和高科技的各个领域。例如，工业用隔音、隔热、绝缘、包装材料；渔业用的渔网、缆绳，医疗用的输液管、缝合线、止血棉等。此外，像降落伞、飞行服、太空服等都离不开合成纤维。

常见的合成纤维主要有聚对苯二甲酸乙二酯、聚己内酰胺、聚丙烯腈、聚乙烯醇缩甲醛、聚丙烯酸纤维、聚氯乙烯纤维等。

## 三、橡　胶

**橡胶**是一类在较大温度范围内具有高弹性的聚合物。通常聚合物链通过化学或物理方法交联在一起，其特点是受外力时发生变形，外力除去则形状恢复。

橡胶分为天然橡胶和合成橡胶。天然橡胶来自于橡树；合成橡胶有丁苯橡胶、顺丁橡胶、合成天然橡胶、丁腈橡胶等，它们各自在耐磨性、耐油性、耐寒性、耐热性、耐燃性、耐腐蚀性、耐老化等方面有着独特的优势，广泛用于工业、农业、国防、交通及人民生活的方方面面。

目前世界上顺丁橡胶的产量仅次于丁苯橡胶居第二位。顺丁橡胶的特点是弹性高，耐磨、耐寒性好，可在寒冷地带使用，主要用于制造轮胎、胶鞋、胶带等。

**链 接　赛璐珞、PVC 与特氟龙**

有机化学家在 19 世纪中叶不断对人造聚合物进行研究。人们在寻找象牙台球的替代品时，发明了一种叫作赛璐珞的替代品材料，之后这种材料被用于制造乒乓球、眼镜架。赛璐珞是以木质纤维素为材料，采用硝酸与纤维素上的羟基发生硝化反应制成。由于含有硝基，所以赛璐珞很容易燃烧。

1835 年人们制造出了聚氯乙烯（PVC），但发现 PVC 易碎且没有令人感兴趣的性能。到了 20 世纪 20 年代，美国化学家发现可以通过加入添加剂使 PVC 更加柔韧。与此同时，英国研究者研究乙烯时，一个装置发生氧气泄漏后，研究者意外发现氧气恰好起到了催化剂的作用，使乙烯发生聚合作用而形成了聚乙烯。如今，聚乙烯广泛用于各种塑料制品中，我们身边的背包、瓶子、鼠标、电脑外壳甚至保龄球，都是由它制造而成。

“聚四氟乙烯”的俗名就是“特氟龙”。1938 年美国研究者尝试制造用于冷藏的惰性气体时，发现惰性气体在铁的催化下，变成了光滑的蜡状物，“特氟龙”就这样偶然地被制造出来了。聚四氟乙烯就是不粘锅的不粘材料，这种聚合物非常光滑，即使食物被烤焦也不会附着在上面。

## 自 测 题

### 一、回顾与总结

| 项目 | 内容 |
| --- | --- |
| 高分子化合物的主要反应 | 能够进行聚合反应，并构成高分子化合物的基本结构单位的小分子被称为__________。 |
| | 高分子化合物中化学组成相同、可重复的最小单位称为__________。 |
| | 高分子化合物中含有的链节的数目称为__________，通常用__________表示。 |
| | 缩聚反应又称为__________，是指在生成聚合物的同时，一般伴随有______的生成。 |
| | 缩聚反应与加聚反应不同的是__________。 |
| 高分子化合物的分类 | 按结构特性不同分为__________和__________。 |
| | 按照材料特性不同可分为__________、__________和__________三类。 |
| | 塑料按照受热后是否软化可分为__________和__________。 |
| 高分子化合物的特性 | 高分子化合物的特性包括__________、__________、__________、__________、__________、__________和__________。 |

续表

| 项目 | 内容 |
| --- | --- |
| 常见的高分子化合物 | 被称为“三大合成材料”的是______、______和______。 |
| | 主要用于制造食品保障膜、农用膜、电线电缆护套的是____________。 |
| | 主要用作绝缘、隔热、难燃、隔音器材和复合材料的是____________。 |
| | 医疗用的输液管、缝合线、止血棉等属于____________。 |
| | 主要用于制造轮胎、胶鞋、胶带等的是____________。 |

## 二、复习与提高

### （一）写出下列物质反应的聚合物及聚合物名称

| 单体 | 单体结构 | 聚合物 | 聚合物名称 |
| --- | --- | --- | --- |
| 乙烯 | $CH_2{=}CH_2$ | | |
| 丙烯 | $CH_2{=}CH(CH_3)$（$CH_3$ 连于 CH 上） | | |
| 烯丙酸 | $CH_2{=}CH(COOH)$（COOH 连于 CH 上） | | |
| 四氟乙烯 | $CF_2{=}CF_2$ | | |

### （二）单项选择题

1. 下列对于有机高分子化合物的认识不正确的是（　　）

　A. 有机高分子化合物称为聚合物，是因为它们大部分是由小分子通过聚合反应而制得的

　B. 有机高分子化合物的分子量很大，其结构是若干链节的重复

　C. 对于一种高分子材料，$n$ 是一个整数值，因而它的分子量是确定的

　D. 高分子材料可分为天然高分子材料和合成高分子材料两大类

2. 对聚合物 $\left[CH(OOCCH_3)-CH_2\right]_n$（$CH_3COO$ 连于 CH 上）描述正确的是（　　）

　A. 其单体是 $CH_2{=}CH_2$ 和 $HOOCCH_3$

　B. 它是缩聚反应的产物

　C. 其链节是 $CH_3COOCH_2CH_3$

　D. 其单体是 $CH_3COO{-}CH{=}CH_2$

3. 下列属于热固性塑料的是（　　）

　A. 聚乙烯　　B. 聚氯乙烯

　C. 纤维素塑料　　D. 酚醛树脂

4. 药用高分子材料一般具有许多特殊要求，除了（　　）

　A. 有抗原性　　B. 良好的生物相容性

　C. 无抗原性　　D. 无毒

5. 聚氯乙烯简称（　　）

　A. PVP　　B. PVV

　C. PEG　　D. PVC

6. 下列不是合成纤维的用途的是（　　）

　A. 输液管　　B. 缝合线

　C. 止血棉　　D. 胶带

### （三）填空题

1. 被称为“三大合成材料”的是______、______和______。

2. 橡胶分为天然橡胶和合成橡胶。来自于橡树的橡胶是______，丁腈橡胶是______。

3. 在以下反应中，单体是______，链节是______，聚合度是______。

$$nCH_2{=}CH(Cl) \xrightarrow{\text{聚合}} \left[CH_2-CH(Cl)\right]_n$$

## 三、探索与进步

“白色污染”对环境污染很严重。在土壤中，会影响农作物吸收养分和水分，导致农作物减产；增塑剂和添加剂的渗出会导致地下水污染；混入城市垃圾一同焚烧会产生有害气体，污染空气，损害人体健康。对于白色污染的治理消耗了大量的人力和财力，所以，从源头减少白色污染的产生是至关重要的。请查阅资料回答以下问题：

1. 什么是白色污染？你身边的白色污染有哪些？

2. 白色污染还有哪些危害？怎样从自身做起减少白色污染？

（刘　敏）

# 实训 1

# 熔点的测定——尿素、肉桂酸的熔点测定

【概述】 熔点是指固体物质在一定大气压下，固液两相达到平衡时的温度。一般可以认为熔点是固体物质在受热到一定温度时，由固态转变为液态时的温度。通过测定熔点，不但可以确定被测物质是否纯净，也可以鉴定有机化合物。

【案例设计】 在医药生产中，经常遇到鉴定熔点相同或相近的两个试样是否为同一物质。例如，两个不同试样 A、B，它们可能是肉桂酸、尿素、苯甲酸，已知苯甲酸的熔点为 122.4℃且苯甲酸熔点与肉桂酸、尿素均不相同。以小组为单位，设计用熔点测定法区别这两瓶化合物，以及判定某物质是否为纯品。

【实训目的】

1. 了解熔点测定的原理及其相关概念、特点和意义。

2. 学会组装熔点测定仪器，开展熔点测定的操作，培养实验探究与创新意识的核心素养。

3. 培养严谨认真、规范操作、客观求实的科学态度，合作学习的精神，培养科学态度与社会责任的核心素养。

【实训准备】

1. 用品准备

（1）仪器 温度计、提勒管、熔点毛细管（长 9～10cm，内径 1mm）、酒精灯、开口橡皮塞、玻璃棒、玻璃管、表面皿、试管、250ml 圆底烧瓶、铁架台、火柴等。

（2）药品 尿素（熔点：132.7℃）、肉桂酸（熔点：133℃）、液体石蜡。

2. 操作者准备

（1）学生充分预习，明确实训目标、实训基本原理、实训步骤和操作方法。

（2）穿好实训隔离服，扣好扣子（特别注意扣好袖口扣子）。实训时严格遵守操作规程。本要求是实训基本要求，后续实训均按照本要求执行。

【实训原理】 固体物质从开始熔化到完全熔化的温度范围即为熔程（也称熔点范围）。

纯净的有机化合物一般都有固定的熔点，固液两相之间的变化是非常敏锐的，熔程不超过 0.5℃。如果混有杂质，熔点会降低，熔程也将显著增大。当加热温度接近熔点时，放慢加热速度，样品将依次出现发毛、收缩、塌落、澄清等现象。出现塌落且伴有小液珠时的温度称为始熔温度或初熔温度，全部样品澄清时的温度为全熔温度。大多数有机化合物的熔点都在 400℃以下，比较容易测定。

通过测定熔点，如何确定被测物质是否纯净？怎样鉴定有机化合物呢？例如，测得物质甲和物质乙的熔点相同，可以将甲和乙等量混合，再测定混合物的熔点，若混合物的熔点与甲（或乙）的熔点完全相同，就可以判定甲和乙为同一种物质；若混合物的熔点低于甲（或乙）的熔点且熔程较大，就可判定甲和乙不是同一种物质，以区别熔点相近的有机化合物。

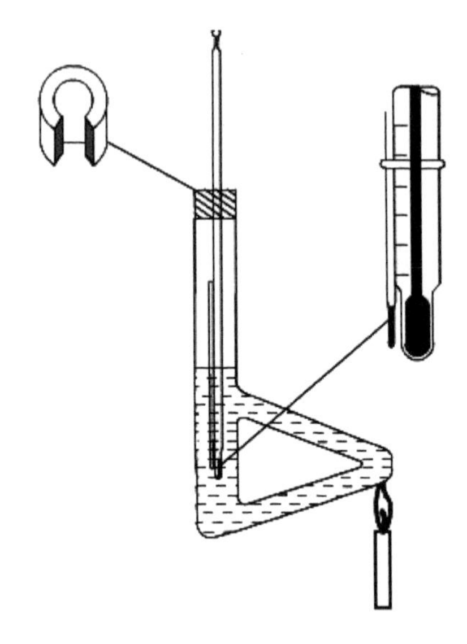

实训图 1-1　提勒管式熔点测定装置

【操作流程及分组配合】

1. 测定熔点的仪器装置　实训室一般采用的测定方法是毛细管法。常用的熔点测定装置有双浴式和提勒管式两种。

（1）提勒管式　提勒管式测定装置如实训图 1-1 所示。提勒管又称 b 形管。内装传热液，液面高度以刚好超过上侧管 1cm 为宜，加热部位为侧管顶端。附有已装填样品的熔点毛细管的温度计，通过侧面开口橡皮塞，安装在提勒管的两个侧管之间。

这种装置是实训室中常用的熔点测定装置，特点是操作简单、方便、传热液用量少，节省测定时间。

（2）双浴式　双浴式熔点测定装置如实训图 1-2 所示。将试管通过侧面开口的橡皮塞固定在圆底烧瓶中（距离瓶底 1.5cm 处），烧瓶内盛放传热液（用量约为容积的 2/3）。将填装好样品的熔点毛细管用小橡胶圈固定在分度值为 0.1℃的测量温度计上。然后将温度计也通过侧面开口的橡皮塞，固定在试管中距离管底约 1cm 处，试管中加传热液。

2. 操作步骤　以提勒管式熔点测定为例，操作步骤如下：

（1）填装样品　将待测的干燥样品如尿素、肉桂酸，分别放在洁净、干燥的研钵中研细。取研细后的待测样品少许，放在干净的表面皿上，聚成小堆，使熔点毛细管的开口端插入样品粉末堆中数次，至熔点毛细管内样品的高度为 2～3mm 后，把熔点毛细管翻转过来，熔封端朝下，将其投入一根直立于实训台面的长约 60cm 的玻璃管内，让其自由下落，重复几次，使样品紧密填在熔点毛细管底部，样品高度 2.5～3.5mm；填好的熔点毛细管，应是样品柱表面光滑、均匀、紧密，否则会使导热不迅速、不均匀，测定结果有偏差。往熔点毛细管内装样品时，一定要反复冲撞夯实，管外样品要用卫生纸擦干净。每个样品填装 3 根熔点毛细管。

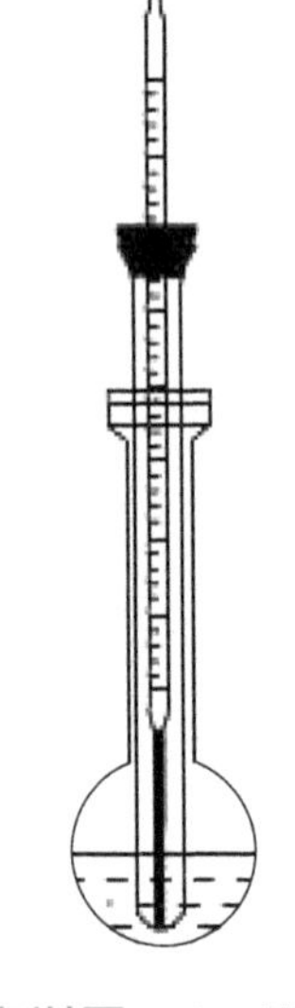

实训图 1-2　双浴式熔点测定装置

如装填的是易升华的化合物，装好试样后将上端封闭起来，压力对熔点的影响不大，可忽略不计；如装填的是易吸潮的化合物，装样动作要快，装好后也应立即将上端在小火上加热封闭，以免在测定熔点时试样吸潮使熔点降低。

（2）选择传热液　本实训采用液体石蜡作传热液，适用于测定熔点在 140℃以下的样品。也可选用浓硫酸作传热液，适用于测定熔点在 220℃以下的样品，但务必注意浓硫酸的安全使用。若要测熔点在 220℃以上的样品可选用其他传热液。

（3）安装装置　把装填好的熔点毛细管用小橡皮圈固定在温度计的一侧，让样品柱紧贴在温度计感温液体球泡的中央部位，橡皮圈应尽量套在靠近熔点毛细管的开口端，切勿让其接触传热液液面，然后用开口橡皮塞把温度计固定好，使温度计及熔点毛细管垂直悬浸在传热液中，温度计的感温液体球泡应处在提勒管两侧口的中间部位，不与提勒管壁接触，熔点毛细管应面对观察者。

将提勒管固定在铁架台上，装入传热液，按实训图 1-1 所示安装，注意温度计及熔点毛细管的插入位置要精确。

（4）加热　用酒精灯在提勒管的侧管末端加热，传热液因受热发生循环流动而起到传热搅拌作用。注意升温速度的控制：开始时，升温速度可以快一些，可以达到 5～6℃ /min；当距离熔点 10～15℃时，升温速度 1～2℃ /min；当接近熔点时，升温速度 0.5～1℃ /min。

（5）读数　同一组的学生可分成 A、B 两小组，分工协作。快熔化时，A 组学生观察样品熔化情况，B 组学生紧盯温度计液面，样品一熔化，A 组学生发指令“读数”，B 组学生立即读数。在加热期间要特别注意观察熔点毛细管内样品变化，当发现样品柱面由光滑变粗糙，出现塌落、凹陷现象，且伴有小液珠出现时，表示样品已开始熔化（初熔），记录此时温度，继续小心加热，直到样品全部转化成为透明液体时（全熔），记录此温度，此即样品的熔点。

（6）平行实训　本实训采用尿素和肉桂酸为样品。熔点的测定至少要有两次重复的数据。每个样品的第一次加热都可稍快，测知其大概熔点范围后，再做两次精测。再次测定时传热液温度需冷却至熔点以下 30℃左右。每一次测定都必须用新的熔点毛细管，装新样品。两次测定结果差别应在 1℃以内，结果记录于实训表 1-1 中。

（7）拆除装置　测定完毕马上用塞子盖住提勒管（防止吸潮），待传热液冷却后倒回回收瓶中。温度计冷却后，用纸擦去传热液，再用水洗干净放回原处。

（8）封口　取一根熔点毛细管，呈 45° 角在小火焰的边缘加热，并不断转动，使其熔化，封闭端口。注意使封好口的熔点毛细管的底部玻璃壁尽可能地薄且均匀，以保证其具有良好的热传导性。

3. 数据记录和处理（实训表 1-1）

**实训表 1-1　熔点测定数据记录表**

| 样品 | 测定值（℃） | | 平均值（℃） | | 备注 |
|---|---|---|---|---|---|
| | 初熔 | 全熔 | 初熔 | 全熔 | |
| | | | | | |

【实训评价】　见实训表 1-2。

**实训表 1-2　实训考核点及评分标准**

| 项目 | 考核内容 | 项目分值 | 得分 |
|---|---|---|---|
| 实训态度（15 分） | 1. 穿着隔离服整齐、干净 | 5 分 | |
| | 2. 熟悉实训内容 | 5 分 | |
| | 3. 能遵守实训室的规章制度 | 5 分 | |
| 实训操作（55 分） | 1. 毛细管的封口操作正确，封口严密，封好口的毛细管的底部玻璃壁薄且均匀 | 10 分 | |
| | 2. 样品的装填操作正确，装填好的毛细管中，样品柱表面光滑、均匀、紧密，样品柱的高度符合要求 | 10 分 | |
| | 3. 装填好的毛细管与温度计及开口橡皮塞的固定符合要求，温度计及样品管垂直悬浸在传热液中，温度计的感温液体球泡处在熔点测定管两侧口的中间部位 | 15 分 | |
| | 4. 加热升温速度控制合理，加热期间观察样品变化情况仔细，记录初熔和全熔温度准确 | 5 分 | |
| | 5. 实训小组内同学间相互协作好；能合理地解释实训中出现的一些现象，正确地解决实训中出现的一些问题 | 10 分 | |
| | 6. 实训数据记录完整、合理 | 5 分 | |
| 实训结果（15 分） | 整理实训数据，填写好实验报告 | 15 分 | |
| 实训结束（15 分） | 1. 停止加热，待传热液冷却后按要求回收；擦干温度计 | 5 分 | |
| | 2. 所有仪器、试剂归位，整理实验台 | 5 分 | |
| | 3. 将废液缸、废物缸内废物清理干净 | 5 分 | |
| | | 总得分 | |

【注意事项】

1. 熔点毛细管要干净，否则能产生 4～10℃的误差；管壁不能太厚，若管壁太厚，热传导时间长，会使熔点偏高；封口要均匀，若底端未封好会产生漏管。

2. 样品不干燥或含有杂质，都会使熔点偏低，熔程变大；样品粉碎要细，装样时要迅速，以防止吸潮；填装要实，否则会产生空隙，不易传热，造成熔程变大；样品用量要适中，装填高度 2～3mm，需反复少量多次装填，样品量太少不便观察，而且测得熔点偏低，样品量太多会造成熔程变大，测得熔点偏高。

3. 熔点毛细管外的样品粉末要擦干净，以免污染传热液。实训中加热时，升温速度不宜太快，让热传导有充分的时间，若升温速度过快，熔点则偏高。加热位置应选在熔点测定管侧管外端下方。

4. 熔点毛细管上端须高出传热液液体石蜡的液面。

5. 要选用开口塞，以保证加热体系与大气相通，防止爆炸。

6. 温度计的感温液体球泡位置应处在两侧管中间，更加准确测定传热液温度。

7. 传热液液体石蜡的高度以液面刚没过侧管顶部即可，因为加热后液体体积会膨胀，不可装太满；若使用硫酸作传热液要特别小心，不能让有机化合物碰到浓硫酸，否则会使传热液颜色变深，有碍熔点的观察。若出现这种情况，可加入少许硝酸钾晶体共热后使之脱色。

【实践与思考】

1. 测熔点时，若有实训表 1-3 所列情况将产生什么结果？

**实训表 1-3　测熔点时未按要求操作**

| | |
|---|---|
| （1）熔点毛细管壁太厚 | （4）样品研得不细或装得不紧密 |
| （2）熔点毛细管壁不洁净 | （5）加热太快 |
| （3）样品未完全干燥或含有杂质 | （6）样品装得太多 |

2. 熔点毛细管是否可以重复使用？

3. 质的熔点含义是什么？

4. 以小组为单位，制作熔点测量过程的视频和安全操作的文字宣传材料。要求材料内容简明扼要，包括测量要点、测量结果。

（师葛莹　李湘苏）

# 实训 2
# 蒸馏与沸点的测定——乙醇的蒸馏和沸点的测定

【概述】 将液体加热至沸腾状态，使液体变为蒸气，然后再使蒸气冷凝为液体，这两个联合操作的过程称为蒸馏。通过蒸馏可对易挥发和难挥发的物质进行分离，也可将沸点不同的物质分离开来。因此，蒸馏是分离和提纯液体有机化合物最常用的方法之一。通过蒸馏还可以测定纯净有机化合物的沸点。

【案例设计】 制酒厂将发酵之后的“酒糟”中的混合物，采用加热蒸馏的方式，将乙醇蒸发为气体，再通过冷凝转化为液体，形成高浓度的乙醇。这就是利用了蒸馏的原理。以小组为单位，课前请预习本实训内容，并且设计通过蒸馏方式将乙醇提纯的实验操作步骤。

【实训目的】

1. 进一步加深理解蒸馏和测定沸点的原理，了解蒸馏和测定沸点的意义。

2. 学会组装蒸馏设备，熟练使用蒸馏的方法纯化液态有机化合物，培养实验探究与创新意识的核心素养。

3. 培养严谨认真、规范操作、客观求实的科学态度，合作学习的精神，培养科学态度与社会责任的核心素养。

【实训准备】

1. 用品准备

（1）仪器 蒸馏烧瓶、温度计、直形冷凝管、接液管、接收瓶、量筒、铁架台、沸石、橡皮管、水浴锅（可用电热套、500ml 大烧杯代替）、温度计套管等。

（2）药品 乙醇。

2. 操作者准备 按照实训基本要求执行。

【实训原理】 沸点是指液体的蒸气压与外界压力相等时的温度。纯净液体受热时，其蒸气压随温度升高而迅速增大，当达到与外界大气压力相等时，液体开始沸腾，此时的温度就是该液体物质的沸点。由于外界压力对物质的沸点影响很大，所以通常把液体在 101.3kPa 下测得的沸腾温度定义为该液体物质的沸点。纯净的液体有机化合物在蒸馏过程中沸点范围很小，一般为 0.5～1.5℃。所以利用蒸馏方法可以测定有机化合物的沸点。如果含有杂质，沸点就会发生变化，沸程（始馏温度至终馏温度）也会增大，不纯的液体有机化合物没有恒定的沸点。所以，一般可通过测定沸点来检验液体有机化合物的纯度。但必须指出，具有固定沸点的有机化合物不一定为纯净的有机化合物，由于某些有机化合物往往能和其他组分形成二元或三元共沸混合物，这些共沸混合物也都具有固定的沸点。

通过蒸馏不仅可以测定纯液体有机化合物的沸点，还可将易挥发物质从难挥发的混合物质中分离出来，也可将沸点不同的物质分离开来。例如，将沸点差别较大（至少30℃）的液体蒸馏时，沸点较低者先蒸出，沸点较高的随后蒸出，不挥发的留在蒸馏瓶内，这样可达到分离和提纯的目的，因此，蒸馏是分离和提纯液体有机化合物最常用的方法。

在加热前必须加入2～3粒沸石（表面疏松多孔的碎瓷片），避免液体暴沸，造成损失甚至酿成火灾事故，绝大多数液体在加热时经常发生过热现象（温度超过沸点而不沸腾），如继续加热，液体就会产生暴沸现象而冲溢出瓶外。沸石的微孔中由于吸附了一些空气，在加热时就可以形成液体分子的气化中心，从而保证液体及时沸腾而避免暴沸。如果加热前忘了加沸石，补加时应停止加热，待液体冷至沸点以下后方可加入。若蒸馏在中途停止过，重新蒸馏时应加入新的沸石。

仪器选择要注意以下几点。

（1）热源的选择　一般沸点低于80℃的蒸馏采用水浴加热，即将烧瓶浸入水中，水的液面应略高于蒸馏烧瓶内被蒸物质的液面，勿使烧瓶底触及水浴锅底，保持水浴加热的温度不超过蒸馏物沸点20℃。这种加热方式，可避免局部过热及液体的暴沸，而且可使蒸气的气泡不但从烧瓶的底部上升，也可沿着烧瓶的边沿上升，使液体平稳地沸腾。

（2）蒸馏烧瓶的选择　普通蒸馏，待蒸馏物的体积不超过烧瓶容量的2/3，但也不能少于1/3。超过烧瓶容量的2/3时，待蒸物来不及汽化就直接溢出烧瓶，少于1/3时受热面太小。在蒸馏低沸点液体时，选用长颈蒸馏瓶；而蒸馏高沸点液体时，选用短颈蒸馏瓶。

（3）冷凝管的选择　沸点在140℃以下的被蒸馏物选用直形冷凝管。冷凝水应从冷凝管的下口流入，上口流出，以保证冷凝管的套管中始终充满水，水龙头应缓慢打开。

（4）温度计的选择　根据被蒸馏物质可能达到的最高温度，再高出10～20℃来选择适当的温度计。不能把温度计作搅拌用，也不能用来测量超过刻度范围的温度。温度计用后要缓慢冷却，不能用冷水立即冲洗，以免炸裂。

（5）蒸馏的接收部分　一般采用小口接收器，以减少产品的挥发损失。

【操作流程及分组配合】

1. 蒸馏及测定沸点的仪器装置　普通蒸馏及测定沸点装置如实训图2-1所示，主要由气化、冷凝和接收三个部分组成。

总体来说，从热源处开始，按照“先下后上、先左后右、先难后易”的顺序逐个装配蒸馏装置，温度计的位置通常是使感温液体球泡的上端恰好位于蒸馏烧瓶支管的底边所在的水平线上。冷凝管下端连接接液管，接液管末端伸入接收瓶中，接液管与接收瓶间不可密闭，要与大气相通。

拆卸时，按照与装配相反的顺序逐个地拆除。组装仪器要做到以下几点：

在铁架台下放置电热套，上置500ml烧杯或者水浴锅，用烧瓶夹子夹好100ml圆底蒸馏烧瓶，置于烧杯或水浴锅中。水的液面略高于烧瓶内待蒸物质的液面，蒸馏烧瓶上装蒸馏头，使蒸馏头的侧管指向右侧，将装有温度计的温度计套管置于蒸馏头的上口中，温度计的感温液体球泡的上沿一定与蒸馏头侧管的下沿在同一水平线上。

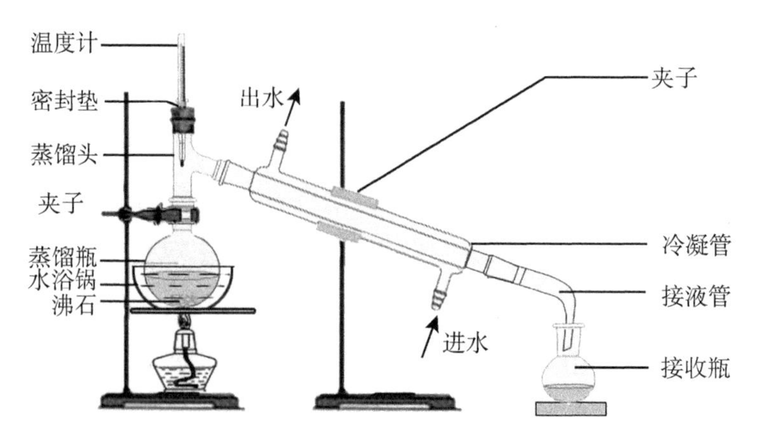


实训图 2-1 普通蒸馏及测定沸点的装置

用另一铁架台夹住已接好进出水橡皮管的冷凝管，调整其位置，使它与已装好的蒸馏头的侧管同轴，然后松开固定冷凝管的铁夹，使冷凝管沿此轴移动而与蒸馏头连接，注意铁夹不应夹得太紧或太松，以夹住后稍用力尚能转动为宜。最后在冷凝管的下口套一接液管，接液管下置接收瓶。

冷凝管应与蒸馏烧瓶的支管同轴，安装完后的装置应“平稳端正，横平竖直，正看一个面，侧看一条线”，全套仪器装置的轴线都要在同一平面内，铁架台整齐地置于仪器的背面。

2. 操作步骤

（1）加料　将待蒸馏乙醇 40ml 小心倒入蒸馏烧瓶中，不要使液体从支管流出，加入几粒沸石以防止暴沸。装好带温度计的套管，注意温度计感温液体球泡的位置。检查仪器各部分连接处是否紧密不漏气。

（2）加热　先打开冷凝水龙头，缓缓通入冷水，然后再缓慢加热。冷凝水要自下方进入冷凝管，与自上而下的蒸气形成逆流冷却。当液体沸腾，大量蒸气到达温度计感温液体球泡部位时，温度计读数急剧上升，调节热源，控制温度计感温液体液面缓慢均匀上升，直至液体沸腾。进一步调节热源，让温度计感温液体球泡上液滴和蒸气温度稳定，使蒸馏速度以每秒 1～2 滴为宜。蒸馏过程中温度计长时间保持不变的读数就是馏出液的沸点。

蒸馏时若热源温度太高，会使蒸气过热，造成温度计所显示的沸点偏高；若热源温度太低，馏出物蒸气不能充分浸润温度计水银球，造成温度计所显示的沸点偏低或不规则。

（3）收集馏液　准备两个接收瓶，用一个接收瓶收集前馏分或称馏头，在前馏分蒸完，温度稳定后，用另一个接收瓶收集所需馏分，并记下馏液开始滴出的第一滴和最后一滴的温度，此温度范围就是该液体的沸点范围，即沸程。

（4）在所需馏分蒸出后，温度计读数会突然下降，此时应停止蒸馏。即使杂质很少，也不要蒸干，以免蒸馏烧瓶破裂及发生其他意外事故。

（5）拆除蒸馏装置　蒸馏完毕，先撤出热源，待系统冷却后再关闭冷凝水，最后拆除蒸馏装置（与安装顺序相反）。

【实训评价】　见实训表 2-1。

实训表 2-1　实训考核点及评分标准

| 项目 | 考核内容 | 项目分值 | 得分 |
|---|---|---|---|
| 实训态度（15 分） | 1. 穿着白大褂整齐、干净 | 5 分 | |
| | 2. 熟悉实训内容 | 5 分 | |
| | 3. 能遵守实训室的规章制度 | 5 分 | |
| 实训操作（55 分） | 1. 仪器安装 | 15 分 | |
| | 2. 加料 | 5 分 | |
| | 3. 加热 | 15 分 | |
| | 4. 记录 | 5 分 | |
| | 5. 拆除蒸馏装置 | 15 分 | |
| 实训结果（15 分） | 整理试剂，洗涤实训用仪器，写好实训报告 | 15 分 | |
| 实训结束（15 分） | 1. 实训溶液的回收、废物的处理 | 5 分 | |
| | 2. 实训仪器拆卸、洗涤 | 5 分 | |
| | 3. 实训台整理、打扫 | 5 分 | |
| | | 总得分 | |

【注意事项】

1. 必须在开始加热前向蒸馏烧瓶内加入几粒沸石。

2. 冷凝水流速以能保证蒸气充分冷凝为宜，通常只需保持缓缓水流即可。

3. 蒸馏液体的体积应不超过烧瓶容积的 2/3，也不少于 1/3。蒸馏有机溶剂均应用小口接收器，尾接管和接收瓶不可密闭，应与大气相通。

4. 蒸馏开始时应先开冷凝水，再加热；蒸馏过程中注意液体切勿蒸干，以防止意外事故发生；蒸馏完毕，应先撤除热源，待体系稍冷后再停止通冷凝水。

【实践与思考】

1. 什么是沸点？如果液体具有恒定的沸点，那么能否认为它是纯净物？

2. 蒸馏时加入沸石的作用是什么？

3. 为什么蒸馏时最好控制馏出液的速度为 1～2 滴 / 秒为宜？

4. 如果猛烈加热，测定的沸点会不会偏高？为什么？

5. 在蒸馏时，如果温度计感温液体球泡超过蒸馏瓶支管口上缘或插至液面，对实训结果有什么影响？

6. 以小组为单位，设计家庭或者工厂酿酒的乙醇提纯工艺或流程。

（师葛莹　李湘苏）

# 实训3 重结晶

【概述】 重结晶是把待提纯的固体化合物溶解在适当的溶剂中，经脱色、过滤等一系列操作除去杂质，再重新析出结晶的操作过程。利用固体混合物中各组分在某种溶剂中的溶解度不同，使它们相互分离，达到提纯精制的目的。

【案例设计】 在药物生产中，许多原料药物、药物的终产品中含有杂质，将药物提纯是生产的重要任务。某化工厂生产的中间产品为苯甲酸粗品，为精制苯甲酸，将苯甲酸粗品溶解于水溶液中并重结晶，以此提纯苯甲酸。

【实训目的】

1. 掌握重结晶的原理和溶剂的选择原则，初步学会用重结晶方法提纯固体有机化合物。

2. 学会配制热饱和溶液、热过滤、抽滤、脱色等关键操作。

3. 培养严谨认真、细致观察、规范操作、客观求是的科学精神，发展实验探究与创新意识核心素养。

【实训准备】

1. 用品准备

仪器：100ml量筒、150ml烧杯、100ml烧杯、保温漏斗、250ml锥形瓶、滤纸、石棉网、酒精灯、250ml抽滤瓶、布氏漏斗、短颈玻璃漏斗、水泵、安全瓶、表面皿、台秤等。

药品：苯甲酸、活性炭、沸石、蒸馏水等。

2. 操作者准备　按照实训基本要求执行。

【实训原理】 由有机合成或天然物提取得到的固体有机化合物往往是不纯的，重结晶是提纯固体有机化合物最常用的一种方法。

固体有机化合物在溶剂中的溶解度一般随温度的升高而增大，温度降低，溶解度降低。利用这种温差变化而溶解度变化的规律，将固体有机化合物溶于适当的溶剂中，在较高温度时制得饱和溶液，趁热过滤，分离除去不溶性的杂质，再把滤液冷却，则原来溶解的固体由于溶解度降低而结晶析出。

重结晶一般适用于杂质含量小于5%的固体有机化合物的提纯。杂质含量多，难以结晶，甚至析出含杂质较多的油状物，达不到提纯的目的，须进行多次重结晶。此时，最好先用其他方法，如萃取、水蒸气蒸馏等进行初步提纯，降低杂质含量后，再通过重结晶纯化。

【操作流程及分组配合】

1. 选择溶剂 选择合适的溶剂是进行重结晶操作的关键，直接影响重结晶提纯的效果。选择溶剂应遵循“相似相溶”原理，且符合以下条件：不与被提纯物质起化学反应；在降低和升高温度下，被提纯化合物的溶解度应有显著差别，而对杂质的溶解度应非常大或非常小；能析出较好的结晶；溶剂沸点不宜太高，应易于与被提纯的物质分离；价廉，稳定，安全，环保。

常用的有机溶剂有乙醇、丙酮、苯、乙醚、氯仿、石油醚、乙酸乙酯等。可用单一的溶剂，也可用混合溶剂。本实训选择水作溶剂。

2. 制备热饱和溶液 称取3.0g苯甲酸粗品，放入100ml烧杯中，加入40ml蒸馏水和几粒沸石，将烧杯放在石棉网上，用酒精灯加热，搅拌，使苯甲酸完全溶解。若不能完全溶解，再加水直至完全溶解。

3. 脱色 若溶液含有色杂质，要加活性炭脱色。关掉热源，待其冷却后（降低10℃左右），再加入占总体积15%左右的冷水，加0.1～0.5g活性炭（用量为粗产品质量的1%～5%），继续加热至微沸并不断搅拌。

4. 热过滤 为了减少被提纯物质的热饱和溶液因冷却而析出晶体，必须趁热过滤。准备好热滤装置（实训图3-1）和扇形滤纸（折叠方法见实训图3-2），将溶液趁热过滤，滤液用烧杯收集。

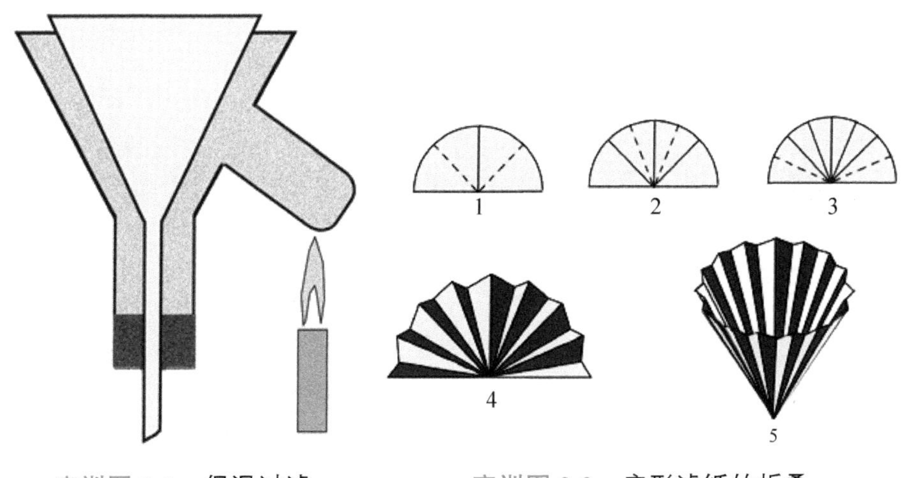


实训图3-1 保温过滤 实训图3-2 扇形滤纸的折叠

5. 冷却结晶 过滤完毕，将盛滤液的烧杯用表面皿盖好，静置，自然冷却，晶体逐渐析出，再用冷水冷却使结晶完全。不能快速冷却，如果温度过低，杂质也可能会结晶析出，导致获得的苯甲酸晶体不纯，也不要搅动滤液。当发现有大晶体正在形成时，轻轻摇动，使形成较均匀的小晶体。若冷却仍无结晶，可以利用加晶种和用玻璃棒刮擦容器内壁的方法诱发结晶。

6. 抽滤 装置如实训图3-3所示，将布氏漏斗用橡胶塞固定在抽滤瓶上，滤纸剪成

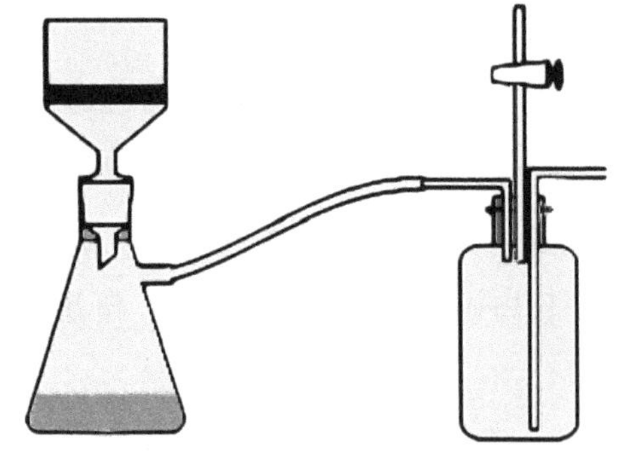

实训图 3-3　抽滤装置

圆形，略小于布氏漏斗的底板但须盖住其小孔，用溶剂润湿滤纸并开动水泵使它被吸紧贴在底板上。抽气过滤时，先倒入晶体上层的母液，然后倒入晶体，开动水泵，抽滤，用干净的小玻璃塞在晶体上轻轻地压，使母液尽量抽干。停止抽气，在布氏漏斗中加入少量冷水洗涤晶体一次，用玻璃棒搅匀，抽干后，将晶体置于表面皿上晾干或烘干，用台秤称重，并将纯苯甲酸倒入指定回收瓶中。

【实训评价】

**实训表 3-1　实训考核点及评分标准**

| 项目 | 考核内容 | 项目分值 | 得分 |
|---|---|---|---|
| 实训态度（15 分） | 1. 实训隔离服整齐、干净 | 5 分 | |
| | 2. 熟悉实训内容 | 5 分 | |
| | 3. 遵守实训室的规章制度 | 5 分 | |
| 实训操作（55 分） | 1. 固体溶解 | 5 分 | |
| | 2. 脱色 | 5 分 | |
| | 3. 菊花形滤纸折叠 | 5 分 | |
| | 4. 保温过滤 | 10 分 | |
| | 5. 抽滤 | 15 分 | |
| | 6. 烘干 | 10 分 | |
| | 7. 称重 | 5 分 | |
| 实训结果（15 分） | 整理试剂，洗涤实训用仪器，写好实训报告 | 15 分 | |
| 实训结束（15 分） | 1. 实训晶体回收、废物处理 | 5 分 | |
| | 2. 实训仪器拆卸、洗涤 | 5 分 | |
| | 3. 实训台整理、打扫 | 5 分 | |
| | | 总得分 | |

【注意事项】

1. 注意选择溶剂，当用有机溶剂进行重结晶时，必须进行回流。

2. 控制好滤液的冷却时间和速度。

3. 活性炭绝对不能加到正在沸腾的溶液中，否则将造成暴沸现象。

4. 停止抽滤时，先将抽滤瓶与抽滤泵间连接的橡皮管拆开，或者将安全瓶上的活塞打开与大气相通，再关闭泵，防止水倒流入抽滤瓶中。

【实践与思考】

1. 重结晶提纯法一般包括哪几步?

2. 配热饱和溶液时，如果加入的水多了会产生什么后果?

3. 用活性炭脱色的原理是什么？操作时应注意什么?

4. 如果趁热过滤时，有苯甲酸在滤纸上析出，应如何处理?

5. 配制生理盐水使用的氯化钠纯度非常高。以小组为单位，设计将粗品氯化钠提纯的流程或简单工艺，并制作视频，书写文字宣传材料进行网络宣传。

（王世芳　李湘苏）

# 实训 4
# 萃　　取

【概述】　萃取是使用溶剂从液体混合物或固体混合物中提取所需组分的操作，也称抽提。用萃取工艺分离物质的方法称为两相萃取法，通常分为液 - 液萃取和液 - 固萃取，是有机化学提纯和纯化化合物的手段之一。

【案例设计】　某化工厂生产的中间产品——苯胺及其杂质的水溶液，为将苯胺提取出来，采用苯溶剂与它们混合，苯胺从水溶液中转移并溶解到苯溶液中（萃取），将苯胺的苯溶液进行真空蒸发，苯挥发，留下来的固体物质就是苯胺。

【实训目的】

1. 掌握萃取的原理、萃取液选择条件、应用范围。

2. 学会萃取的基本操作技术，发展实验探究与创新意识核心素养。

3. 培养认真、细致、严谨的工作态度，客观求是的科学精神，合作学习的态度，发展科学态度与社会责任的核心素养。

【实训准备】

1. 用品准备

仪器：125ml 分液漏斗、烧杯、锥形瓶、铁架台、铁圈等。

药品：苯、苯胺、无水硫酸镁、凡士林等。

2. 操作者准备　按照实训基本要求执行。

【实训原理】　萃取是利用物质在两种不相溶的溶剂中的溶解度不同，使物质从一种溶剂中转溶到另一种溶剂中，从而达到分离、提取或纯化目的的一种操作。经过几次反复萃取，大部分的物质可从溶液中被某种溶剂萃取出来。例如，以苯为溶剂，萃取水溶液中的苯胺，选用对 X（苯胺）溶解度大、与溶剂 A（水）不混溶、也不发生化学反应的溶剂 B（苯溶剂），把 B（苯溶剂）加入 X、A（苯胺与水的混合物）的溶液中时，因为 X（苯胺）在 B（苯溶剂）中的溶解度大，大部分 X（苯胺）就会从 X、A 的溶液（苯胺与水的混合物）中转移到 B 中，从而实现 X（苯胺）、A（水）的分离。这里的 B（苯溶剂）称为萃取剂。

【操作流程及分组配合】

1. 检漏　关闭活塞，在分液漏斗中加少量水，盖好上口玻璃塞，用右手压住分液漏斗上口部，左手握住活塞部分，把分液漏斗倒转过来用力振荡，看是否漏水。

如果分液漏斗活塞处漏液，取出活塞，擦干，在中间小孔两侧涂抹少许凡士林（切勿堵塞中间小孔），把活塞放回活塞孔，塞紧，并来回旋转几下（使凡士林分布均匀），防止渗漏。

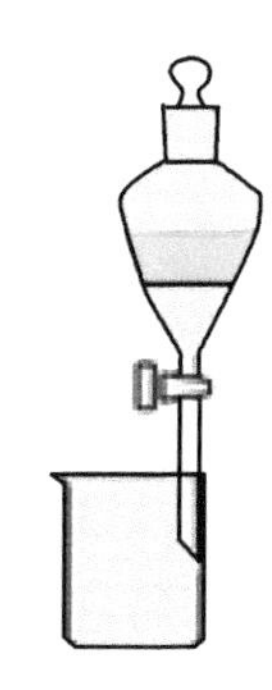

实训图 4-1 分液漏斗的振摇和分离液体

2. 萃取 将分液漏斗放在铁圈中（铁圈固定在铁架台上），关好分液漏斗活塞，从上口依次倒入苯胺水溶液（苯胺 5ml、水 50ml）和 20ml 苯，总量不超过分液漏斗的 3/4。塞好并旋紧上口玻璃塞，按实训图 4-1 所示的方法握住分液漏斗进行振摇。刚开始稍慢，每振摇几次，要将漏斗尾部向上倾斜，打开活塞放气，以解除漏斗中的压力。关闭活塞，再振摇，如此反复，振摇 2～3 分钟。

3. 分层 振摇后将分液漏斗置于铁架台上，漏斗下端管口紧靠烧杯内壁，静置分层。

4. 分液 待分液漏斗中两液层完全分开后，打开上口玻璃塞，再缓缓旋开活塞，放出下层水溶液，到快放完时，把活塞关紧些，让下层液体逐滴流下，一旦分离完毕，立即关闭活塞（静置片刻再观察有无分离完全）。将余下的上层苯从分液漏斗上口倒入锥形瓶中，并立即塞紧锥形瓶。然后把分离后的下层水溶液倒回分液漏斗中，用 10ml 苯萃取剂，按同法再进行萃取，共萃取三次。

5. 合并萃取液 合并三次苯萃取液，往萃取液中加入无水硫酸镁（或无水硫酸钠）进行干燥，蒸馏回收苯，留下的即为苯胺。

【实训评价】 实训考核点及评分标准见实训表 4-1。

**实训表 4-1 实训考核点及评分标准**

| 项目 | 考核内容 | 项目分值 | 得分 |
|---|---|---|---|
| 实训态度（15 分） | 1. 实训隔离服整齐、干净 | 5 分 | |
| | 2. 熟悉实训内容 | 5 分 | |
| | 3. 遵守实训室的规章制度 | 5 分 | |
| 实训操作（55 分） | 1. 检漏 | 5 分 | |
| | 2. 固定分液漏斗，从上口依次倒入苯胺水溶液和苯 | 10 分 | |
| | 3. 振摇分液漏斗，放出蒸气或产生的气体 | 10 分 | |
| | 4. 静置分层 | 5 分 | |
| | 5. 分液 | 10 分 | |
| | 6. 合并萃取液，蒸馏回收苯，留下的即为苯胺 | 15 分 | |
| 实训结果（15 分） | 整理试剂，洗涤实训用仪器，写好实训报告 | 15 分 | |
| 实训结束（15 分） | 1. 收集滤液，废物处理 | 5 分 | |
| | 2. 所有仪器拆卸、洗涤、试剂归位 | 5 分 | |
| | 3. 实训台整理、打扫 | 5 分 | |
| | | 总得分 | |

【注意事项】

1. 分液漏斗的使用

（1）上口玻璃塞和活塞要用橡皮筋固定在漏斗体上，以免掉下摔破或调错。

（2）如果漏液，活塞须涂凡士林，而上口玻璃塞不涂。

（3）装入液体的总量不能超过漏斗容积的 3/4。

（4）分离液体时要放在铁架台上，不能拿在手上进行分液。

（5）打开上口玻璃塞，才能开启下面的活塞。

（6）下层液体通过活塞放出，上层液体从上面的漏斗口倒出。

2. 萃取剂的选择规则

（1）被萃取物质在萃取剂中有较大的溶解度。

（2）萃取剂与原溶剂互不相溶。

（3）萃取剂与被萃取出来的溶质容易分离（通常是低沸点溶剂）。

（4）萃取剂与被萃取的物质不发生反应。

3. 乳化现象处理方式　萃取过程中若出现乳化现象，静置难以分层，可用下列方法处理。

（1）延长静置时间。

（2）加入少量电解质（如氯化钠）以盐析破坏乳化（适用于水与有机溶剂）。

（3）加入少量稀硫酸（适用于碱性溶液与有机溶剂）。

（4）进行过滤（适用于存在少量轻质沉淀，“轻质”是指密度小）。

【实践与思考】

1. 怎样正确使用分液漏斗？怎样才能使两层液体分离干净？

2. 两种互不相溶的液体同在分液漏斗中，密度大的在哪一层？下一层的液体从哪里放出来？留在分液漏斗中的上层液体应从何处倒入另一容器？

3. 观察生活中“辣椒油”的色彩，讨论辣椒色素、油与水之间的互溶性关系，说明什么是萃取。生活中还有哪些现象利用了萃取原理？

4. 案例分析：人参是五加科植物人参的干燥根，是我国传统名贵药材，始载于我国现存最早的中药著作《神农本草经》。人参的化学成分研究始于 20 世纪初，人参的成分是人参皂苷，目前采取的提取和分离技术如下：

人参总皂苷可用甲醇提取，提取液浓缩后用乙醚萃取除去脂溶性杂质，再用正丁醇萃取除去水溶性杂质。之后采用分离技术，得到人参皂苷。

通过上述萃取过程及结果，说明乙醚与甲醇、脂溶性杂质、人参皂苷，正丁醇与甲醇、水溶性杂质、人参皂苷之间的互溶关系，进而判断萃取的条件。

（王世芳　李湘苏）

# 实训 5 葡萄糖的旋光度测定

【概述】 旋光法是利用旋光性物质可使偏振光发生旋转的特性，通过测定旋光度测量物质的含量的方法。

【案例设计】 葡萄糖分子中含有多个手性碳原子，是具有旋光性的物质，葡萄糖的比旋光度为 +52.5°，可通过测定某葡萄糖溶液的旋光度，测量该物质的浓度。

【实训目的】

1. 认识旋光仪的构造；理解旋光法测量葡萄糖浓度的原理。

2. 学会用旋光仪测量旋光性物质浓度的操作方法，发展实验探究与创新意识核心素养。

3. 通过实验，培养严谨认真、细致观察、规范操作、客观求是的科学精神，合作学习的态度，发展科学态度与社会责任的核心素养。

【实训准备】 WZZ-2B 自动旋光仪、100ml 容量瓶、小烧杯、胶头滴管、玻璃棒、蒸馏水、分析天平、氨试液、葡萄糖（$C_6H_{12}O_6 \cdot H_2O$）。

【实训原理】 偏振光振动方向旋转的角度，称为旋光度，用 $\alpha$ 表示。测定物质旋光性的仪器称为旋光仪。物质旋光度的大小除了与物质的分子结构有关外，还随测定时所用溶液的浓度、盛液管的长度、温度、光的波长及溶剂的性质等而改变。一般用比旋光度 $[\alpha]_\lambda^t$ 来描述物质的旋光性。旋光度与比旋光度之间的关系可用下式表示：

$$[\alpha]_\lambda^t = \frac{\alpha}{c \times l}$$

式中，$\alpha$—由旋光仪测得的旋光度；$\lambda$—所用光源的波长，常用钠光（也称为 D 线，波长 589.3nm）；$t$—测定时的温度，一般是室温（15～30℃）；$c$—溶液的浓度，以每毫升溶液中所含溶质的克数表示（g/ml）；$l$—盛液管的长度，单位为 dm。当 $c$ 和 $l$ 都等于 1 时，$[\alpha]_\lambda^t = \alpha$。因此比旋光度的定义是：在温度、光的波长一定时，被测物质的浓度为 1g/ml，盛液管的长度为 1dm 条件下测出的旋光度。例如，由肌肉中取得的乳酸的比旋光度 $[\alpha]_D^{20} = +3.8°$，表示该乳酸是在 20±0.5℃时，以钠光灯作为光源时测得的旋光度，然后通过公式计算而得比旋光度 $[\alpha]_D^{20}$ 为右旋 3.8°。

【操作流程及分组配合】 按操作流程完成实训，并将实训中观察到的现象记入实训表 5-1。

1. 供试液的配制 精密称取 10g 葡萄糖（$C_6H_{12}O_6 \cdot H_2O$），放置小烧杯中加适量水溶解，转入 100ml 容量瓶中，加氨试液 0.2ml，用水稀释至刻度，摇匀，静置 10min，即得供试液。

2. 调整零点　将旋光管用蒸馏水冲洗数次，缓缓注满蒸馏水（注意勿使发生气泡），小心盖上玻璃片、橡胶垫和螺帽，旋紧旋光管两端螺帽时，不应用力过大，以免产生应力，造成误差，然后以软布或擦镜纸揩干、擦净，认定方向将旋光管置于旋光仪内，调整零点。

3. 测定　将旋光管用供试液冲洗数次，按上述同样方式装入供试液并按同一方向置于旋光仪内，同法读取旋光度 3 次，取其平均值。

【实训评价】

**实训表 5-1　实训考核点及评分标准**

| 项目 | 考核内容 | 项目分值 | 得分 |
|---|---|---|---|
| 实训态度（15 分） | 1. 穿着白大褂整齐、干净 | 5 分 | |
| | 2. 熟悉实训内容 | 5 分 | |
| | 3. 能遵守实训室的规章制度 | 5 分 | |
| 实训操作（55 分） | 1. 供试液的配制 | 15 分 | |
| | 2. 调整零点 | 5 分 | |
| | 3. 测定记录<br>读数：① ______ ② ______ ③ ______ | 35 分 | |
| 实训结果（15 分） | 整理试剂，洗涤实训用仪器，写好实训报告 | 15 分 | |
| 实训结束（15 分） | 1. 实训溶液的回收、废物的处理 | 5 分 | |
| | 2. 实训仪器拆卸、洗涤 | 5 分 | |
| | 3. 实训台整理、打扫 | 5 分 | |
| | | 总得分 | |

【注意事项】

1. 钠光灯启辉后至少 20min 后发光才能稳定，测定或读数时应在发光稳定后进行。

2. 测定时应调节温度至 20±0.5℃。

3. 供试液应不显浑浊或含有混悬的小粒，否则应预先过滤并弃去初滤液。

4. 测定结束后须将测定管洗净晾干，不许将盛有供试品的测试管长时间置于仪器样品室内；仪器不使用时样品室应放硅胶吸潮。

【附】　WZZ-2B 自动旋光仪（实训图 5-1）的使用方法

操作方法如下：

1. 将仪器电源插头插入 220V 交流电源（要求使用交流电子稳压器 1kVA），并将接地线可靠接地。

2. 向上打开电源开关（右侧面），这时钠光灯在交流工作状态下起辉，经 5min 钠光灯激活后，钠光灯才发光稳定。

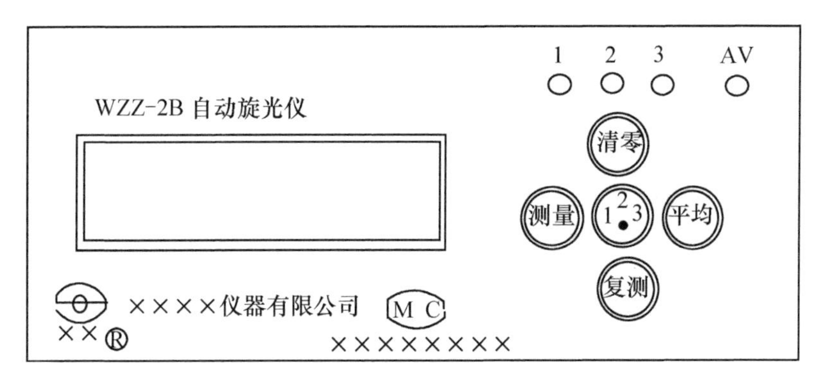


实训图 5-1　WZZ-2B 自动旋光仪面板

3. 向上打开光源开关（右侧面），仪器预热 20min（若光源开关合上后，钠光灯熄灭，则再将光源开关上下重复扳动 1～2 次，使钠光在直流下点亮，为正常）。

4. 按“测量”键，这时液晶屏应有数字显示。注意：开机后“测量”键只需按一次，如果误按该键，则仪器停止测量，液晶屏无显示。用户可再次按“测量”键，液晶屏重新显示，此时需重新校零（若液晶屏已有数字显示，则不需按“测量”键）。

5. 将装有蒸馏水或其他空白溶剂的试管放入样品室，盖上箱盖，待示数稳定后，按“清零”键。试管中若有气泡，应先让气泡浮在凸颈处；通光面两端的雾状水滴应用软布揩干，试管螺帽不宜旋得过紧，以免产生应力，影响读数。试管安放时应注意标记的位置和方向。

6. 取出试管。将待测样品指示灯“1”点亮。注意：试管内腔应用少量被测试样冲洗 3～5 次。

7. 按“复测”键一次，指注入试管，按相同的位置和方向放入样品室内，盖好箱盖，仪器将显示出该样品的旋光度，此时指示灯“2”点亮，表示仪器显示第一次复测结果，再次按“复测”键，指示灯“3”点亮，表示仪器显示第二次复测结果。按“1”“2”“3”键，可切换显示各次测量的旋光度值。按“平均”键，显示平均值，指示灯“AV”点亮。

8. 如样品超过测量范围，仪器在 ±45° 处来回振荡。此时，取出试管，仪器即自动转回零位。此时可将试液稀释一倍再测。

9. 仪器使用完毕后，应依次关闭光源、电源开关。

10. 钠灯在直流供电系统出现故障不能使用时，仪器也可在钠灯交流供电（光源开关不向上开启）的情况下测试，但仪器的性能可能略有降低。

11. 当放入小角度样品（小于 ±5°）时，示数可能变化，这时只要按复测按钮，就会出现清晰数字。

【实践与思考】

在葡萄糖溶液旋光度测定时为什么要加入氨试液并放置 10min 后才测定旋光度？

简述旋光仪的结构与工作原理。

以小组为单位查阅材料，设计用旋光法测量葡萄糖注射液浓度的方法。

（赖楚卉　李湘苏）

# 实训 6
# 烃和卤代烃的性质

【概述】 烷烃中碳碳原子之间的化学键是不易破裂的σ键，烯烃和炔烃中的碳碳原子之间存有易断裂的π键，因此后者易发生加成反应，易被强氧化剂氧化；苯环较稳定，但可以发生取代反应，苯的同系物即苯环上的支链可以被氧化；卤代烃在水溶液中和非水溶液中分别发生水解反应和消去反应。

【实训目的】

1. 熟练掌握化学基本操作技能，并能操作和验证饱和烃、不饱和烃、苯及其同系物的主要性质，发展微观探析与理化性质，现象观察与规律认知的核心素养。

2. 进一步掌握饱和烃与不饱和烃、苯及其同系物的鉴别方法。

3. 正确处理化学试剂与废料，发展科学态度与社会责任的核心素养。

【实训准备】

1. 用物准备

仪器：试管、烧杯、酒精灯、铁架台、石棉网、试管架、量筒、胶塞等。

药品：溴的四氯化碳溶液、松节油、液体石蜡、乙炔、0.1mol/L 硝酸银溶液、蒸馏水 0.1mol/L 氨水、浓硫酸、浓硝酸、苯、甲苯、溴乙烷、氢氧化钠溶液、氢氧化钠的乙醇溶液、5g/L 高锰酸钾溶液、3mol/L 硫酸、10g/L 溴的四氯化碳溶液、铁粉等。

2. 操作者准备 按照实训基本要求执行。

【操作流程及分组配合】 按操作流程完成实训，并将实训中观察到的现象记入实训表 6-1。

**实训表 6-1 实验现象记录**

实验记录表一

| 反应物 | | 烷烃（石油醚） | 烯烃（松节油） | 乙炔 | 苯 | 甲苯 |
|---|---|---|---|---|---|---|
| 溴的四氯化碳溶液 | 现象 | | | | | |
| | 原因 | | | | | |
| 酸性高锰酸钾溶液 | 现象 | | | | | |
| | 原因 | | | | | |

实验记录表二

| 反应类别 | 现象 | 原因 |
| --- | --- | --- |
| 银氨溶液与乙炔反应 | | |
| 硝化反应苯与硝酸反应 | | |
| 磺化反应苯 + 硫酸 | | |
| 磺化反应甲苯 + 硫酸 | | |
| 溴乙烷的水解反应 | | |
| 溴乙烷的消去反应 | | |

1. 烷烃和烯烃的性质

（1）与溴反应　此反应须在通风橱内进行。取 2 支试管，各加入 1ml 溴的四氯化碳溶液，观察颜色；在一支试管中加入松节油 10 滴，在另一支试管中加入液体石蜡 10 滴，振荡，观察 2 支试管中的溶液颜色有无变化？说明原因。

（2）与高锰酸钾反应　取 2 支试管，分别加入 10 滴 5g/L 高锰酸钾溶液和 5 滴 3mol/L 硫酸溶液，观察溶液的颜色；在一支试管中加入松节油 10 滴，在另一支试管中加入液体石蜡 10 滴，振荡，对比试管中溶液的颜色有无变化？说明原因。

2. 炔烃的性质

（1）与溴反应　此反应须在通风橱内进行。取 1 支试管，加入 1ml 溴的四氯化碳溶液，通入乙炔气体，观察、记录实验现象，并说明原因。

（2）与高锰酸钾反应　取 1 支试管，加入 10 滴 5g/L 高锰酸钾溶液和 5 滴 3mol/L 硫酸溶液，通入乙炔气体，观察、记录实验现象，并说明原因。

（3）与银氨溶液反应　取 1 支洁净的试管，加入 0.1mol/L 硝酸银溶液 1ml，边振荡边滴加 0.1mol/L 氨水，直至生成的沉淀恰好溶解为止（氨水切勿过量），所得澄清溶液即为银氨溶液。向银氨溶液中通入乙炔气体，观察、记录实验现象，说明原因。

3. 芳香烃的性质（必须在通风橱内进行）

（1）氧化反应　取试管 2 支，分别加入 5 滴 5g/L 高锰酸钾溶液和 5 滴 3mol/L 硫酸溶液，再各加入 5 滴苯和甲苯，剧烈振摇数分钟，观察、记录实验现象，解释原因。

（2）卤代反应　取干燥试管 2 支，分别加入 5 滴 10g/L 溴的四氯化碳溶液，再各加入 5 滴苯和甲苯，振摇，观察现象；再加入少许铁粉，振摇，观察记录实验现象，解释原因。

（3）硝化反应　取干燥大试管 1 支，先加入 1ml 浓硝酸，再沿管壁缓慢加入 1ml 浓硫酸，摇匀，用冷水冷却试管后加入10滴苯，剧烈振摇，放在60℃热水中水浴加热。10分钟后，把试管中的物质倒入盛有30ml水的小烧杯中，观察、记录实验现象，解释原因。

（4）磺化反应 取干燥大试管2支，分别加入2ml浓硫酸，然后分别加入10滴苯和甲苯，放在80℃热水中水浴加热，并不断振摇。当反应开始生成的乳浊液完全溶解后，冷却，将反应物倒入盛有150ml冷水的小烧杯中，观察、记录实验现象，解释原因。

4. 卤代烃的性质

（1）水解反应 取2支试管，分别滴入约0.5ml溴乙烷，一支加入1ml氢氧化钠溶液，另一支加入1ml蒸馏水作为对照试验，两个试管均置于水浴箱中，于50～60℃水浴加热至不再分层，冷却，先用稀硝酸将溶液酸化，然后在2支试管中均加入硝酸银，观察现象并记录。

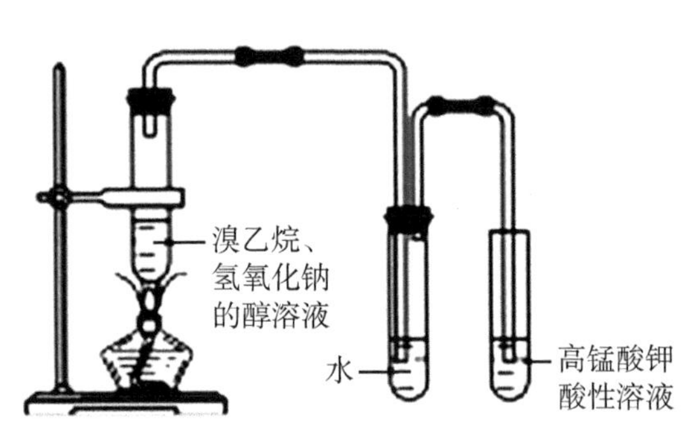

实训图6-1 卤代烃的消去反应装置

（2）消去反应 取一支试管，加入约2ml溴乙烷和2ml氢氧化钠的乙醇溶液，按实训图6-1连接，将产生的气体通入酸性高锰酸钾溶液，观察实验现象。

【实训评价】实训考核点及评分标准见实训表6-2。

实训表6-2 实训考核点及评分标准

| 态度、纪律（20分） | 实训操作（60分） | 实训结果（20分） | 实训总评（100分） |
| --- | --- | --- | --- |
| | | | |

【注意事项】

1. 干燥的炔化银受热或撞击时具有爆炸性，实训完毕后，用稀硝酸及时处理。

2. 苯、甲苯、溴的四氯化碳溶液的相关实训，必须在通风橱内进行。苯、甲苯及其取代产物回收于废液瓶，不要倒入水槽。

3. 硝化反应中一定要先加浓硝酸，再沿管壁缓慢加入浓硫酸，不能加反。浓硝酸、浓硫酸属于强酸，具有强烈的腐蚀性和强氧化性，使用时，必须特别小心。在教师的指导下，严格规范操作。

4. 用滴管滴加时，要注意滴管口不能碰到试管壁。

【实践与思考】

1. 炔烃要能生成金属炔化物，须具有什么样的结构？

2. 如何鉴别乙烷、乙烯、乙炔？

3. 如何用化学方法鉴别苯和甲苯？

4. 硝化反应和磺化反应为什么要用干燥的试管？

（方 芳 董倩洋 马雅静 丁 博 李湘苏）

# 实训 7
# 含氧有机化合物的性质

【概述】 醇的官能团是羟基，其化学反应主要表现在 O—H 和 C—O 键的断裂上。醛和酮的分子结构中都含有羰基，因此，它们具有许多相似的化学性质。羧酸由烃基和羧基组成，其化学反应主要发生在羧基上。

【实训目的】

1. 熟练掌握化学基本操作技能，并能操作、验证和解释醇、酚、醛、酮、羧酸主要性质，发展微观探析与理化性质，现象观察与规律认知的核心素养。

2. 培养客观细致、实事求是的作风，努力探究的科学精神，发展实验探究与创新意识、科学态度与社会责任的核心素养。

【实训准备】

1. 用物准备

仪器：试管、小刀、镊子、水浴锅、表面皿、点滴板、pH 试纸、蓝色石蕊试纸、滤纸、火柴等。

药品：金属钠、2.5mol/L 氢氧化钠溶液、0.3mol/L 硫酸铜溶液、甘油、无水乙醇、2mol/L 盐酸溶液、0.2mol/L 苯酚溶液、0.2mol/L 邻苯二酚溶液、0.2mol/L 苯甲醇、固体苯酚、3mol/L 硫酸、0.17mol/L 重铬酸钾溶液、0.06mol/L 三氯化铁溶液、福尔马林、乙醛、丙酮、苯甲醛、2mol/L 氨水、0.1mol/L 硝酸银溶液、席夫试剂、费林试剂（甲、乙）、托伦试剂、0.05mol/L 亚硝酰铁氰化钠溶液、2, 4- 二硝基苯肼、0.1mol/L 甲酸溶液、0.1mol/L 乙酸溶液、0.1mol/L 乙二酸溶液、5g/L 高锰酸钾溶液、饱和碳酸钠溶液、苯甲酸固体、无水碳酸钠、乙二酸（草酸）等。

2. 操作者准备 按照实训基本要求执行。

【操作流程及分组配合】 按操作流程完成实训，并将实训中观察到的现象记入实训表 7-1。

**实训表 7-1 实验现象记录**

实验记录表一

| | | 乙醇 + 金属钠 | 乙醇 + 重铬酸钾溶液 | 甘油 + 氢氧化钠溶液 + 硫酸铜溶液 |
|---|---|---|---|---|
| 醇的性质 | 现象 | | | |
| | 原因 | | | |

**实验记录表二**

| | | 溶解性 | +碱成盐；盐+强酸 | 三氯化铁溶液 | 蓝色石蕊试纸 |
|---|---|---|---|---|---|
| 苯酚的性质 | 现象 | | | | |
| | 原因 | | | | |

**实验记录表三**

| | | 托伦试剂水浴 | 费林试剂水浴 | 席夫试剂 | 亚硝酰铁氰化钠溶液 | 2, 4-二硝基苯肼 |
|---|---|---|---|---|---|---|
| 乙醛的性质 | 现象 | | | | | |
| | 原因 | | | | | |
| 丙酮的性质 | 现象 | | | | | |
| | 原因 | | | | | |

**实验记录表四**

| 有机酸（甲酸、乙酸、乙二酸、苯甲酸）的性质 | | pH 试纸测 pH | 苯甲酸固体+水+氢氧化钠溶液 | 乙酸+无水碳酸钠 | 甲酸+托伦试剂水浴 | 甲酸（乙酸或乙二酸）+酸性高锰酸钾溶液 |
|---|---|---|---|---|---|---|
| | 现象 | | | | | |
| | 原因 | | | | | |

1. 醇的性质

（1）醇与金属钠的反应　取干燥试管1支，加入无水乙醇1ml，用镊子放入绿豆大小、用滤纸吸干表面煤油的金属钠1粒，观察有无气体产生、试管底部有无温度变化；再用拇指按住试管口，待生成较多气体时，用点燃的火柴接近管口，细听有无爆鸣声。记录现象，解释原因。

（2）醇的氧化反应

1）取试管2支，1支加入无水乙醇10滴，另一支加入10滴蒸馏水作为对照。然后各加入3mol/L硫酸5滴，0.17mol/L重铬酸钾溶液3～4滴，振摇，记录现象，解释原因。

2）取一根10～15cm的铜丝和1支试管，向试管中加入3～5ml无水乙醇，置于试管架上备用，将铜丝下端绕成螺纹状，用木制试管夹夹住铜丝的另一端，在酒精灯上加热至红热，插入无水乙醇中，反复烧至红热，插入无水乙醇中，观察铜丝颜色变化，并小心扇闻试管口的气味，记录现象，解释原因。

（3）多元醇与氢氧化铜的反应　取试管1支，加入2.5mol/L氢氧化钠溶液1ml和0.3mol/L硫酸铜溶液1ml，制得氢氧化铜沉淀。待沉淀下沉后用滴管移去上部清液，将沉淀分于2支试管，在其中的1支试管中加入甘油10滴，另1支试管中加入无水乙醇10滴，用力振荡，观察现象，解释原因。

2. 苯酚的性质

（1）溶解性　取1支试管，加入少量固体苯酚，再加水1ml，振荡后得浑浊液。加热，浑浊液有何变化？冷却，又有何现象发生？说明产生上述变化的原因。

（2）苯酚的弱酸性试验　向上述浑浊液中滴加 2.5mol/L 氢氧化钠溶液，边加边振摇，直至浑浊变澄清为止；在澄清溶液中，滴入 2mol/L 盐酸溶液，振摇，记录现象，解释原因。

取蓝色石蕊试纸一小片，放在表面皿上，用蒸馏水湿润，在试纸上加 1 滴 0.2mol/L 苯酚溶液，记录现象，解释原因。

（3）苯酚与三氯化铁反应　取试管 3 支，分别加 0.2mol/L 苯酚溶液、0.2mol/L 邻苯二酚溶液、0.2mol/L 苯甲醇 10 滴，再各加 0.06mol/L 三氯化铁溶液 1～2 滴，振摇。记录现象，解释原因。

3. 醛和酮的还原性比较

（1）与托伦试剂的反应　取 1 支洁净的试管，加入 0.1mol/L 硝酸银溶液 1ml，边振荡边滴加 2mol/L 氨水，直到生成的沉淀恰好溶解为止（氨水切勿过量），所得澄清溶液即为托伦试剂。将托伦试剂等分于 2 支洁净的试管中，在 1 支试管中加入乙醛 5 滴，在另 1 支试管中加入丙酮 5 滴，摇匀，把 2 支试管置于 60℃热水中水浴加热数分钟，观察试管内壁各有何现象，解释原因。

（2）与费林试剂反应　取 1 支洁净的试管，加入费林试剂甲溶液和乙溶液各 1ml，混匀，所得蓝色溶液即为费林试剂。将费林试剂等分于 2 支洁净的试管中，在 1 支试管中加入乙醛 5 滴，在另 1 支试管中，加入丙酮 5 滴，振摇，把 2 支试管置于沸水中水浴加热 3～5 分钟，记录现象，解释原因。

（3）与席夫试剂的反应　取 2 支试管，各加席夫试剂 1ml，在 1 支试管中加入乙醛 5 滴，在另 1 支试管中加入丙酮 5 滴，振荡混匀，有何现象发生？

4. 丙酮的检验　取 1 支洁净的试管，加入丙酮 1ml，再加入 0.05mol/L 亚硝酰铁氰化钠溶液 10 滴，然后加入 2.5mol/L 氢氧化钠溶液 2 滴，有何现象发生？

5. 醛和酮的共同化学性质　与 2, 4- 二硝基苯肼反应：取 4 支试管，分别加入 2 滴甲醛、乙醛、丙酮和苯甲醛，然后再在每支试管中各加入 1ml 2, 4- 二硝基苯肼。振摇试管，有何现象发生？

6. 有机酸的酸性

（1）羧酸的酸性　分别取 2 滴 0.1mol/L 甲酸溶液、0.1mol/L 乙酸溶液和 0.1mol/L 乙二酸溶液于点滴板凹穴中，用 pH 试纸测其近似 pH，并记录。

（2）与碱的反应　取试管 1 支，加入少许苯甲酸晶体，加蒸馏水 1ml 振荡，观察现象，滴入 2.5mol/L 氢氧化钠溶液数滴后，观察现象，解释变化原因。

（3）与碳酸盐反应　取试管 1 支，加入少许无水碳酸钠，滴入 0.1mol/L 乙酸溶液数滴后，记录现象，解释原因。

7. 有机酸的还原性

（1）甲酸与弱氧化剂反应　在 1 支洁净的试管中加入 5 滴 0.1mol/L 甲酸溶液，用 50g/L 氢氧化钠溶液中和至溶液显碱性，然后加入新配制的托伦试剂，在 50～60℃热水中水浴加热数分钟，记录现象，解释原因。

（2）羧酸与强氧化剂反应　取4支试管，分别加入5滴甲酸、5滴乙酸、5滴蒸馏水（作对照）和少许草酸固体，再各加入5g/L高锰酸钾溶液10滴和3mol/L硫酸溶液数滴，振荡试管，记录现象，解释原因。

【实训评价】　实训考核点及评分标准见实训表7-2。

**实训表7-2　实训考核点及评分标准**

| 态度、纪律（20分） | 实训操作（60分） | 实训结果（20分） | 实训总评（100分） |
|---|---|---|---|
| | | | |

【注意事项】

1. 醇与金属钠反应的试管和试剂必须是无水的，如果有水存在，金属钠首先与水反应，对实验产生干扰。

2. 苯酚有较强的腐蚀性，使用苯酚时，要注意安全。

3. 配制托伦试剂时，应防止加入过量的氨水（否则有可能会生成亚氨基银、氮化银等易爆炸物质）；银氨溶液必须现配现用，不可久置。

4. 银镜反应的成败关键在于所用的试管是否洁净，因此，要想得到好的实验效果，必须加强对试管的清洗。

5. 与托伦试剂反应的实验完毕，试管内的银氨溶液要及时处理，先加入少量盐酸，倒去混合液后，再用少量稀硝酸洗去银镜，并用水洗净，防止造成危险。

6. 甲酸的银镜反应须在碱性条件下进行，甲酸的酸性较强，若直接加入到弱碱性的银氨溶液中，会使配合物失效，因此需要先用碱中和甲酸。

【实践与思考】

1. 醛、酮的性质实训，必须在通风橱内进行，为什么？

2. 醛、酮的化学性质有哪些不同？归纳总结醛、酮的鉴别方法。

3. 如何配制托伦试剂？银镜反应时应注意什么？

4. 费林试剂为何要临时配制？哪类物质可发生费林反应？

（马万军　冯　姣　黄佳琳　李湘苏）

# 实训 8
# 含氮有机化合物的性质

【概述】 胺是氨分子中的氢原子被烃基取代后所生成的化合物。根据氮原子上所连烃基的个数不同可分为伯胺、仲胺和叔胺三类。伯胺、仲胺、叔胺的官能团分别为氨基（$—NH_2$）、亚氨基（—NH—）、次氨基（$—\overset{|}{N}—$）。许多药物的分子中都含有氨基或取代氨基。本次实训课通过苯胺和尿素的性质实验来检验含氮化合物的主要化学性质。

【实训目的】

1. 具备熟练使用化学基本操作技能，验证和解释胺及尿素化学性质的能力，培养实验探究与创新意识的核心素养。

2. 培养分析、观察问题的能力和科学严谨的态度，发展实验探究与创新意识、科学态度与社会责任的核心素养。

【实训准备】

1. 实训用品及试剂

仪器：试管架、试管、酒精灯、石棉网、铁架台、烧杯、玻璃棒、温度计、火柴、红色石蕊试纸等。

药品：苯胺、2.5mol/L 盐酸溶液、2.5mol/L 氢氧化钠溶液、饱和溴水、乙酸酐、浓盐酸、10% 亚硝酸钠溶液、尿素、稀硫酸等。

2. 操作者准备 按照实训基本要求执行。

【操作流程及分组配合】 按操作流程完成实训，并将实训中观察到的现象记入实训表 8-1。

**实训表 8-1 实验现象记录**

| 药品 | 类型 | 水 | 盐酸 | 氢氧化钠 | 饱和溴水 | 乙酸酐沸水浴 + 氢氧化钠 |
|---|---|---|---|---|---|---|
| 苯胺 | 现象 | | | | | |
| | 原因 | | | | | |

| 药品 | 类型 | 水 | 氢氧化钠加热 | 管口湿润红色石蕊试纸 | 亚硝酸钠 + 稀硫酸 |
|---|---|---|---|---|---|
| 尿素 | 现象 | | | | |
| | 原因 | | | | |

1. 胺的性质（必须在通风橱内进行）

（1）碱性 在 1 支盛有 2ml 蒸馏水的试管中，加入 5～6 滴苯胺，用力振摇，观察苯胺是否溶于水。然后滴加 10 滴 2.5mol/L 盐酸溶液，边加边振荡，观察是否澄清。再逐滴滴加 2.5mol/L 氢氧化钠溶液，振荡，有何现象，为什么？

（2）胺的溴代反应　取 1 支试管，加入 1 滴苯胺和 1ml 蒸馏水，振荡使其全部溶解后，再滴加 3 滴饱和溴水，观察现象，解释原因。

（3）苯胺的酰化反应　取 1 支干燥试管，加入苯胺 5 滴，逐滴加入乙酸酐 5 滴，充分振荡摇匀后置于沸水中水浴加热 2 分钟，再将试管放入冷水中冷却后，加入 10 滴 2.5mol/L 氢氧化钠溶液调至碱性，观察现象，解释原因。

2. 尿素的性质

（1）水解反应　取 1 支洁净试管，加入少量尿素和 1ml 水，振荡使其溶解，再加入 1ml 2.5mol/L 氢氧化钠溶液，在管口放一小块润湿的红色石蕊试纸，加热，记录加热时溶液的变化和石蕊试纸的变化。

（2）与亚硝酸的反应　取 1 支洁净试管，加入少量尿素和 1ml 水，振荡使其溶解，加入 10 滴 10% 亚硝酸钠溶液，逐滴加入稀硫酸，振荡摇匀，冷却，观察现象，解释原因。

【实训评价】实训考核点及评分标准见实训表 8-2。

**实训表 8-2　实训考核点及评分标准**

| 态度、纪律（20 分） | 实训操作（60 分） | 实训结果（20 分） | 实训总评（100 分） |
| --- | --- | --- | --- |
| | | | |

【实践与思考】

1. 根据实训，总结如何鉴定苯胺。
2. 根据尿素的结构，概括它的化学性质。
3. 胺的性质实训，必须在通风橱内进行，为什么？

（彭文毫　李湘苏）

# 实训 9 营养与生命类有机化合物的性质

【概述】 糖类是多羟基醛或多羟基酮及它们的脱水缩合产物，糖类可分为单糖、双糖和多糖，根据是否具有还原性又可分为还原性糖和非还原性糖。油脂属于酯类，是油和脂肪的总称，在化学成分上是高级脂肪酸与甘油脱水所生成的酯。蛋白质分子中某些基团与显色剂作用，可生成特定颜色；氨基酸是构成蛋白质的基本单位，氨基酸含有氨基和羧基，能发生相应的化学反应。

【实训目的】

1. 进一步认识糖类、脂肪类和蛋白质类化合物的性质，加强化学操作基本技能。

2. 培养严谨认真、规范操作、客观求实的科学态度，合作学习的精神，发展现象观察与规律认知、实验探究与创新意识的核心素养。

【实训准备】

1. 用物准备

仪器：试管、烧杯、酒精灯、石棉网、试管架、点滴板、吸管、试管架、表面皿等。

药品：0.5mol/L 葡萄糖溶液、0.5mol/L 麦芽糖溶液、0.5mol/L 果糖溶液、0.5mol/L 蔗糖溶液、20g/L 淀粉溶液、0.2mol/L 氨水、本尼迪克特试剂、浓盐酸、浓硫酸、碘试液、2.5mol/L 氢氧化钠溶液、5% 碳酸钠、鸡蛋白溶液、鸡蛋白氯化钠溶液、饱和硫酸铵溶液、药用酒精（$\varphi_B$=0.95）、浓硝酸、浓氨水、20g/L 乙酸铅溶液、0.1mol/L 硝酸银溶液、2.5mol/L 氢氧化钠溶液、10g/L 硫酸铜溶液、茚三酮试剂、6mol/L 氢氧化钠、乙醇、饱和食盐水、汽油、氯仿、植物油、肥皂水等。

2. 操作者准备 按照实训基本要求执行。

【操作流程及分组配合】 按操作流程完成实训，并将实训中观察到的现象记入实训表 9-1。

**实训表 9-1 实验现象记录**

| | | 葡萄糖 | 麦芽糖 | 果糖 | 蔗糖 | 淀粉 |
|---|---|---|---|---|---|---|
| 托伦试剂 | 现象 | | | | | |
| | 原因 | | | | | |
| 本尼迪克特试剂 | 现象 | | | | | |
| | 原因 | | | | | |

续表

| | | | | | | |
|---|---|---|---|---|---|---|
| 水解反应、淀粉与碘显色反应 | | 蔗糖水解 | 淀粉水解 | | 淀粉与碘 | |
| | 现象 | | | | | |
| | 原因 | | | | | |
| 植物油 | | 水 | 汽油 | 氯仿 | 水＋肥皂水 | 乙醇＋氢氧化钠溶液 |
| | 现象 | | | | | |
| | 原因 | | | | | |
| 蛋白质 | | 茚三酮试剂 | 浓硝酸；加热；冷却＋浓氨水 | | 氢氧化钠溶液＋硫酸铜溶液 | |
| | 现象 | | | | | |
| | 原因 | | | | | |
| 蛋白质 | | 氯化钠＋饱和硫酸铵溶液 | 乙醇 | 硝酸银溶液 | 乙酸铅溶液 | 酒精灯加热 |
| | 现象 | | | | | |
| | 原因 | | | | | |

1. 糖的化学性质

（1）糖的还原性

1）银镜反应：在1支洁净的试管中加入2ml 0.1mol/L硝酸银溶液，加1滴2.5mol/L氢氧化钠溶液，逐滴加入0.2mol/L氨水使沉淀恰好溶解为止，即得托伦试剂。另取5支洁净试管，分别加入0.5mol/L葡萄糖溶液、0.5mol/L麦芽糖溶液、0.5mol/L果糖溶液、0.5mol/L蔗糖溶液、20g/L淀粉溶液各5滴，然后各加入10滴托伦试剂，摇匀，放在60℃的热水中水浴加热数分钟，观察记录发生的现象，并解释原因。

2）与本尼迪克特试剂反应：取5支试管，各加入1ml本尼迪克特试剂，放在热水中水浴微热，再分别加入0.5mol/L葡萄糖溶液、0.5mol/L麦芽糖溶液、0.5mol/L果糖溶液、0.5mol/L蔗糖溶液、20g/L淀粉溶液各5滴，摇匀，放在沸水中水浴加热数分钟，观察记录发生的现象，并解释原因。

（2）淀粉与碘的显色反应　在试管里加入1ml 20g/L淀粉溶液，然后滴入1滴碘试液，振荡，观察现象；再将此溶液稀释到淡蓝色，加热后冷却，观察记录发生的现象，并解释原因。

（3）蔗糖和淀粉的水解

1）蔗糖的水解：取1支干净的大试管，加入1ml 0.5mol/L蔗糖溶液，再加1滴浓盐酸，混匀，放在沸水中水浴加热5～10分钟，冷却后滴入2.5mol/L氢氧化钠至溶液呈碱性，再加入10滴本尼迪克特试剂，继续加热，观察记录发生的现象，并解释原因。

2）淀粉的水解：在 1 支大试管中加入 1ml 20g/L 淀粉溶液与 2 滴浓盐酸，摇匀，放在沸水中水浴加热 5 分钟，每隔 1～2 分钟用滴管吸取溶液 1 滴于点滴板的凹穴里，滴入碘试液 1 滴并观察现象，直至用碘试液在点滴板上检验时不再显色即停止加热。取出试管，冷却后加 5% 碳酸钠调和至无气泡放出为止。加入本尼迪克特试剂 10 滴，加热，观察记录发生的现象，并解释原因。

2. 油脂的化学性质

（1）油脂的溶解性　取 3 支洁净试管，分别加入水、汽油、氯仿各 2ml，再各加入植物油 5 滴，充分振荡，静置后观察记录溶解情况并解释原因。

（2）油脂的乳化　将加入 2ml 水和 5 滴植物油的试管，充分振荡、静置，观察振荡和静置后的现象。然后向试管中加入 10 滴肥皂水，再次充分振荡，观察记录发生的现象，并解释原因。

（3）油脂的皂化反应　取 1 支洁净的试管，分别加入植物油、乙醇、6mol/L 氢氧化钠溶液各 1ml，振荡混匀，放入沸水中水浴加热，5 分钟后取出并加入 5ml 热的饱和食盐水，搅拌，观察记录发生的现象，解释原因并写出有关的化学方程式。

3. 蛋白质的化学性质

（1）蛋白质的显色反应

1）茚三酮反应：取 1 支试管加入 1ml 鸡蛋白溶液，再滴加 3 滴茚三酮试剂，放在沸水中水浴加热 5～10 分钟或直接加热，观察记录发生的现象，并解释原因。

2）黄蛋白质反应：取 1 支试管加入 1ml 鸡蛋白溶液，再滴加 5 滴浓硝酸，有何现象？将此试管用酒精灯加热，又有何现象？冷却后，加浓氨水 1ml，观察颜色变化。

3）缩二脲反应：取 1 支试管加入鸡蛋白溶液和 2.5mol/L 氢氧化钠溶液各 2ml，再滴入 10g/L 硫酸铜溶液 5 滴，振荡，溶液呈什么颜色？说明原因。

（2）蛋白质的盐析　取试管 1 支，加入鸡蛋白氯化钠溶液及饱和硫酸铵溶液各 2ml，振荡后静置 5 分钟。观察是否析出球蛋白，说明原因。取上述浑浊液 1ml 于另 1 支试管中加蒸馏水 3ml，振荡，观察析出的球蛋白是否重新溶解，说明原因。

（3）蛋白质的变性

1）乙醇对蛋白质的作用：取试管 1 支，加入 1ml 鸡蛋白溶液，沿试管壁慢慢滴加 75% 乙醇 20 滴，不要摇动，观察两液面处是否有浑浊，说明原因。

2）金属盐对蛋白质的作用：取试管 3 支，各加入 1ml 鸡蛋白溶液，再依次加入 20g/L 乙酸铅溶液 5 滴、10g/L 硫酸铜溶液 5 滴、0.1mol/L 硝酸银溶液 2 滴，观察现象说明原因。继续向 3 支试管中各加入蒸馏水 3ml，振荡，沉淀是否溶解，说明原因。

3）加热对蛋白质作用：取试管 1 支，加入 2ml 鸡蛋白溶液，用酒精灯加热，有何现象？说明原因。

【实践与思考】

1. 如何检验实训中的淀粉已完全水解？

2. 如何区别蔗糖和麦芽糖？

3. 油脂的乳化在生产、生活中有什么意义和作用？

4. 油脂的皂化反应加入乙醇，这是利用了它的什么性质？

5. 怎样区别盐析蛋白质和变性蛋白质？

6. 怎样用实训方法鉴别真丝和人造丝？

【实训评价】 实训考核点及评分标准见实训表 9-2。

**实训表 9-2 实训考核点及评分标准**

| 态度、纪律（20 分） | 实训操作（60 分） | 实训结果（20 分） | 实训总评（100 分） |
| --- | --- | --- | --- |

# 参考文献


高松，化学大辞典 . 2017. 北京：科学出版社

国家药典委员会，2020. 中华人民共和国药典 . 北京：中国医药科技出版社

李湘苏，2016. 医用化学基础 . 北京：科学出版社

李湘苏，2021. 有机化学基础 . 3 版 . 北京：科学出版社

刘斌，卫月琴，2018. 有机化学 . 3 版 . 北京：人民卫生出版社

中华人民共和国教育部，2020. 中等职业学校化学课程标 . 北京：高等教育出版社

# 自测题选择题参考答案

## 第 1 章

1. D　2. B　3. A　4. C　5. C　6. A　7. D

## 第 5 章

1. B　2. D　3. C　4. C　5. B

## 第 9 章

1. C　2. D　3. D　4. A　5. D　6. D